成都地铁盾构应用技术

施振东 管会生 赵卫星 ◎ 编著

西南交通大学出版社
·成都·

图书在版编目（CIP）数据

成都地铁盾构应用技术 / 施振东，管会生，赵卫星编著. —成都：西南交通大学出版社，2021.11
ISBN 978-7-5643-8308-4

Ⅰ. ①成… Ⅱ. ①施… ②管… ③赵… Ⅲ. ①地铁隧道－隧道施工－盾构法－研究－成都 Ⅳ. ①U231.3

中国版本图书馆 CIP 数据核字（2021）第 204924 号

Chengdu Ditie Dungou Yingyong Jishu
成都地铁盾构应用技术

施振东　管会生　赵卫星 / 编著

责任编辑 / 李　伟
封面设计 / 何东琳设计工作室

西南交通大学出版社出版发行
（四川省成都市金牛区二环路北一段 111 号西南交通大学创新大厦 21 楼　610031）
发行部电话：028-87600564　　028-87600533
网址：http://www.xnjdcbs.com
印刷：成都蜀通印务有限责任公司

成品尺寸　185 mm × 260 mm
印张　16.5　　字数　411 千
版次　2021 年 11 月第 1 版　　印次　2021 年 11 月第 1 次

书号　ISBN 978-7-5643-8308-4
定价　88.00 元

图书如有印装质量问题　本社负责退换
版权所有　盗版必究　举报电话：028-87600562

本书编委会

编 著：施振东　管会生　赵卫星

编　委（排名不分先后）

　　　　陈玉坤　蔡　鸿　蒋永春　廖　江
　　　　杨　骁　吴和北　周祝彪　曹　泽
　　　　刘震华　黄　鑫

前　言

成都位于四川盆地西部，地处成都平原腹地，是西南片区经济发展最为迅速的城市之一；作为新一线城市的领军者，成都城市地铁事业发展也相当迅猛。截至 2020 年年底，成都轨道交通运营里程已达到 558 km，先后有成都轨道交通 17 号线一期，18 号线三岔站（不含）至天府机场北站段，8 号线一期，9 号线一期，6 号线一、二、三期 5 条地铁线相继开通。成都地铁形成了"米＋环＋放射"的运营网络，以进一步优化城市交通结构，缓解城区交通拥堵。

在成都地铁建设过程中，除站点和部分周边情况特殊的地段采用盖挖法和暗挖法进行施工外，绝大部分隧道施工均采用盾构法。盾构法是一种使用盾构在地下掘进，在保持开挖面稳定的同时在盾构内部进行开挖、排渣和衬砌工作的先进施工方法，具有扰动小、速度快、机械化程度高、适用范围广等优点。

成都地铁线路穿越的典型地层为富水砂卵石地层，作为国内地铁施工常见的几种典型困难地层之一，其特点是地层卵石级配不连续，自稳性差，富含地下水，且卵砾石含量高，部分线路漂石粒径大，最大粒径可达 700 mm 以上，盾构掘进过程中易发生刀盘卡停、刀盘中心结泥饼、刀盘过度磨损以及螺旋机断轴等问题，其施工要求和工程难度在全国乃至世界范围内也属罕见。成都地铁除地质情况复杂外，盾构机还面临经常穿越老旧房屋建筑群、桥梁、河流、高速公路、既有地铁运营线等风险源，这些对盾构掘进控制、地层加固工艺、施工组织、风险预警等均提出了较高的要求。因此，在如此复杂的施工环境下，如何确保地铁线路施工实现安全、快速、高效推进，是成都地铁建设所面临的重大课题。

本书以成都轨道交通 5、6、10、17、18 号线盾构隧道施工工程为依托，综合采用技术调研、资料收集整理、理论分析和数值模拟等手段进行研究；总结提出成都特殊地层条件下盾构总体方案选型及关键部件选型配置方法；建立高强钢刀盘仿真模型，在满足刀盘强度、刚度的条件下，针对刀盘的结构、开口布置进行优化设计研究；基于离散元的砂卵石地层盾构刀盘掘进过程仿真及关键掘进参数研究，解决刀盘切削、排渣过程难以可视化，卵石颗粒流动性难以定量分析的难题，为工程中刀盘结泥饼、螺旋机断轴、掘进参数配置等实际问题提供理论依据；研究主减速机齿轮在工作中的发热以及温升对齿轮的啮合和接触疲劳寿命带来的影响；提炼成都特殊复杂地质条件下盾构机配套技术方案及盾构法关键施工技术，为盾构机在成都特殊地层条件下的应用提供参考。

本书由中铁建昆仑地铁投资建设管理有限公司党委书记、董事长施振东策划、组织，并与管会生、赵卫星共同编写，参加课题研究和本书编写工作的还有陈玉坤、蔡鸿、蒋永春、廖江、杨骁、吴和北等。感谢中铁12局周祝彪、曹泽，中铁15局刘震华，中铁建大桥局黄鑫为本书提供的资料和素材，感谢西南交通大学出版社编辑老师的帮助和为本书出版所付出的辛劳。

本书理论与工程实践并重，所编著的内容集中反映了作者及其团队长期理论研究和工程实践的成果，可为类似工程建设提供参考，也可供工程技术人员和在校学生阅读参考。

尽管我们尽了最大努力，但书中仍难免会有疏漏和不足之处，恳请读者批评指正。

作 者
2021 年 10 月

目 录

第1章 成都特殊复杂地质条件及施工重难点 1
    1.1 成都地铁工程概况 1
    1.2 盾构法施工重难点 5

第2章 盾构总体方案选型及设备需求分析 11
    2.1 泥水盾构与土压盾构比选 11
    2.2 盾构选型实例分析 18

第3章 盾构主机关键部件选型及辅助系统配置研究 26
    3.1 盾构刀盘设计 26
    3.2 盾构刀盘刀具配置 33
    3.3 盾构主轴承及密封 42
    3.4 螺旋输送机地质适应性选型 57
    3.5 渣土改良系统 70
    3.6 盾构注浆系统 80

第4章 高强钢盾构刀盘优化设计 88
    4.1 刀盘受载分析 88
    4.2 高强钢刀盘优化设计 96
    4.3 高强钢盾构刀盘结构的动态特性及可靠性分析 107

第5章 盾构掘进过程仿真及关键掘进参数研究 115
    5.1 离散元原理与参数确定 115
    5.2 基于离散元的刀盘开挖掘进过程仿真分析 121
    5.3 关键掘进参数相关性分析 133
    5.4 关键掘进参数预测及优化配置 145

第 6 章　主减速机齿轮热分析及接触疲劳寿命研究 ············150
　　6.1　盾构主驱动系统结构原理及受力分析 ············150
　　6.2　主减速机齿轮本体温度场研究 ············153
　　6.3　主减速机齿轮接触特性分析 ············176
　　6.4　主减速机齿轮接触疲劳寿命研究 ············186

第 7 章　成都特殊复杂地质条件下盾构机配套技术方案 ············195
　　7.1　盾构组装及拆解技术 ············195
　　7.2　盾尾刷失效原因分析及更换方案 ············208
　　7.3　防喷涌施工技术 ············211
　　7.4　孤石、漂石处理 ············212
　　7.5　超前地质加固技术 ············216
　　7.6　刀盘结泥饼防治技术 ············218

第 8 章　成都地铁盾构法施工关键工法及技术 ············220
　　8.1　盾构小角度下穿既有线施工技术 ············220
　　8.2　临江透水地层盾构始发、接收、掘进施工技术 ············229
　　8.3　盾构下穿河流施工技术 ············236
　　8.4　重叠隧道施工技术 ············240

参考文献 ············248

后　记 ············255

第1章　成都特殊复杂地质条件及施工重难点

1.1 成都地铁工程概况

1.1.1 成都地铁工程背景

21 世纪以来我国进入地铁建设的高峰期，根据中国城市轨道交通协会统计结果显示，截至 2017 年年底，我国内地共有 43 个城市获批地铁、轻轨建设规划。在全国城市化进程加快的宏观背景下，各大城市人口聚集，交通压力日益突显。成都作为西南地区重量级城市之一，私家车保有量位居全国前列，面临着较大的地面交通压力，而地铁作为一种超大容量的交通方式，将巨大的人口流动转入地下而不占用地面空间，对缓解城市交通压力有着重大意义。

截至 2019 年，国家发展改革委共批复了四期成都市城市轨道交通建设规划（含调整），共计约 692 km。截至 2019 年 12 月底，第一期建设规划批复的所有项目、第二期建设规划批复的大部分项目和第三期建设规划批复的 10 号线二期工程，共计约 302 km 已开通运营；其余批复项目大部分已开工建设，计划于 2024 年前陆续开通运营。届时，成都市城市轨道交通将形成"米+环+放射"的基本运营网络，可进一步优化城市交通结构，缓解城区交通拥堵，提高居民出行品质。2016 年 11 月，成都市完成了城市轨道交通线网规划修编工作，遵循"东进、南拓、西控、北改、中优"的空间发展战略，其中，远景推荐线网由 46 条线路组成，包含 23 条普线、16 条快线、3 条既有市域铁路线、1 条市域内控制线线路（简阳线）、3 条跨市域线路 18-1 号线（资阳线）、39 号（眉山）线延伸线、40 号（德阳）线组成，总长约 2 450 km。

综上所述，成都地铁待建设工程量较大，而盾构法作为一种先进的施工工法，以扰动小、速度快、机械化程度高、适用范围广等特点而被大量应用。在成都地铁建设过程中，除站点和部分周边情况特殊的地段采用盖挖法和暗挖法进行施工外，绝大多数隧道的开挖均依赖于盾构机。由于隧道地质的复杂性，特别是面临着大面积富水砂卵石地层的世界性难题，成都地铁盾构机应用技术经历了初期摸索、改进提高，再到成熟的历程，逐渐形成了一套成都特殊复杂地质条件下盾构选型技术及施工技术。

1.1.2 成都市水文地质条件

1.1.2.1 地形地貌

成都市位于岷江冲积扇的东南边缘，市区以西为川西平原岷江水系一、二级阶地，地形开阔、平坦；动物园、青龙场、沙河一线以东为成都市东部台地，台地因后期侵蚀切割，台面起伏不平，形成洼地、残丘，相对高差 5～10 m；区内地形平坦，地势受扇状平原的控制，总体上西高东低、北高南低，海拔高程 484～540 m。沿河、渠地段因河、渠侵蚀使扇状平原呈微起伏的波状平原地形。区内地貌类型单一，均为侵蚀-堆积地貌，其主体地貌单元为冰水堆积扇状平原二级阶地，受后期河流的切割改造，表现为南东展布的相互平行的条带状河间地块。其次为近代河流冲洪积一级阶地与古河道（或带形槽地），二者的关系是后者嵌入前者。地表表现为一级阶地与二级阶地以 1～2 m 的陡坎接触，古河道（带形槽地）与二级阶地呈缓坡接触。区内古河道主要为北段的沙河古河道。

1.1.2.2　地层岩性分布

成都市规划区勘探范围内的第四纪地层主要为中生代侏罗系（J）和白垩系（K）地层，为一套河湖相碎屑岩沉积，岩性为棕红色、紫红色泥岩及泥质粉砂岩。成都市第四纪地层广泛分布有从全新统到下更新地层，地层的成因类型较多。按地层层序、时代、成因类型和岩性特征，作如下划分：

（1）下中更新统（Q_{1+2}^{fgl}）地层

下中更新统（Q_{1+2}^{fgl}）地层为一套冰水堆积地层，出露于东部台地，一、二级阶地腹中有分布。其下部为一套灰、深灰、绿灰色砂卵石层，局部含砂层透镜体，与下伏基岩呈不整合接触。中部为褐黄色卵石层夹少量砂层透镜体。上部为褐黄色黏土及网状红色黏土。

（2）上更新统（Q_{pl3}^{al+}）地层

上更新统（Q_{pl3}^{al+}）地层为一套冲洪积层，覆盖于下中更新统卵石层之上，地表出露于二级阶地，并分布于一级阶地的地腹中。其下部为灰黄、褐黄色卵石层。上部为黄色、褐黄色黏性土层。在黏性土层与卵石层间局部有黄色含黏性土较重的砂层。

（3）全新统（Q_4^{al}、Q_4^{ml}）地层

全新统冲积层（Q_4^{al}）覆盖于上更新统卵石层之上，分布于一级阶地。人工填土和新近沉积层（Q^{ml}）在西部平原均有分布，主要分布在一级阶地。全新统冲积层下部为灰色卵石层，上部为灰、灰黄、黄褐色黏性土和人工填土层，人工填土分为杂填土和素填土。

1.1.2.3　地质剖面分层及围岩分级

成都地区第四系地层在竖直方向自上而下表现为填土、新近沉积层、一级阶地沉积层、二级阶地沉积层、东部台地沉积层、基岩。沉积时间上表现为从新到老，只是由于河流冲刷、侵蚀作用和河流沉积的自身特点以及原始地貌的影响，往往造成某一地层段的尖灭或缺失，但总体的上下关系是不变的。成都地区的标准地层剖面分层标准如表 1-1 所示。

在每一层组中，又根据岩土工程勘察报告上对该层土的岩（土）性、土名及状态继续划分为亚层且每一亚层都有明确的土性和强度意义。

隧道围岩分级需依据《城市轨道交通岩土工程勘察规范》《铁路工程地质勘察规范》、岩体基本质量（BQ）法、饱和单轴抗压强度等综合分析，并结合本隧道的埋深、工程地质及水文地质条件进行该围岩综合分级的划分。成都地铁部分岩层基本分级如表 1-2 所示。

表 1-1　成都地区的标准地层剖面

人工填土及新近沉积层（Q_4^{ml}）	1-1：人工填土层
	1-2：新近沉积层
全新统冲击层（Q_4^{al}）	2-1：淤泥及淤泥质土
	2-2：黏性土
	2-3：粉　土
	2-4：砂类土
	2-5：砾卵石
上更新统冲洪积层（Q_3^{al+pl}）	3-1：淤泥及淤泥质土
	3-2：黏性土
	3-3：粉　土
	3-4：砂类土
	3-5：砾卵石
中下更新统冰水堆积层（Q_{1+2}^{fgl}）	4-1：黏性土
	4-2：粉　土
	4-3：砂类土
	4-4：卵石层
坡残积层（$Q_4^{dl}Q_4^{el}$）	5-1：坡积层
	5-2：残积层
白垩系基岩层（K）	—
侏罗系基岩层（J）	—

表 1-2　隧道围岩基本分级一览表

层号	岩土名称	岩土特征	均一性	开挖后的稳定状态	围岩级别
<1-2>	人工填土	松散-稍密	不均一	易塌	Ⅵ
<2-2>	黏土	可塑-硬塑	均一性较好	自稳性差	Ⅵ
<2-3>	粉质黏土	可塑-硬塑	均一性较好	自稳性差	Ⅵ
<2-4>	粉土	潮湿	均一性较好	自稳性差	Ⅵ
<2-5> <3-4>	粉细砂	松散-密实	均一性较好	不能自稳	Ⅵ
<3-5>	中砂	中密-密实	均一性较好	不能自稳	Ⅵ
<2-9-1> <3-8-1>	卵石土	稍密，饱和	分选性差，含砂砾	自稳性差	Ⅴ
<3-8-2>	卵石土	中密，饱和	分选性差，含砂砾	自稳性较差	Ⅴ
<3-8-3>	卵石土	密实，饱和	分选性差，含砂砾	自稳性较差	Ⅴ
<5-2>	强风化泥岩	块状	均一性一般	自稳一般	Ⅴ
<5-3>	中等风化泥岩	柱状	均一性好	自稳性较好	Ⅳ

1.1.2.4 气象水文

成都市属中亚热带湿润气候区,四季分明,气候温和,雨量充沛,夏无酷暑,冬少严寒;多年平均气温 16.2 ℃,极端最高气温 38.3 ℃,极端最低气温 –5.9 ℃;多年平均降雨量 938.9 mm,最大年降雨量 1 155.0 mm,年降雨日 104 天,最大日降雨量 215.9 mm,降雨主要集中在 5—9 月,占全年的 84.1%;多年平均蒸发量 1 020.7 mm;多年平均相对湿度 82%;多年平均日照时间 1 228.3 h,只有 28%的白天有太阳;多年平均风速 1.35 m/s,最大风速 14.8 m/s,极大风速 27.4 m/s(1961 年 6 月 21 日),主导风向 NNE,各月降水量及蒸发量如表 1-3 所示。

表 1-3 成都市各月降水量

月份	1	2	3	4	5	6	7	8	9	10	11	12	全年
降雨量/mm	5.9	10.8	20.8	50.3	86.6	107.6	239.2	229.2	120.6	44.4	17.9	5.6	938.9
气温/℃	5.5	7.5	12.1	16.9	20.9	23.6	25.5	25.1	21.1	16.8	11.9	7.2	16.2
日照时数/h	70.5	62.1	96.7	112.6	127.7	129.9	159.9	174.4	86	66.6	62.4	64.5	1 228.3
蒸发量/mm	36	42.6	79.5	105.7	130.4	129	140.6	131.6	90.4	58.4	43.9	32.7	1 020.7

位于成都平原水系上游的岷江、沱江等河流从川西高原地区携带大量泥沙石块奔涌而下,汇入成都平原时便形成冲积扇、洪积扇等扇形分布形态,如图 1-1 所示。从宏观层面上来看,成都平原就是建立在这个扇形水网之上的,其中主要江河水系包括岷江、沱江、走马河、江安河、柏条河、清水河等,与干流、支流、支渠、斗渠、毛渠等共同构建形成一个复杂的水网体系。丰富的地表径流是本地区地下水、地表水、河水之间相互转换的主要途径和渠道。

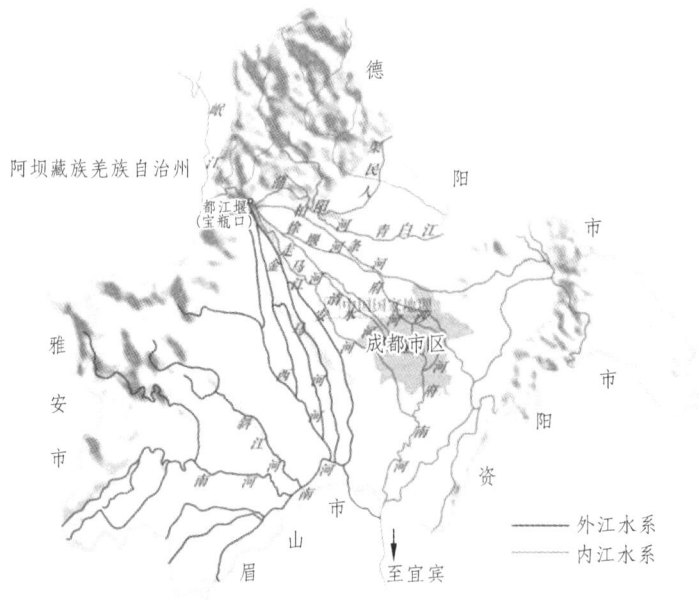

图 1-1 成都地区水系分布

1.2 盾构法施工重难点

1.2.1 地层特征及重难点

成都地铁盾构法施工主要穿越地层有富水砂卵石地层、泥岩地层、砂岩地层、泥岩卵石互层、风化岩地层等。

1. 砂卵石地层

成都砂卵石地层主要由岷江冲洪积、冰水沉降形成，工程建筑持力层及围岩主要为第四纪松散地层。砂卵石粒径大部分为 4～12 cm，并含有少量漂石（最大粒径可达 700 mm 以上），卵石含量占 75%～85%，如图 1-2 所示，自上而下卵石含量由少到多，粒径由小变大，结构由稍密到密实。颗粒形状以亚圆形为主，少量圆形，分选性差，充填物为细砂和中砂。

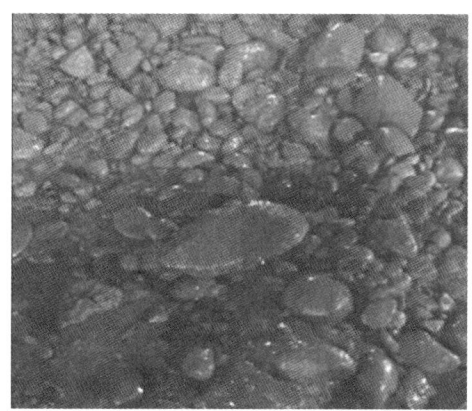 

图 1-2 砂卵石地层

砂卵石地层厚度为 14～30 m，其下为白垩系泥岩。地下水为孔隙潜水和基岩裂隙水，孔隙潜水主要埋藏于砂卵石地层中，水量丰富，埋深较浅（8～12 m），渗透系数 $K = 10～20$ m/d，补给来源为地表河流与大气降水。卵石单轴抗压强度较高，一般可达 55～165 MPa。卵石层中含砂量高，大致为 20%～40%；含泥量少，低于 5%，属无黏性颗粒土。不同粒径颗粒的含量分布不均匀，主要表现为大粒径卵石含量高，含砂量高，而圆砾（2～20 mm）含量低，因而为级配不良的砂卵石土层。在任意地质年代卵石层中均可能有透镜体砂层，厚度达 1～2 m。

盾构在砂卵石地层条件下掘进面临的主要重难点有以下几点：

（1）砂卵石地层内摩擦角大，盾构机刀盘切削阻力和推进阻力均高于一般地层，故对刀盘刚度、装配扭矩和推力等均有较高要求。

（2）卵石坚硬、抗压强度大且松散分布、易脱落，在刀盘前难以固定碾碎，并会形成冲击载荷，对刀具造成损害，且卵石石英含量高，磨蚀性强，刀盘、刀具和螺旋机磨损严重，如图 1-3 所示。

（3）由于大漂石的存在，易发生刀盘和螺旋输送机卡停的情况，严重时螺旋轴会发生断裂，导致盾构机无法连续施工，如图 1-4 所示。

图 1-3　盾构关键部位失效

图 1-4　螺旋机断轴

（4）砂卵石地层遇水稳定性极差，盾构开舱换刀作业困难、风险高。

（5）由于地层颗粒级配较差，卵石之间富含大量水分以保持地层的稳定。丰富的水分也就意味着该地层的水压较高，一旦盾构机对其进行扰动，易使地层的稳定性遭到破坏，同时伴随着地下水喷涌现象的发生。

（6）盾构掘进时渣土改良困难、刀盘扭矩和掘进速度波动大，造成掘进过程中出渣量难以控制，而掘进出渣量超方会形成地层空洞，继而引发地面塌陷或造成周边建筑物、地下管线损坏等安全风险。

2. 泥岩地层

泥岩地层的风化程度不同，有全风化、强风化、中风化泥岩，均属于膨胀岩，具有遇水软化、崩解，失水开裂、收缩的特性，天然单轴抗压强度为 3~10 MPa，属不良盾构施工地质，如图 1-5（a）所示。

盾构在泥岩地层中掘进主要存在以下难点：

（1）泥岩抗压强度不高，破岩难度较小，但其黏性大，易糊刀盘刀具，造成一定偏磨，如图1-5（b）所示。

（a）暴露于空气中数天的中风化泥岩　　（b）刀盘结泥饼

图1-5　泥岩地层

（2）开挖的细小颗粒易在刀盘、土舱、螺旋机结成泥饼，致使出土困难，刀盘、螺旋机扭矩增大，掘进不畅，甚至喷涌发生。

（3）泥岩对渣土改良的要求高，改良材料的消耗较大。盾构推进泥岩地层时，渣土中黏性矿物质含量较高，必须进行必要的渣土改良，以降低土体间的黏聚力，提高渣土的流塑性，保证土舱压力稳定和排渣的顺畅。在施工中需要观察所排渣土的情况，及时调整渣土改良的比例，以降低土体的黏性度和黏着力。

（4）开挖后的渣土流动性和黏附性强，对隧道施工、设备清洁保养带来较大影响。

（5）由于盾构开挖直径与管片间存在空隙，而泥岩地层又有一定的自稳性，空隙未能被地层填充。拼装完成的管片处于地下水和浆液的浸泡中，即使在同步注浆跟上的同时，初凝的6~8h内，管片处于一个活动状态，易发生上浮、错台和破损。

（6）长时间停机后盾构姿态控制困难。泥岩地层开挖后围岩松弛，另外泥岩的微膨胀性导致盾体受到束缚，同步注浆浆液在长时间停机后凝固，与盾构机壳体形成一体，从而开挖轮廓无法满足盾体通过的要求。

3. 砂岩地层

根据风化程度，砂岩可分为全风化砂岩、强风化砂岩、中风化砂岩。全风化砂岩呈褐黄色，属Ⅲ级硬土。强风化砂岩呈紫褐色，细粒结构，薄-中厚层状，节理发育，岩体破碎，质较软，属Ⅲ级硬土。中风化砂岩呈紫褐色，细粒结构，薄-中厚层状，岩芯多呈柱状，少量短柱状、块状，岩质较硬，敲击声稍脆。

盾构在砂岩地层中掘进有以下重难点：

（1）砂岩的强度较高，为较硬岩，对设备的破岩能力要求较高。

（2）砂岩的石英含量高，对设备磨损较大。

（3）砂岩裂隙密集区，易形成局部储水结构，有突然涌水的危险。

（4）砂岩多为泥质胶结形成，遇水后具有流动性，有利于排渣，但也因泥质胶结需针对渣土情况进行渣土改良。

4. 泥岩卵石互层施工难点

泥岩卵石互层属软硬不均地层，盾构在该地层中掘进有以下难点：
（1）易结泥饼、糊刀盘。
（2）掘进速度难以控制，对上方土体扰动较大，易造成塌陷。
（3）由于刀具和软硬不均匀岩面做周期性碰撞，刀盘的振动很大，刀盘刀具所受冲击大。
（4）土舱压力难以保持，需要加强渣土改良，稳定上部软弱地层。

1.2.2 施工风险源

城市轨道交通盾构法隧道地铁建设一般位于城市的中心，施工环境复杂多变、规模大、工期长、隐蔽性强、参与主体多，势必造成工程在施工期内的风险数量多、种类复杂，施工各个环节存在较大的不确定性和安全风险，而施工风险中以下穿工程最为典型。对于一些特殊建（构）筑物，鉴于其重要性或对地层变形的敏感性，对盾构机本身及施工技术提出了很高的要求。而成都地铁城区范围高楼林立、商业发达、交通繁忙、人流密集。盾构机需多次下穿河流、股道、站房，频繁下穿大型房屋、立交桥、市政隧道、上下水道、燃气管道等种类不同、结构形式迥异、建成年代不一的建（构）筑物，建（构）筑物保护难度极大。根据成都已运行或在建地铁施工的地质勘测汇总，部分线路所面临施工风险源如表1-4所示。

表1-4 部分线路施工风险源情况

线路	施工风险源
5号线	3次下穿既有铁路，19次下穿重要管线，8次下穿既有地铁运营线，8次下穿电力隧道，12次下穿既有河流和湖泊，31次下穿或侧穿既有桥梁和市政道路，30次下穿或侧穿既有建筑物
6号线	多处下穿高速公路、河流、城市市政隧道、城市桥梁、铁路股道、房屋、市政管线等；3处下穿高速铁路，3处下穿高速公路
10号线二期	多处需下穿城市道路、桥梁、沟渠、挖孔桩、房屋、市政管线、城市广场以及双流机场（包括停机坪、灯塔、廊桥、货站、滑行道、维修基地、输油管道）等建（构）筑物；地上高架线路两穿成贵高铁，一穿成都第二绕城高速公路，多次穿越高压线，上跨蔡湾立交、一般道路和金马河
17号线二期	下穿铁路西环线、上跨地铁7号线、下穿地铁2号线、下穿地铁4号线、下穿地铁1号线、下穿地铁3号线、下穿成昆铁路； 下穿三环路草金立交，下穿二环清水河大桥，下穿南河、府河、沙河，下穿高层建筑及重要既有建筑物； 下穿重要市政道路、下穿一般既有建（构）筑物、临近重要既有建（构）筑物、重要市政管线等
18号线一、二期	下穿府河、电气化铁路、华牧立交、天府立交、燃气管线、成都西南第二绕城高速公路等

成都地铁盾构法下穿工程根据被穿体的不同可以分为下穿既有线、下穿建筑物（单体）、下穿建筑群、下穿重要管线、下穿河流等；根据盾构隧道与下穿体间的平面几何关系，可以

分为正交下穿、斜交下穿、小角度斜交下穿、侧下穿、切角下穿等；根据埋深关系，可以分为浅埋下穿和深埋下穿。

1. 下穿建筑物

下穿建筑物的影响主要体现在建筑变形方面，如图 1-6 所示，需要结合建筑类型、使用年限、结构特征等综合考虑。不同建筑类型（高层、多层、框架结构和砖混结构等）、不同基础类型（复合地基、深基础、筏板基础等）对变形的要求不同，潜在的施工风险也不同，需结合实际情况进行调研和施工方案制定，防止地表沉降、建筑物开裂、坍塌等。

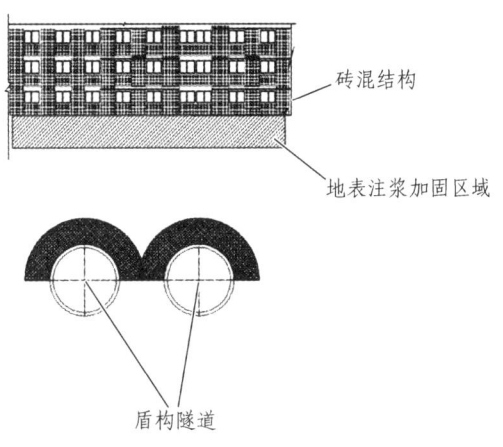

图 1-6　盾构下穿建筑物

2. 下穿铁路线路

铁路线路分为普通铁路和高速铁路。普通铁路以有砟轨道为主，干线铁路大多客货混运，列车载荷通过钢轨、轨枕和道床扩散到路基面，对盾构下穿施工造成影响，如图 1-7 所示；而下方盾构的扰动又会造成地表变形，影响钢轨平顺性以及列车产生的动载荷，即下穿施工造成的地表变形不仅影响列车的振动和脱轨与否，也影响着轨下附加应力的大小，这既是施工研究的重点，也是难点。高速铁路由于行车速度高，对轨面变形控制要求更为严苛，下穿施工产生的影响主要体现在轨面、轨道板和混凝土基床的变形方面。

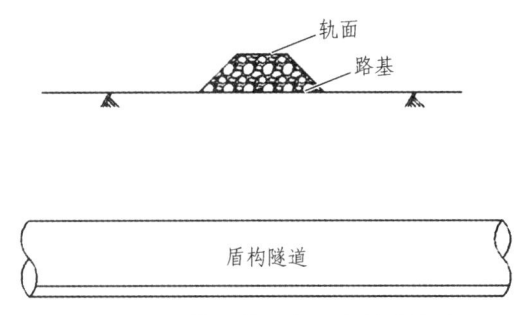

图 1-7　盾构隧道下穿既有铁路线路

3. 下穿上跨既有地铁盾构法隧道

下穿上跨既有盾构法隧道的施工影响主要体现在隧道管片变形方面，盾构法隧道的管片结构是由一环一环拼装而成,环与环之间靠螺栓连接,整体刚度较小,在外部不均匀施工载荷作用下容易产生错动变形。此外,隧道内道床一般采用钢筋混凝土分段浇筑,当隧道发生不均匀沉降时,道床与管片间会发生脱空。

4. 下穿管线

管线是城市的生命线,一般沿城市道路敷设,涵盖城市交通、水利、市政等方面,是城市基础设施建设的重要组成部分。通常地铁建设往往是在地面建设、地下管线发展到相当规模后才开始的,因此管线是城市地铁建设最常见的风险源之一。管线根据输送方式一般可以分为压力管线和无压管线,根据管线是否发生弯曲变形分为柔性管线和刚性管线。下穿过程中应重点关注:

(1)下穿有压管时,由于内压的存在,外加的附加变形容易造成有压管线炸裂,若为燃气管道,则可能发生爆炸,引起严重的后果。

(2)对于老旧或低强度的刚性管,如污水管和雨水管,接头处强度较低,施工变形易引起开裂,而开裂泄漏的水易引发次生灾害并影响盾构施工。

5. 下穿河流

盾构隧道下穿河流施工,河流属于特别重大风险源,主要存在以下风险:

(1)在盾构的掘进过程中,可能会出现涌砂、喷涌等现象,致使盾构掘进工作无法正常进行。

(2)砂卵石地层卵石含量高,卵石粒径大,因而盾构掘进时可能在河道的下方出现刀盘被卡住的情况,出现停机隐患;盾构掘进时,容易发生超方现象,进而导致河底、河堤出现坍塌透水现象。

(3)在盾构前行过程中,若盾尾部的密封情况不佳,很有可能导致盾尾密封被击穿,进而造成盾尾漏水。

第 2 章 盾构总体方案选型及设备需求分析

2.1 泥水盾构与土压盾构比选

土压平衡（Earth Pressure Balance）盾构，简称 EPB 盾构，其组成及工作原理如图 2-1 所示，刀盘后面设置密封舱，刀盘旋转切削下来的渣土充满土舱和排土用的螺旋输送机，依靠推进油缸的推力来给土舱内的开挖渣土加压，使土压作用于开挖面，承受地层的土压和地下水的水压，从而达到压力平衡。开挖下来的渣土通过螺旋输送机输送到皮带输送机上，然后由皮带输送机把渣土运输到停在轨道上的运渣小车上运出至地面。通过调节螺旋输送机的排土速度可以达到调节土舱压力的目的。土压平衡盾构机的掘进、排土、衬砌等作业工程都是在盾壳的支护下进行的，给施工提供了安全保障。

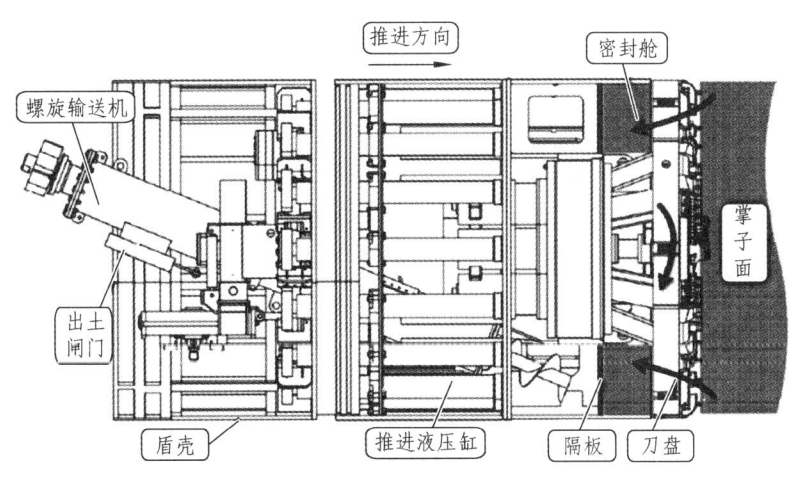

图 2-1 土压平衡盾构原理示意图

泥水平衡（Slurry Pressure Balance）盾构或泥水加压盾构，简称 SPB 盾构。它是应用封闭型平衡原理进行开挖的新型盾构，用泥浆代替气压支护开挖面土层，施工质量好、效率高、技术先进、安全可靠。

但由于泥水平衡盾构，需要一套较复杂的泥水处理设备，投资较大（大约占了整个泥水盾构系统的 1/3 的费用）、施工占地面积较大，在城市市区施工，有一定困难。然而在某些特定条件下的工程，如在大量含水砂砾层，无黏聚力、极不稳定土层和覆土浅的工程，以及超大直径盾构和对地面变形要求特别高的工程施工，泥水平衡盾构就能显示其优越性。另外对某些施工场地较宽敞，有丰富的水源和较好泥浆排放条件或泥浆仅需进行沉淀处理的工程，可大幅度降低施工费用。

泥水平衡盾构结构如图 2-2 所示，主要由盾壳、刀盘、密封泥水舱、推进油缸、管片拼装机以及盾尾密封等组成。概括地说，泥水加压盾构是在盾构前部增设一道密封隔板，把盾构开挖面与盾构后面及隧道空间截然分开，使密封隔板与开挖面土层之间形成密封泥水舱，在泥水舱内充以压力泥浆，刀盘浸没在泥水舱中工作，由刀盘开挖下的泥土进入泥水舱后，经刀盘和搅拌机搅拌后形成稠泥浆，通过管道排送到地面，排出的泥浆作分离处理，排出土渣后，对余下的浆液进行黏度、密度调整，重新送入盾构密封泥水舱循环使用。

1—切削刀盘；2—泥水舱；3—刀盘驱动系统；4—推进系统；5—泥水输送系统；6—管片拼装机；
7—管片；8—后配套台车；9—盾尾密封；10—盾尾；11—人舱；
12—气垫室；13—隔板；14—切削刀具。

图 2-2 泥水平衡盾构原理示意图

2.1.1 经典选型理论

土压平衡盾构和泥水平衡盾构的选择要结合隧道周边环境、地表沉降控制、施工成本等多方面因素进行，选型过程一般遵循以下原则：

（1）以开挖面稳定为核心，盾构选型应在充分把握地层条件的基础上进行，土压平衡盾构和泥水平衡盾构对地层的适应性如表 2-1 所示。

表 2-1 土压/泥水平衡盾构与适用土质、辅助工法的关系

地质条件				泥水平衡盾构			土压平衡盾构		
分类	土质	N 值	含水率/%	辅助工法			辅助工法		
				无	有	种类	无	有	种类
冲积性黏土	腐殖土	0	>300	×	△	A	×	△	A
	淤泥、黏土	0~2	100~300	○	—		○	—	
	砂质淤泥黏土	0~5	>80	○	—		○	—	
	砂质淤泥黏土	5~10	>50	△	—		○	—	

续表

地质条件				泥水平衡盾构			土压平衡盾构		
分类	土质	N值	含水率/%	辅助工法			辅助工法		
				无	有	种类	无	有	种类
洪积性黏土	垆姆黏土	10~20	>50	○	—		△	—	
	砂质垆姆黏土	15~25	>50	○	—		△	—	
	砂质垆姆黏土	>20	>20	○	—		△	—	
软岩	风化页岩、泥岩	>50	<20	—	—		—	—	
砂质土	混杂淤泥黏土的砂	10~15	<20	○	—	A	○	—	A
	松散砂	10~30		△	○	A	△	△	A
	密实砂	>30		○			△	△	
砂砾大卵石	松散砂砾	10~40		△	○	A	△	△	A
	固结砂			○			△	△	
	混有大卵石的砂砾	>40		△	△	A	△	△	A
	大卵石层			△	△	A	△	△	A

注：
① 无：不使用辅助工法；有：使用辅助工法；○：原则上适合条件；△：使用时须加以讨论；A：化学注浆工法；×：原则上不适合的条件；—：特殊情况下也可以使用。
② ○主要表示希望选定的工法，但是也包括部分土质不适合的不得不采用的情形。

（2）应考虑土的流塑性、土的渗透系数等，这对开挖面的稳定非常重要。塑性流动性直接影响土的顺畅排出，若地层透水性太高，地下水则可能通过开挖腔室和螺旋输送机内的废渣流入隧道，依据欧美和日本盾构施工经验，当地层的渗透系数小于 10^{-7} m/s 时，可选用土压平衡盾构；当渗透系数为 $10^{-7} \sim 10^{-4}$ m/s 时，既可选用泥水盾构，也可以在渣土改良的情况下选用土压平衡盾构；当地层的渗透系数大于 10^{-4} m/s 时，宜采用泥水盾构。

（3）应考虑地下水的含量及水压，这往往要与土的塑性流动性及透水性结合考虑，高水压、高渗透性的情况是非常不利的。当地下水压大于 0.3 MPa 时，螺旋输送机难以形成有效的土塞效应，在螺旋输送机出土闸门处易发生喷涌现象，引起土舱中压力下降，导致开挖面坍塌，因此适宜采用泥水平衡盾构。

（4）应重视地层中有无砂砾和大卵石，这直接影响到土的渗透性、切削刀盘的磨耗、切削刀开挖时对地层的扰动范围、刀盘的开口率、对卵石的破碎方式及其排出方式。

（5）应考虑土层的粒径分布，一般都采用土层颗粒曲线来界定不同盾构的适用土层，如图 2-3 所示。若地层中细颗粒含量较多，那么刀盘切削下来的渣土易形成不透水的流塑体从而更密实地填充土舱，进而建立压力来平衡开挖面土体。若地层中粗颗粒含量多，则渣土流塑性变差，土舱内难以建立土压力，总的来说，粒径大时宜采用泥水盾构，粒径小时宜采用土压盾构。

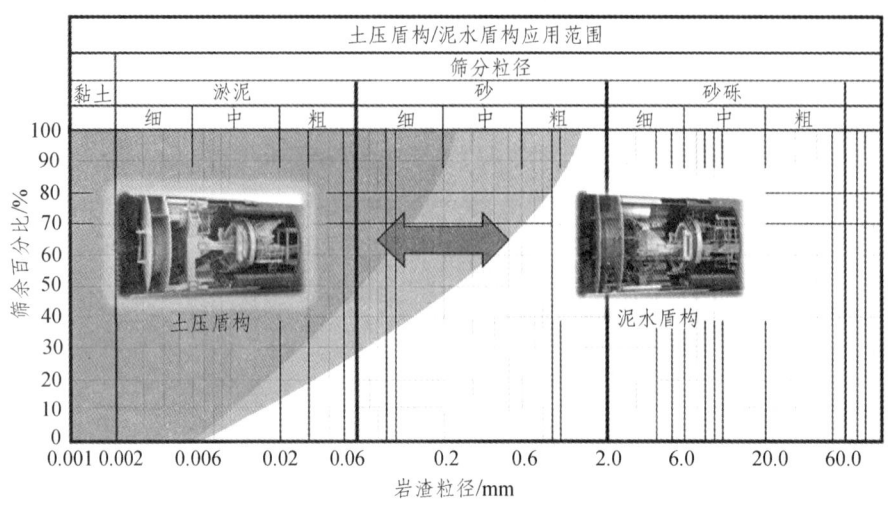

图 2-3 盾构类型与颗粒级配的关系图

（6）盾构施工对周围环境的影响也是盾构选型时应考虑的因素。比如地层变形的许可程度、有无地下构筑物等，泥水处理以及废渣的倾倒是否对环境有污染等。

（7）刀盘的装备扭矩也与盾构选型有关，盾构装备扭矩 $T = \alpha D^3$（D 为盾构外径；α 为扭矩系数；对于泥水盾构 $\alpha = 9 \sim 15$，对于土压盾构 $\alpha = 8 \sim 23$）。显然，采用泥水盾构有利于减小刀盘切削阻力，从而减轻主轴承的负荷。

一般而言，土压平衡盾构具有施工成本低、出土效率高、适用地层范围广等优点，但是对地层扰动较大，大直径化困难；而泥水平衡盾构对地层的扰动小、易于大直径化，但需要设置泥水管理和处理设备，成本较高，且施工场地大、影响交通、污染环境。二者的对比如表 2-2 所示。

表 2-2 土压平衡和泥水平衡盾构对比

项 目	土压平衡盾构	泥水平衡盾构
稳定开挖面	保持土舱压力，维持开挖面土体稳定	有压泥水能保持开挖面地层稳定
地质条件适应性	在砂性土等透水性地层中要有土体改良的特殊措施	无须特殊土体改良措施，有循环的泥水（浆）即能适应各种地质条件
抵抗水土压力	靠泥土的不透水性在螺旋机内形成土塞效应抵抗水土压力	靠泥水在开挖面形成的泥膜抵抗水土压力，更能适应高水压地层
控制地表沉降	保持土舱压力、控制推进速度、维持切削量与出土量相平衡	控制泥浆质量、压力及推进速度，保持送排泥量的动态平衡
隧道内的出渣	用机车牵引渣车进行运输，由龙门吊提升出渣，效率低	使用泥浆泵这种流体形式出渣，效率高
渣土处理	直接外运	需要进行泥水处理系统分离处理
盾构推力	土层对盾壳的阻力大，盾构推进力比泥水平衡盾构大	由于泥浆的作用，土层对盾壳的阻力小，盾构推进力比土压平衡盾构小
刀盘及刀具寿命 刀盘转矩	刀盘与开挖面的摩擦力大，土舱中土渣与添加材料搅拌阻力也大，故其刀具、刀盘的寿命比泥水平衡盾构要短，刀盘驱动转矩比泥水平衡盾构大	切削面及土舱中充满泥水，对刀具、刀盘起到润滑冷却作用，摩擦阻力比土压平衡盾构要小，相对土压平衡盾构而言，其刀具、刀盘的寿命要长，刀盘驱动转矩小

续表

项 目	土压平衡盾构	泥水平衡盾构
推进效率	开挖土的输送随着掘进距离的增加,其施工效率也降低,辅助工作多	掘削下来的渣土转换成泥水通过管道输送,并且施工性能良好,辅助工作少,故效率比土压平衡盾构高
隧洞内环境	需矿车运送渣土,渣土有可能撒落,相对而言,环境较差	采用流体输送方式出渣,不需要矿车,隧洞内施工环境良好
施工场地	渣土呈泥状,无须进行任何处理即可运送,所以占地面积较小	在施工地面需配置必要的泥水处理设备,占地面积较大
经济性	只需要出渣矿车和配套的门吊,整套设备购置费用低	需要泥水处理系统,整套设备购置费用高

2.1.2 工程实例对比

为研究泥水平衡盾构在成都富水砂卵石地层中的适应性问题,中铁隧道集团进行了积极尝试,在成都地铁1号线一期工程4标右线隧道采用泥水平衡盾构施工,左线隧道采用土压平衡盾构施工。

1. 泥水平衡盾构针对性设计

为提高泥水平衡盾构机处理大卵石和漂石的能力,其针对性设计如下:

(1)配备双刃盘形滚刀作为主要破岩刀具,且可与撕裂刀、羊角刀等互换。

(2)如图2-4(a)所示,在气垫舱内排泥管前端安装双颚板式破碎机,对进入舱内的卵石进行二次破碎,防止泥水输送管路堵塞。

(3)具备带压进舱功能,对于刀具和破碎机无法破碎的漂石,采用带压进舱的方式人工处理。

(a)排泥管前端双颚板式破碎机　　(b)S367泥水平衡盾构刀盘布局

图2-4　S367泥水平衡盾构部分结构示意图

（4）如图2-4（b）所示，刀盘采用面板结构形式，共八个长条孔成对称分布，开口处焊接非封闭的耐磨隔条，粒径小于 400 mm 的卵石可不经刀具破碎直接进入泥水舱，有效降低刀具磨损。一共配置99把刀具，其中6把双刃中心滚刀、13把双刃滚刀、64把齿刀、16把边刮刀，当全部安装滚刀时刀盘开口率为28%，安装齿刀时开口率可达30%。

2. 泥水平衡盾构应用效果

该标段泥水盾构自始发开始，单月最高掘进 196.65 m，月平均进尺仅 75 m（不含车站过站时间），远小于同标段左线土压平衡盾构月进尺 237 m 的掘进速度。经总结分析，泥水平衡盾构在砂卵石地层条件下掘进主要存在以下问题：

（1）排渣效率低下：海瑞克 S367 型泥水盾构采用间接控制系统控制泥水舱压力，如图 2-5 所示，由于要在泥水舱内布置半隔板和空气缓冲层，相比于直接控制型泥水系统，盾构机刀盘与碎石机格栅后的排渣泵吸口距离增大，而砂卵石粒径大、质量重，密度在 2.3 g/cm³ 左右，进浆密度在 1.1～1.2 g/cm³，当泥浆密度一旦达到 1.4 g/cm³ 时，就难以被排渣泵吸入排渣口，严重影响排渣效率。

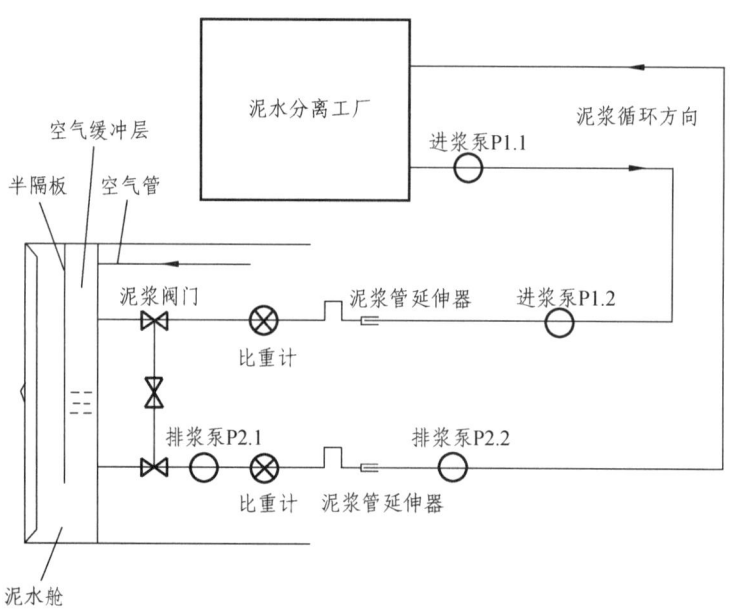

图 2-5 间接控制型泥水系统

（2）刀具磨损严重：尽管泥水能够冷却润滑，起到保护刀具的作用，但由于排渣效率低，卵石难以顺利进入泥水舱，导致刀具反复挤压刀盘前方残留的卵石颗粒，加剧刀具磨损。掘进过程中甚至出现仅掘进 100 m 全部刀具均报废的情况。

（3）泥水盾构刀盘驱动扭矩 3 050 kN·m，脱困扭矩 3 500 kN·m，一旦出现开挖面失稳，刀盘载荷分布发生变化，极易造成刀盘卡停，只能停机进行人工清舱，严重影响施工进度。

同标段土压平衡盾构与泥水平衡盾构掘进效果对比如表2-3所示。

表 2-3 土压平衡泥水平衡盾构掘进效果对比

项 目	土压平衡盾构	泥水平衡盾构	使用情况
刀盘设计	面板式、开口率 28%~30%	面板式、开口率 28%~30%	掘进情况良好，耐磨性有待提高
刀具选型及磨耗	4 把双刃中心滚刀、32 把双刃滚刀、28 把宽齿刀、8 把刮刀	6 把双刃中心滚刀、13 把双刃滚刀、64 把小齿刀、16 把刮刀	泥水平衡刀具磨损远大于土压平衡刀具磨损
刀盘驱动扭矩	驱动扭矩 6 000 kN·m、脱困扭矩 7 150 kN·m	驱动扭矩 3 050 kN·m、脱困扭矩 3 050 kN·m	泥水平衡盾构易卡刀盘，土压平衡盾构施工中未出现卡刀盘现象
排渣效率	螺旋输送机出渣、最大出土量达 285 m³/h，每环掘进时间 40~60 min	每环纯掘进时间 40~60 min，由于砂卵石地层排渣效率低、单环出渣时间长、每环实际掘进耗时 2.5~3.5 h	土压平衡远高于泥水平衡盾构
地表沉降	大	小	泥水平衡盾构沉降控制能力高、穿越重大危险源可靠性好

可见，在对地表沉降控制要求不高的前提下，土压平衡盾构更能适应成都富水砂卵石地层条件的掘进。而随着渣土改良技术、地层加固技术的逐渐完善，土压平衡盾构在地表变形控制方面也在不断进步，因而在成都特殊复杂地质条件下拥有广阔的发展和应用空间。

结合成都特殊复杂地层的特性及施工经验，分析盾构总体设备需求，如表 2-4 所示。

表 2-4 盾构机设备需求

工程重难点	设备需求分析
砂卵石地层	（1）主驱动抗冲击性能和足够的扭矩储备； （2）刀盘结构、开口设计合理，减少刀盘对土体的扰动； （3）刀盘、刀具、螺旋输送机耐磨措施； （4）螺旋机防喷涌及防卡能力； （5）整机具备承受大水压能力； （6）带压换刀设计
泥岩地层	（1）针对性的渣土改良解决方案； （2）刀盘中心渣土充分改良以及冲洗能力； （3）降低管片上浮量针对性措施
砂岩地层	（1）刀盘、刀具、螺旋输送机耐磨措施； （2）螺旋机防喷涌能力； （3）针对性的渣土改良解决方案
泥岩砂岩等风化层	盾构机稳定的整机性能、多层次注浆
瓦斯地层	隧道有害气体监控及应急措施
施工风险源	（1）具备在砂卵石地层条件下长距离掘进的能力； （2）具备较强的平衡水土压力的能力，保证地表变形保持在正常范围内； （3）预留超前注浆接口，可对开挖面前端的不良地质进行超前加固； （4）盾构机稳定的整机性能、具备多层次注浆能力

2.2 盾构选型实例分析

2.2.1 成都地铁 10 号线二期工程实例分析

2.2.1.1 工程概况

成都地铁 10 号线二期工程土建 1 标盾构区间由双流西站—二号风井、二号风井—空港二站两部分区间组成。隧道顶部埋深为 5.5 ~ 41.8 m，穿越地层主要以砂卵石、强（中）风化泥岩为主，穿越地层分布如图 2-6 所示。

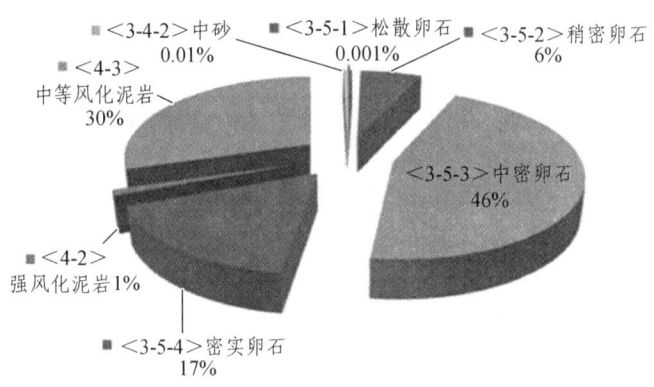

图 2-6 全标段穿越地层统计图

2.2.1.2 盾构区间风险源

双流西站—空港二站区间周围的建筑物主要有：成贵高铁、G 指廊、停机坪（及输油管线）、滑行跑道、国航维修基地、环港立交、华诚汽修厂、民用建筑群等，如图 2-7 所示。

2.2.1.3 工程重难点

（1）该区间盾构穿越的地层复杂多样，掘进过程中主要存在以下难点：
① 地层反应灵敏，扰动后成拱强度低且有时效性，地表易塌方；
② 卵砾石间摩擦阻力大，流塑性差，且卵石粒径大，渣土无法快速排出；
③ 大卵砾石的存在导致土舱压力传递受限，动态土压平衡难以保持，开挖面稳定性差；
④ 卵砾石强度高，且地层中富集石英矿物，对刀盘、刀具、螺旋机、盾体磨损严重；
⑤ 隧道埋深较深，卵砾石地层中细颗粒含量少，渣土改良难度大，螺旋输送机易喷涌；
⑥ 泥岩地层中刀盘易结泥饼；
⑦ 盾构区间到达接收端后无法吊出设备，需在洞内进行拆解盾构机，空间较小不利于拆解；
⑧ 砂卵石地层对盾尾刷的磨损影响较大，该地层渗透性较强，需保证盾构止水效果，施工过程中须做好盾尾刷的保护措施，且须确保盾尾密封的完好性，方可确保施工安全；
⑨ 空港二站盾构机出洞加固，地面没有降水条件，只能通过大管棚对出洞端进行加固。

图 2-7 区间风险源

（2）区间风险源众多，对盾构机适应性、掘进控制和施工技术提出了较高要求，部分风险源重难点及应对措施如表 2-5 所示。

表 2-5 下穿施工风险应对措施

工程重难点	工程重难点说明	应对措施
下穿机场 G 指廊	G 指廊采用独立柱基础、钻孔灌注桩和人工挖孔灌注桩基础。修建时已考虑地铁下穿，并预留下穿条件，均采用钻孔灌注桩，埋深较浅，与桩间距小，推进时可能对桩体及地面有影响	（1）控制盾构掘进参数，密切关注推力、扭矩变化情况。 （2）盾构通过后，洞内进行注浆，加固隧道周围土体。 （3）按照标准布设监测点，关注地面沉降变化情况
下穿停机坪及停机坪内的登机廊桥、高杆灯	T2 停机坪段穿越长度约 900 m，根据停机坪竣工资料，停机坪下无桩基。盾构隧道主要在卵石隧道中穿越，隧道埋深 8.1～25 m。若停机坪混凝板下出现空洞，在飞机的轮压下导致机坪混凝土板损坏，有可能对飞机造成损伤。停机坪下方不允许换刀，全断面砂卵石地层，1 088 m 不换刀掘进，对刀具配置要求高	（1）施工前对线路通过范围内停机坪利用机场夜间停航时间运用陆地声呐法对地质进行探测，及时发现空洞，及时填充注浆。 （2）对停机坪进行空洞探测施工完成后，在停机坪利用机场夜间停航时间对隧道通过区域运用陆地声呐法对地质进行探测，持续周期为 2 年，频率为每月监测一次，及时发现空洞，及时填充，避免对机场的运营造成影响。 （3）盾构施工中对盾构掘进参数、渣土进行严格控制。 （4）盾构通过后，进行洞内注浆施工。 （5）采用自动化监测手段，对地面沉降进行实时监测。 （6）采用克泥效工法，填充盾体与土体之间的间隙。 （7）对刀具进行改进，使刀具布局合理，并增加抗磨损措施

续表

工程重难点	工程重难点说明	应对措施
下穿4根航油管线	输油管线材质为直径 350 mm、400 mm 钢管，埋深 2~3 m，输油管线为无缝钢管，钢管设计压力为 1.6 MPa，用压缩空气试压，其严密试验压力为 1.7 MPa，强度试验压力为 2.0 MPa。隧道下穿输油管道，地表沉降容易导致管道破裂，航油泄漏，造成环境污染及社会危害	（1）施工过程中加强掘进参数控制，做好渣土改良工作，增大同步注浆量，控制出土量。 （2）施工过程中加强监测，及时分析监测数据并用于指导施工。 （3）在管片上增加注浆孔，根据地质及掘进情况，从洞内对隧道拱顶部分 2 m 范围内进行二次注浆。 （4）考虑到航油管道的重要性，通过增大道床杂散电流收集网截面、增设回流电缆、上下行轨道间增设均流电缆等措施对杂散电流进行防护。考虑杂散电流对航油管道的腐蚀，参照广州白云机场成功经验，设置排流柜进行杂散电流防护。 （5）输油管道范围内采用高渗透性环氧树脂加强防水。 （6）采用克泥效工法，填充盾体与土体之间的间隙。 （7）协调机场，在航油管线周边布设预埋管，出现紧急情况可以及时处治

2.2.1.4 盾构机适应性设计

1. 总体功能与布局

具备隧道开挖、排土与管片衬砌三大主要功能和渣土改良、同步注浆、油脂润滑与密封、通风与冷却、气体保压、物料运输、方向控制、数据采集八大辅助功能；具备敞开式、半敞开式和封闭式掘进模式，盾构总体布局充分考虑人机工程学和模块化设计，满足盾构始发、快速过站、洞内拆机及改造维修的便利性要求，整机寿命不小于 10 km。

2. 刀盘针对性设计

（1）刀盘结构

由于地层大粒径卵石含量高，且含水量高掌子面不易稳定，在结构设计方面需考虑以排为主、破碎为辅，同时还要满足较好的抗冲击、高强度以及土压平衡模式下高扭矩等方面的需求。在保证刀盘结构强度的前提下加大开口率，以提高渣土的通过粒径和通过率，用以提高掘进效率，降低滞磨率。

如图 2-8（a）所示，刀盘采用 Z 字形连续肋板设计，在对大粒径卵石进行筛选的同时，提高整体扭矩传递的均匀性和肋板处渣土的流动性。

如图 2-8（b）所示，开口处的纵深方向采用梯形设计，即"严进宽出"的结构，有利于渣土的纵向流动，提高渣土的流动效率，继而降低滞磨率；刀盘整体进行焊接后退火，保证刀盘的结构强度；刀盘预留分块接口，便于洞内快速进行拆解。

（a）Z字形环筋　　　　　　　　　（b）开口倒锥形设计

图 2-8　刀盘结构

（2）刀具针对性设计

为保证刀具在砂卵石地层高磨蚀、高冲击环境下的寿命和适应性，采用以下针对性设计：

① 刀具本身的高耐磨和抗冲击设计，还应考虑刀体和刀座本身的保护，另外在满足布刀需求的前提下，向开口方向倾斜设计。

② 针对砂卵石地质的高冲击性滚刀采用加宽型刀刃，且可换装 18″刀圈，刀毂部分加焊耐磨层，尽可能减少中途换刀的次数，以控制地面沉降。

③ 增加边缘区域切刀、刮刀的数量，提高刀盘边缘区域的耐磨性能，有效保证开挖直径。

④ 齿刀、切刀、边刮刀都采用合金设计，大大提高了刀具的耐磨性能以及耐冲击性能。

⑤ 刀座背部采用耐磨焊层保护刀座，各面板处也布置了相应的导流刀具，用于保护刀座；边缘刮刀刀座背面焊有耐磨保护块，保护边缘刮刀刀座及边缘刮刀刀体，边缘刮刀背部结构特殊斜坡设计有效地保护边缘刮刀刀座及边缘刮刀刀体并保证顺利溜渣。

⑥ 刀盘正面每个轨迹上配置两把贝壳刀以增加使用寿命，而两把贝壳刀紧贴布置可以保证不增加掘进扭矩。

⑦ 滚刀、撕裂刀、切刀刀高梯次布置，有效地保证掘进的连续性，滚刀为掘进主要刀具，贝壳刀对滚刀进行保护的同时还能在滚刀掘进能力下降时协同切刀进行掘进作业。

3. 主驱动针对性设计

主驱动采用大扭矩液压驱动，最大扭矩 8 687 kN·m，能够满足富水砂卵石地层对刀盘扭矩的需求。主轴承采用原装进口高可靠性三排圆柱滚子轴承，轴承寿命大于 10 000 h，密封承压 500 kPa，无级调速。

为保证渣土具有良好的流动性，刀盘支撑系统采用中间支承方式，利用刀盘（旋转）和承压隔板（固定）的相对运动进行搅拌，若在隔板适当位置加设搅拌棒，可以增强搅拌效果。

4. 螺旋输送机针对性设计

螺旋输送机内径为 920 mm，提高了螺旋输送机的排渣性能，设计最大排土能力 450 m³/h，满足盾构最大推进速度下的渣土输送；空心驱动轴设计，提高了驱动轴刚度，降低了驱动阻力；采用精湛的螺旋叶片制作工艺和优质的耐磨材料，确保在富水砂卵石地层的掘进效率和施工安全。

5. 渣土改良系统针对性设计

渣土改良是复合式土压平衡盾构的重要功能，通过向渣土注入泡沫、膨润土或水等添加剂，增加渣土的流动性，降低渣土的透水性，达到堵水、减磨、降扭及保压的效果，对平衡、维持开挖面的稳定有重要作用。针对砂卵石地层对渣土改良能力的要求，该区间盾构在系统设计上采用了单路单泵的配置且提高了膨润土的注入能力，与此同时还在盾体隔板上预留多个注入口，用于注入聚合物和其他渣土改良剂，使得渣土改良变得容易且更有针对性。

6. 土压控制系统针对性设计

土压控制是保持隧道开挖面稳定、控制地表沉降的主要手段，通过土舱隔板和螺旋输送机上安装的土压传感器，利用总线控制技术与 PID（比例、积分和微分）控制算法，并配合地面测量数据对比，实现对土舱压力实时监测与调整，正常施工情况下满足地面最小沉降量控制目标要求。

2.2.2 成都地铁 18 号线盾构选型实例分析

成都地铁 18 号线采用 8 m 级盾构进行开挖，相比于 5 号线、6 号线和 10 号线等采用的 6 m 级盾构在结构和性能需求上有一定的区别，但是 6 m 级盾构丰富的选型配置及施工经验为 8 m 级盾构的选型和应用打下了坚实的基础。下面以 18 号线工程为背景，分析 8 m 级盾构的选型过程。

2.2.2.1 工程背景

成都地铁 18 号线服务于成都天府国际机场，起于成都火车南站，覆盖天府新区中央商务区用地后继续向南至天府新站，之后沿简阳三岔湖旅游快速路向东至成都天府国际机场站。18 号线主线线路全长约 59.27 km，共设车站 9 座，地下站 8 座，地面站 1 座，平均站间距为 7.2 km。地下线长 45.55 km（龙泉山隧道长约 9.35 km），高架段长约 9.03 km，地面段长约 4.69 km。其中，盾构法掘进线路约 25.873 km（盾构掘进总长度约 51 745 m）。

穿越地层以强风化泥岩、中风化泥岩和卵石地层为主，部分区间穿越地层占比如图 2-9 所示。

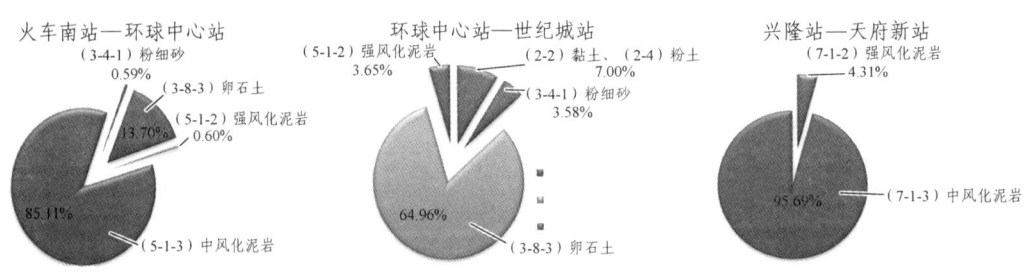

图 2-9 各区间穿越地层占比

2.2.2.2 工程重难点

除 1.2.1 节中提到的由地层本身带来的工程难点外，该工程还存在以下难点需要重点考虑：

（1）世纪城站—麓山站穿越地表河流锦江，麓山站—博览城北站穿越地表河流大石堰，隧道穿越地表河流应充分考虑河水对隧道的影响，防止河水灌入；

（2）环球中心站—世纪城站区间，部分地段下穿/侧穿桩基础，施工时应尽量减小对建构筑物基础的扰动，对于影响施工的桩基础，可采取托换等措施；

（3）麓山站—博览城北站区间，部分地段受断层、褶皱构造影响，可能存在浅层天然气，施工中应加强通风、观测等措施，防止天然气侵入地铁地下空间造成危害；

（4）火车南站—环球中心站区间始发段，平原区第四系冲洪积、冰水沉积的饱和砂土有液化可能，盾构掘进过程中要注意并采取相应措施；

（5）麓山站—博览城北站区间，少量地段在强、中风化地层之间掘进，存在软硬不均现象，施工时应控制好推进参数，确保盾构机不偏离轴线；

（6）沿线出露白垩系、侏罗系紫红色泥岩夹砂岩、砂泥岩互层，岩层走向与线路夹角较小，施工开挖易出现顺层滑动，如果盾构掘进保压过低，将会出现超挖现象。

2.2.2.3 盾构适应性设计

1. 刀盘针对性设计

随着刀盘开挖直径的增大，刀盘承受的载荷增大，同时刀盘边缘刀具破岩的距离也增长，因此大直径土压平衡盾构机刀盘设计要重点考虑以下几个问题：

（1）刀盘中心区域及整体的结构强度和刚度。

（2）边缘滚刀数量如何保证较长的有效掘进距离。

为解决以上问题，在刀盘设计上采用了以下措施：

（1）中心区域正面采用厚整板，幅臂对接处采用倒圆设计，幅臂板延伸到中心处背侧，中心厚板外缘背侧增加加强筋板，以减少中心区域辐条焊接的应力集中，如图 2-10 所示。

图 2-10 中心厚板结构

（2）在保证渣土流动性的前提下，增大刀盘厚度，且辐条板和面板主结构采用高强度材料，用以加强主体结构的强度。

（3）采用 6 辐条加面板式的设计，增加边缘滚刀数目，可有效延长边缘刀具的掘进距离，刀箱设计可兼容 18″滚刀和 19″滚刀。

2. 主驱动的针对性设计

（1）采用 4.8 m 的进口大直径主轴承，具备轴向预紧功能，可有效提高主驱动的吸振能力，保证了主驱动在高冲击地层的稳定性。

（2）标称扭矩可达 20 530 kN·m，脱困扭矩可达 28 740 kN·m，具有足够的扭矩储备。

（3）采用 12 组驱动单元，单个电机驱动功率达 250 kW，并预留 2 路改造接口，负载单元多，稳定性更强。

（4）变频系统内置水冷却系统，保证了高冲击地层变频器的稳定性；变频电机配置有扭矩限制器，可对驱动电机和减速机起到有效的保护作用。

3. 螺旋输送机针对性设计

（1）螺旋机的叶片和轴表面采用耐磨堆焊设计，前端主工作叶片圆周镶嵌耐磨合金块，极大提高了螺旋轴和叶片的耐磨性能。

（2）螺旋机前端节 2 000 mm 长度范围，底部圆周方向 120°范围，筒体采用可更换的耐磨衬板设计，防止施工中筒体被磨穿，同时也便于修复。

（3）采用大排量马达，并配以大功率驱动电机、螺旋机，脱困扭矩达到 249 kN·m，有更强的功率储备，同时采用大直径伸缩油缸，使得螺旋机具有良好的伸缩脱困性能。

（4）螺旋机筒体内径可达 1 020 mm，输送卵石最大尺寸可达 380 mm×590 mm，出渣能力不小于 550 m^3/h，提高了螺旋机在砂卵石地层应对大卵砾石的能力。

（5）卸料闸门采用双闸门设计，螺旋机头端土舱隔板处设计有聚合物注入接口，出渣口附近设计有保压泵渣接口，可提高螺旋机应对喷涌的处置能力。

4. 渣土改良系统针对性设计

（1）渣土改良系统采用 12 路通路的回转接头（不包含液压通路），加大刀盘的改良剂注入点，如图 2-11（a）所示。

（2）泡沫系统 9 路泡沫采用单管单泵设计，改良后系统性能更强，且具有一定的防堵能力。

（3）泡沫喷嘴采用"Y"形止回橡胶设计，具有比单向阀更好的防堵性能，如图 2-11（b）所示。

（4）泡沫泵采用柱塞泵设计，最高注入压力可达 5 MPa，能直接用作高压模式用于通堵，提高了改良剂管路的防堵能力。

（5）刀盘外周设计有独立的膨润土注入管路，能够在紧急情况下向掌子面上部喷射压力泥浆，用于形成泥膜，提高了渣土改良系统对地层的适应性。

（6）刀盘、盾体和螺旋机分别设置了 12 路、4 路和 8 路注入口，盾体预留多处注入点，可保证改良剂多点位、多层次的注入性能。

（a）泡沫注入系统　　　　　　　　（b）泡沫喷口

图 2-11　泡沫注入系统和泡沫喷嘴

第3章 盾构主机关键部件选型及辅助系统配置研究

3.1 盾构刀盘设计

刀盘位于盾构机的最前端,主要功能是开挖土层、稳定掌子面和搅拌土舱渣土,是盾构机实现开挖的关键部件。盾构机刀盘的设计主要是依据盾构掘进段的地质条件和施工条件等因素,其适应性是判断刀盘设计好坏的重要指标。刀盘主要由刀盘主体和刀具以及焊接在刀盘主体上的刀具座组成,刀盘的结构和刀具配置需要与地质条件相匹配,刀盘的合理设计是盾构机顺利掘进的重要保障。

3.1.1 刀盘结构

刀盘直径在理论上应等于盾体直径,但在实际施工中,由于盾构在掘进过程中地层也在发生变形,为防止盾构掘进到刀盘所在位置时被困,刀盘直径一般大于盾体直径,刀盘直径计算公式:

$$D_0 = D_1 + (10 \sim 30) \tag{3-1}$$

式中,D_0 为刀盘直径(mm);D_1 为前盾直径(mm)。

刀盘正面结构形式主要有辐条式刀盘、面板式刀盘和复合式刀盘三种,不同的结构形式适用于不同的地质条件。

1. 辐条式刀盘

辐条式刀盘一般通过轮缘由若干根辐条与刀盘中心连接而组成,如图3-1所示,切削刀具安装在辐条的两边,一般不安装滚刀。辐条式刀盘开口率较大,为60%~90%,切削下来的渣土直接进入土舱,渣土流动性好,有利于排渣,而且渣土流动过程中压力损失较小,因此很容易对土压平衡进行控制。对于渣土流动性较好或砂卵石、软土等比较单一的地层,辐条式刀盘在满足其支护性要求的前提下提供了充裕的开口,大大提高了其掘进效率;而对于富水黏土粉土地层,其自稳性较差,辐条式刀盘不能提供足够的支护力,因而地质适应性较差。

图3-1 辐条式刀盘

2. 面板式刀盘

面板式刀盘一般由若干块带有开口的刀盘组件拼接而成，呈焊接箱型结构，如图 3-2 所示，开口率为 15%~40%，能够限制进入土舱卵石的粒径。面板式刀盘由于开口率较小，导致渣土进入土舱不顺畅，易发生堵塞，影响效率。在渣土进入土舱的过程中，压力会有损失，土舱渣土与开挖面的渣土之间会产生压降，因此土压较难控制。面板式刀盘自身结构强度高，可提供较强的支护力，还可以安装滚刀和切削刀具，因此该形式的刀盘通常应用于泥水平衡盾构，适用于富水淤泥地层、粉细砂地层。

图 3-2　面板式刀盘

3. 复合式刀盘

复合式刀盘由刀具、辐条和小块面板构成，如图 3-3 所示，刀盘开口介于辐条式和面板式刀盘之间，开口率一般为 30%~50%。复合式刀盘兼有面板式刀盘和辐条式刀盘的优点，主要适用于复合地层、普通黏土地层、沙砾地层等，且可用于土压平衡盾构和泥水平衡盾构，故该种形式的刀盘应用最为广泛。

图 3-3　复合式刀盘

3.1.2　刀盘开口率

刀盘开口率是影响盾构机地质适应性的重要参数。一般而言，开口率较小，有利于保持开挖面稳定，减小地层损失，但是在砂卵石地层条件下，开口率过小易导致刀盘排渣困难，卵石颗粒滞留在刀盘前方反复对刀具进行磨损，且易损伤刀盘。而在泥岩地层，由于刀盘中心位置渣土流动性差，易在刀盘挤压下形成泥饼，影响掘进效率。因此应根据地层条件对刀盘开口率进行分析，既保证刀盘顺利排渣，又能保证地层损失在可控范围内。

3.1.2.1 开口率理论分析及计算

1. 开口率对正面附加接触压力的计算

盾构机在掘进过程中，刀盘必然会挤压前方土体，并产生附加接触应力，该附加应力是土压平衡盾构在周围土体中产生附加应力的主要来源之一。附加应力场会对盾构周围产生扰动，危及盾构附近建筑物的安全。过大的附加接触压力会在盾构近距离穿越既有构筑物时产生不利影响。

通常情况下，土舱压力只在刀盘开口部分决定刀盘正面压力。而盾构正面压力是土舱压力在刀盘开口部分与前方土体接触压力及刀盘面板与前方土体接触压力共同作用的结果。王洪新通过建立刀盘前方微元土体挤压量计算模型并对整个刀盘进行积分得到盾构推进对前方土体的附加应力计算公式：

$$\Delta p = \frac{10.13(1-\mu)E_u \pi v (1-\xi)^2}{(1+\mu)(3-4\mu)Dk\omega} + \Delta p' \quad (3\text{-}2)$$

式中　v——推进速度；

　　　μ——泊松比；

　　　E_u——土体不排水时的变形模量；

　　　ξ——刀盘开口率；

　　　k——刀盘闭口部分辐数；

　　　D——盾构直径；

　　　ω——刀盘转动角速度；

　　　$\Delta p'$——切口切入土体产生的挤压力，一般为 10～25 kPa。

由式（3-2）可知刀盘开口率越小，刀盘转动在前方土体中产生的附加应力越大。

2. 开口率对土舱压力差的影响

土压平衡盾构机掘进时，土舱压力与开挖面水土压力的平衡实际是出土量的平衡，由于存在刀盘对前方土体的挤压效应，当其他条件相同，不同开口率下盾构机的土舱压力是不一样的。工程实践表明，埋深及地层情况相同时，开口率越小，土舱压力越小。要保证切削下来的渣土顺利流入土舱，土舱压力要比刀盘开口处的压力小，开口率越小，土舱与刀盘开口处的压力差（简称土舱压力差）越大，渣土通过刀盘开口处进入土舱的流速才能越高，这样才能满足盾构掘进时的出土量平衡。

切削下来的渣土经过改良，具有良好的流塑性，因此王洪新提出一种以流体力学理论为基础的土舱压力差计算方法。其表达式如下：

$$\Delta p = \frac{L}{\xi^2 D}\left[\frac{4c}{k_1} + 2(1+k_0)\gamma H \frac{\tan\varphi}{k_2}\right] \qquad (3\text{-}3)$$

式中 L——土舱前后宽度；

c——土体黏聚力；

$\tan\varphi$——土体摩擦系数；

k_1、k_2——c 和 $\tan\varphi$ 的折减系数；

γ——土体容重；

H——盾构中心埋深；

k_0——土体静止侧压力系数。

在埋深 15 m 条件下取成都砂卵石地层参数进行计算得到不同刀盘开口率下土舱压力差结果，如图 3-4（a）所示。

式（3-3）表明了开口率对土舱压力差的影响，即刀盘开口率越大，土舱内外压力差越小。同时也表明土体强度指标越大，土舱压力差越大。

土舱设定压力可由下式求得：

$$p = p_0 - \Delta p = \left(1 - \frac{\Delta p}{p_0}\right)p_0 = \alpha p_0 \qquad (3\text{-}4)$$

式中，p_0 为开挖面处的静止土压力，$p_0 = k_0\gamma H$；α 为土舱压力传递系数。

把式（3-3）带入式（3-4）可得土舱压力传递系数为

$$\alpha = 1 - \frac{L}{\xi^2 D}\left[\frac{4c}{k_1 k_0 \gamma H} + 2\left(1+\frac{1}{k_0}\right)\frac{\tan\varphi}{k_2}\right] \qquad (3\text{-}5)$$

砂卵石地层条件下不同开口率下土舱压力传递系数如图 3-4（b）所示。由图可知，土舱压力系数随开口率增大而增大，因为模型推导过程中引入许多假设，而实际过程中土体性质、压力传递过程、土体流动过程是十分复杂的，与刀盘开口率的关系可能并不是二次关系，因此该理论模型仅作为定性分析，如需用于实际工程进行定量分析，可在实验掘进段监测土舱压力差，根据实测结果修正公式中的参变量。

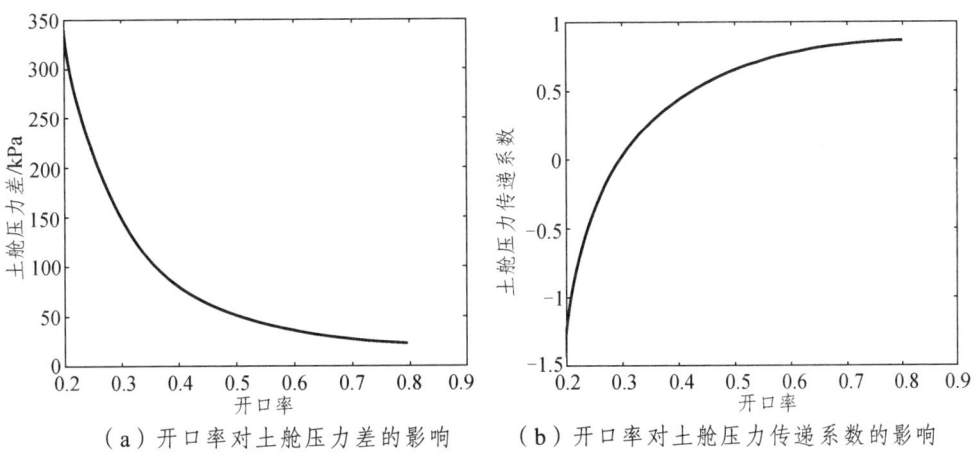

（a）开口率对土舱压力差的影响　　（b）开口率对土舱压力传递系数的影响

图 3-4 砂卵石地层开口率对土舱压力的影响

3. 刀盘开口率对地层适应性计算

不同地层条件下刀盘开口率主要影响的是出土率和地层损失，出土率为单位时间内刀盘开口能达到的出土量和应该进入土舱的土体量之比。在砂卵石地层条件下，若出土率小于 1，表明土体难以顺利进入土舱，造成刀盘面板对前方土体的挤压，从而增大刀盘前方的摩擦扭矩。盾构在某一刀盘开口率和土体力学指标下实际能达到的最大出土率为

$$e_{\max} = \frac{Q_{\max}}{Q_t} = \frac{\xi^2 D(p_0 - p_a)}{2\left[\dfrac{2c}{k_1} + (1+k_0)\gamma H \dfrac{\tan\varphi}{k_2}\right]L} \quad (3\text{-}6)$$

式中，Q_t 为单位时间理论上应达到的出土量，$Q_t = \dfrac{\pi D^2 v}{4}$；$Q_{\max}$ 为一定刀盘开口率下刀盘能达到的最大进土量；p_0 为开挖面土体静止侧向土压力；p_a 为开挖面主动土压力。要保证盾构不发生挤土推进，应满足 $e_{\max} \geqslant 100\%$。

由于盾构的土舱压力与刀盘开口处的压力差对出土量会产生影响，如果盾构的土舱压力偏离维持出土平衡状态的土压力时，实际出土率会大于或小于 100%，从而引起开挖面处的地层损失。盾构推进单位距离时，在土舱压力差 Δp 下产生的地层损失为

$$V = \frac{\Delta p \pi \xi^2 D^3}{8\left[\dfrac{2c}{k_1} + (1+k_0)\gamma H \dfrac{\tan\varphi}{k_2}\right]L} \quad (3\text{-}7)$$

式（3-7）说明，开口率越大，盾构直径越大，盾构推进时越容易引起开挖面地层损失。

地铁 6 号线土建三标隧道施工段地质勘测以及所使用土压平衡盾构的参数数据如表 3-1 所示。

表 3-1 各项参数取值

项目	η	D/m	v/（mm/min）	H/m	γ/（kN/m³）	L/mm	φ/（°）	c	k_0	k_1	k_2
取值	0.38	6.25	35	16.64	20	1 350	33	0	0.3	0.4	0.43

代入表 3-1 中的参数计算得到：

$$\begin{aligned}&e_{\max} = 103.3\% \geqslant 100\% \\ &V = 5.07 \text{ m}^3\end{aligned} \quad (3\text{-}8)$$

由此可知该盾构刀盘 38%的开口率能够保证不发生挤土推进，从而避免造成扭矩增大，但是会造成一定的地层损失。刀盘开口率会影响开挖面土体进入土舱的效率，刀盘开口率和土层力学指标一定时，盾构推进能达到的最大出土率是一定的。所以，对于摩擦角较大的砂卵地层，应适当增大刀盘开口率或者采用膨润土泥浆（泡沫）减小土体内摩擦角，以保证盾构的正常出土。

3.1.2.2 成都特殊复杂地质条件下盾构刀盘开口配置实例

通过研究成都地铁施工案例,整理有关成都地铁施工所用盾构机刀盘开口率等参数,如表3-2所示。

表3-2 盾构刀盘参数

标 段	地质条件	盾构类型	刀 盘
18号线	卵石地层,砂卵石、泥岩地层	8.64 m 土压平衡盾构	复合式刀盘,开口率约36%
13号线	局部穿越泥岩、砂岩、卵石地层	8.63 m 土压平衡盾构	综合开口率40%,中心区开口率50%
13号线1期	泥岩地层,卵石地层	8.58 m 土压平衡盾构	开口率36%,中心部位较大开口
6号线3标	富水砂卵石地层	6.28 m 土压平衡盾构	开口率35%
10号线1期土建4标	泥岩地层,砂卵石地层	6.28 m 土压平衡盾构	开口率34%,开口在整个盘面均匀分布
6号线1、2期工程土建2标	砂卵石地层	6.28 m 土压平衡盾构	开口率34%
4号线土建2标	富水砂卵石	6.28 m 土压平衡盾构	开口率35%
6号线1、2期工程土建5标	中密卵石层,密实卵石层	6.28 m 土压平衡盾构	开口率约35%,中心采用端盖式齿刀以增大中心开口率

由表可知,成都特殊复杂地质条件下刀盘开口率一般为34%~40%,泥岩地层为防止刀盘结泥饼,中心开口率应适当增大。

以成都轨道交通10号线二期工程土建1标为例对刀盘结构及针对性设计进行介绍。该标段双流西站—空港二站区间隧道大多地处川西平原岷江水系Ⅱ级阶地,为侵蚀-堆积地貌,地形较平坦,略有起伏,地面高程491.9~500.14 m;盾构区间共穿越土质有:杂填土、粉质黏土、细砂、中砂、卵石土、中等风化泥岩等。DZ343、DZ346、DL340三台盾构机主要穿越卵石土地层与中等风化岩地层。

如图3-5所示,DZ343、DZ346、DL347刀盘采用四辐条+四面板的辐板式设计,在保证刀盘强度、刚度的同时可以提高刀盘开口率,支撑方式为中心支撑。

区间富水砂卵石地层具有大粒径卵石比例高、含水量高、掌子面不易稳定等特点,刀盘结构设计上遵循以排为主、破碎为辅的原则,具备良好的抗冲击性能和强度,以适应土压平衡模式下高扭矩等方面的需求。在保证刀盘结构强度的前提下加大开口率,以提高渣土的通过粒径和通过率,用以提高掘进效率,降低滞磨率。

如图3-6(a)所示,DZ343、DZ346中心开口率为36%(DL347开口率为38%),以提高中心低

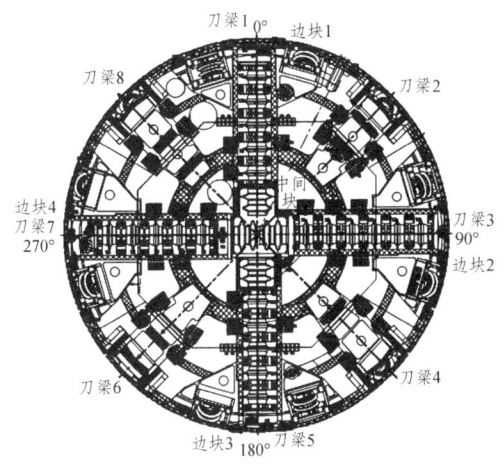

图3-5 DZ343、DZ346、DL347刀盘

速渣土的流动性，从而降低泥饼形成的风险，防止刀盘中心钢结构及刀具损坏。

如图3-6（b）所示，采用Z字形连续肋板的设计，在对大粒径卵石进行筛选的同时，提高整体扭矩传递的均匀性和流经肋板处渣土的流动性。

如图3-6（c）所示，开口处的纵深方向采用梯形设计，即"严进宽出"的结构，有利于渣土的纵向流动，提高渣土的流动效率，继而降低滞磨率。

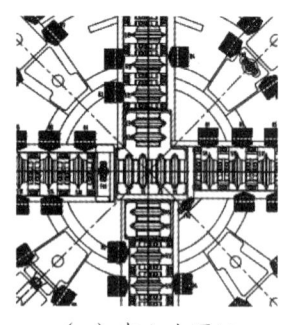  

（a）中心大开口　　　　　（b）Z字形环筋板　　　　　（c）开口倒锥形设计

图3-6　刀盘针对性设计

3.1.3　刀盘支撑

盾构机刀盘的支撑方式与盾构机直径、刀盘开口率、土质对象以及土体黏附状况有关，主要分为中心支撑式、中间支撑式和周边支撑式三种。

1. 中心支撑式

中心支撑式适用于直径较小的盾构机，其结构示意图如图3-7所示。中心支撑式结构简单，刀盘密封直径小，密封耐久，土舱空间大，渣土流动性好，不容易导致渣土堵塞，因此效率较高。但是盾构中心被刀盘部件占满，不利于布置其他装置，且由于空间狭小，进舱作业困难。

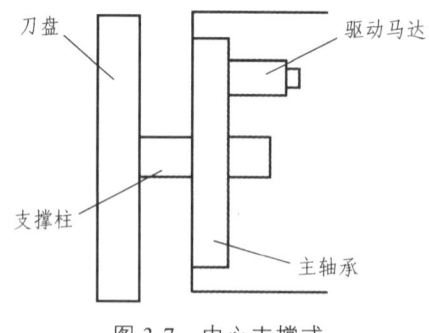

图3-7　中心支撑式

2. 中间支撑式

刀盘中间支撑式结构示意图如图3-8所示。中间支撑式在结构上平衡性较好，一般采用双数横梁进行支撑，主要用于大、中直径盾构机，容易满足刀盘面板所需载荷强度，能进行高载荷和偏载荷作业；但在软岩条件下，容易在横梁中间形成泥饼，影响刀具性能和掘进效率。

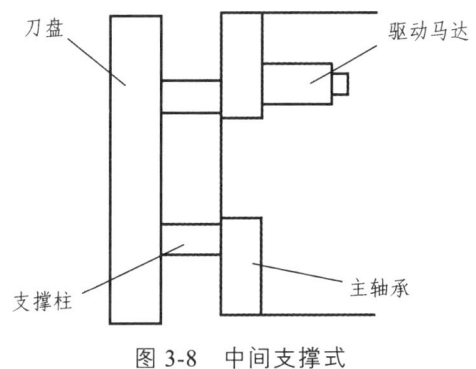

图 3-8　中间支撑式

3. 周边支撑式

刀盘周边支撑式结构示意图如图 3-9 所示。刀盘采用周边支撑形式可以承受刀盘较大的和不均衡的负载，同时还可以在盾构中心留出较大的空间，并有利于设备维修和操作。但该种支撑方式易在刀盘外缘部分黏附土砂，故在黏性土质地层中掘进时，应做好预防土砂黏附措施。

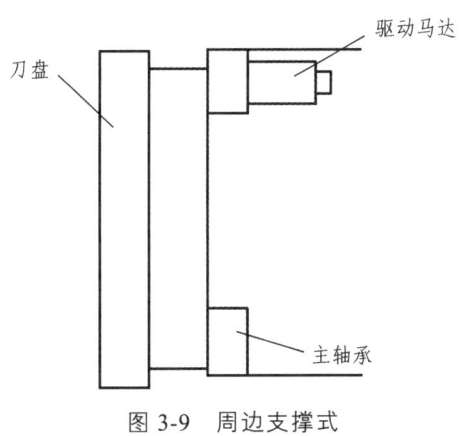

图 3-9　周边支撑式

3.2　盾构刀盘刀具配置

3.2.1　刀具种类及配置原则

刀具是刀盘切削土体的重要部件，其配置的合理性是影响掘进效率的重要因素，通常取决于施工条件和地层条件。目前盾构刀具种类繁多，可用于切削从软土到硬岩等不同的复杂地层。盾构机上常用的刀具有：滚刀、切刀、超前刀、边刮刀、超挖刀等，其种类可根据破岩形式、安装方式和位置功能等进行分类，如表 3-3 所示。

表 3-3 刀具分类

分类方式	类 型	名 称
破岩形式	滚压破岩	盘形滚刀
		齿形滚刀
	切削破岩	切刀（正面）
		刮刀（边缘）
		中心刀（鱼尾刀、羊角刀、中心撕裂刀）
		先行刀（组合式、整体式）
	辅助刀具	保护刀（保径、刀座、注浆口、面板）
		仿形刀
安装方式	螺栓式	—
	插入式	
	焊接式	
位置功能	固定刀具	—
	旋转刀具	
	超前刀具	
	外沿保护刀具	
	修边刀具	
	保护刀具	
	掘削障碍物刀具	

成都砂卵石地层条件下，刀具的作用形式以剥落为主。刀具在切削过程中通过对开挖面的扰动和剥落作用完成切削开挖过程，在该过程中，刀具的磨损形式以冲击磨损、切削磨损和二次磨损为主，因此要求刀盘的刀具具备耐冲击、耐磨损的能力。在成都已有的工程案例中，以滚刀为主的配刀方案和以撕裂刀为主的配刀方案均采用过，当配置滚刀时，滚刀并不以滚压破岩方式而以扰松开挖面的方式起作用，因此滚刀的刃口要厚，刃口的数量要足够多。此外，滚刀刀圈用于磨损的金属体积相比撕裂刀要大得多，因此在工程实践中刀盘配置滚刀的案例居多。

3.2.2 刀具配置计算

3.2.2.1 盾构刀具数量

为减少开仓换刀工序，提高换刀效率，刀具配置上应满足等寿命原则，即刀盘上的刀具磨损量应趋于一致。蒲毅等依据刀具磨损的等寿命原则，提出确定刀具数量的磨损系数法和掘进系数法。通过调整不同半径上的磨耗系数，可以达到刀具寿命相等的目的。

安装半径为 R 的刀具磨损量 δ 可按下式计算：

$$\delta = \frac{R}{n^{0.333}} \cdot \frac{(\pi K L n_d)}{5v} \tag{3-9}$$

式中 n_d——刀盘的旋转速度；

　　v——掘进速度；

　　K——刀具磨耗系数；

　　R——刀具安装半径；

　　n——半径 R 处刀具的数目；

　　L——掘进距离。

式（3-9）可改写为

$$\delta = \mu c_1 \tag{3-10}$$

式中 $\mu = R / n^{0.333}$——不同半径上不同刀具的"磨损系数"。

设 $[\delta]$ 为刀具许用的磨损量，则刀具的许用掘进距离 $[L]$ 的计算公式为

$$[L] = \frac{5[\delta]v}{K_n R \pi n_d} = \frac{n^{0.333}}{R} \frac{5[\delta]v}{K n_d \pi} \tag{3-11}$$

式（3-11）可改写为

$$[L] = \varepsilon c_2 \tag{3-12}$$

式中 $\varepsilon = n^{0.333}/R$；$c_2 = (5[\delta]v)/(K n_d \pi)$。

对于某一确定地质，磨耗系数 K 为一定值，刀具的最大限定磨损量 $[\delta]$、刀盘掘进速度 v 和刀盘转动速度 n_d 均已知，则 c_1、c_2 是一个常数。定义 ε 为不同半径上不同刀具的"掘进系数"，即刀具在允许磨损寿命下的掘进距离影响因子。

为确定不同切削半径上刀具的数量，由式（3-12）可得

$$R = \frac{5[\delta]vn^{0.333}}{KL\pi n_d} = n^{0.333} \frac{[\delta]}{c_1} = n^{0.333} \frac{c_2}{[L]} \tag{3-13}$$

当给定刀具的限定磨损量、施工要求以及掘进参数时，就可以得到相适应的临界磨损系数和临界掘进系数，相应称为磨损系数法和掘进系数法。以刀具安装半径为横坐标，以磨损系数或掘进系数为纵坐标，得到磨损系数图和掘进系数图，如图3-10、图3-11所示。

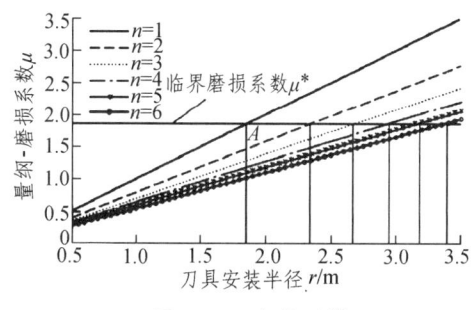

图 3-10 磨损系数

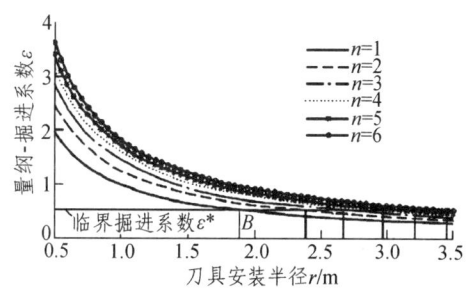

图 3-11 掘进系数

图 3-10 中，A 点表示在此安装半径处，当 $n=1$ 时，刀具的磨损量恰好等于最大限定磨损量，A 点以下的磨损量都将小于最大限定磨损量，即是安全的。

图 3-11 中，B 点表示在此安装半径处，当 $n=1$ 时，刀具在满足限定磨损量的前提下，刀具掘进的距离恰好等于工程要求的掘进距离，B 点以上的掘进距离都将大于要求的掘进距离，即是安全的。通过图 3-10 或图 3-11 可以确定出不同切削半径上满足刀具磨损等寿命原则时所需的最少刀具数量。

3.2.2.2 盾构刀具布置

一般来讲，刀具主要按阿基米德螺旋线和同心圆的几何规律在刀盘上布置，从优化设计考虑，目前多采用阿基米德螺旋线布置法，并按一定的力学和几何规律分散布置在刀盘上，从而达到布局、结构和负载的最优设计。

1. 阿基米德螺旋线定义

动点 P 沿射线 OP 以等速率运动的同时，射线 OP 绕 O 点等角速度旋转，动点 P 滑过的轨迹即为阿基米德螺旋线，极坐标的描述为

$$\rho = \rho_0 + \alpha\theta \tag{3-14}$$

式中，ρ 为极轴；ρ_0 为极轴初始值；α 为常系数；θ 为极角。

其中，螺距 $\Delta\rho = 2\pi\alpha$，在极坐标中如图 3-12 所示。

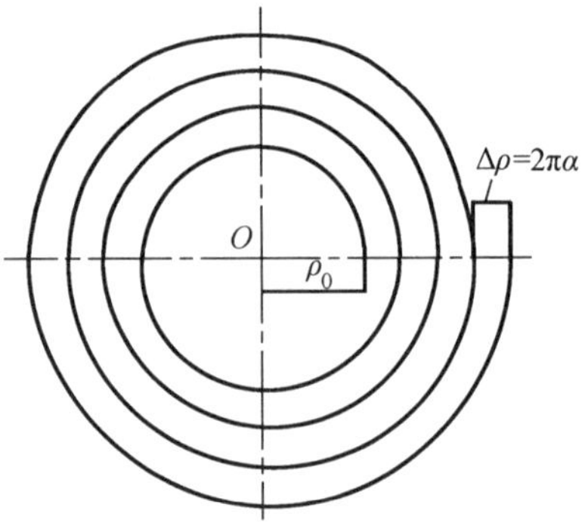

图 3-12 阿基米德螺旋线示意图

2. 盾构刀具（主切削刀）的单螺旋形布置

依照刀具配置的等寿命原则，假设盾构外径为 d_1，刀盘切削外径为 d_2，周边刮中心刀最大切削直径为 d_3，刀具宽度为 b_1，周边刮刀宽度为 b_2。盾构主切削刀的数量（盾构单方向回转所需的刀具数量）计算公式为

$$N' = \frac{\frac{1}{2}(d_2 - d_3) - b_2}{b_1} \tag{3-15}$$

对 N' 取整后为 N^0，初始切削刀与中心刀重叠量为

$$c = b_1(N^0 - N') \tag{3-16}$$

阿基米德螺旋线极轴的初始值为

$$\rho_0 = \frac{1}{2}d_3 - c + \frac{1}{2}b_1 \tag{3-17}$$

假设刀盘内圈采用 m 根辐条布置，在一个圆周范围内，m 把主切削刀所需的最小螺旋线间距为

$$\Delta\rho = mb_1 \tag{3-18}$$

将 $\alpha = \dfrac{\Delta \rho}{2\pi}$ 代入式（3-14）即可得到阿基米德单螺旋线法下的刀具布置曲线方程。

切削刀一般布置在刀盘辐条或刀盘面板边缘，利于渣土进入土舱。盾构掘进时刀盘需要正反转，故切削刀应对称布置，且切削刀的运行距离与其分布半径成正比（相同运行时间内，外周切削刀的运行距离比内周切削刀的长，且磨损量大）。按照刀具配置的等寿命原则，外周切削刀比内周切削刀的布置间距小。

3.2.3 成都特殊复杂地层刀具配置实例

成都轨道交通 10 号线二期工程土建 1 标穿越地层主要以砂卵石、强（中）风化泥岩为主，该标段两台盾构型号为 DZ343、DZ346，开挖直径为 6.28 m，刀具配置如表 3-4 所示。刀具配置过程中充分考虑了砂卵石地层和泥岩地层的特点，除了刀具本身的高耐磨和抗冲击设计，还考虑了刀体和刀座本身的保护。针对砂卵石地质的高冲击性滚刀采用加宽型刀刃，且可换装 18″刀圈，刀毂部分加焊耐磨层，尽可能减少中途换刀的次数，以控制地面沉降。

表 3-4 DZ343、DZ346 刀具配置

刀盘结构	复合式	配置有仿形刀
开口率	约 36%	
中心滚刀	4 把	17″双联滚刀（18″刀圈），刀高 187.5 mm
正面滚刀	21 把	17″滚刀（单刃，18″刀圈），刀高 187.5 mm
边缘滚刀	11 把	全为 17″刀体；最外侧 3 把 17″刀圈，单刃；其余 8 把 18″刀圈，双刃
切刀	32 把	刀高 130 mm
边缘刮刀	8 对	左右各 4 对，刀高 130 mm
贝壳刀	38 把	刀高 150 mm
超挖刀	1 把	带仿形功能
泡沫注入口	6 个	
刀具安装方式	背装式	
磨损检测装置	2	

成都轨道交通 17 号线二期工程范围为机投桥站（不含）—高洪村站（含），主要穿越砂卵石地层、泥岩地层和砂岩地层，刀盘开挖直径 8.6 m，布置有滚刀、重型刮刀、周边保护刀及撕裂刀等主要切削刀具。滚刀采用 18″单刃盘形滚刀，用于挤压、破碎卵石和漂石等单轴抗压强度大的岩类。滚刀刀刃的工作面较刮刀工作面高，使滚刀起到保护刮刀和刀盘体的作用。刀具配置如表 3-5 所示。

表 3-5　成都轨道交通 17 号线二期工程盾构刀具配置

刀具的类型	滚刀＋撕裂刀＋刮刀
刀具布置间距	88.9 mm
中心刀类型/数量	18″双联滚刀（可安装 17″）4 把
刮刀	正面 12″刮刀，90 把
	正面 8″刮刀，2 把
	正面 6″刮刀，14 把
	边缘刮刀，24 把
	周边刮刀，12 把
仿形刀形式/数量	撕裂刀式/2
滚刀规格	18″单刃滚刀（可安装 17″）
滚刀数量	55 把
撕裂刀规格	3″×6″
撕裂刀数量	32
各种刀具高度	滚刀 185 mm，刮刀 125 mm，撕裂刀 175 mm

3.2.4　滚刀磨损机理及寿命预测

滚刀磨损是滚刀与岩体之间的相互接触作用而产生的滚刀失效现象，在盾构掘进施工中，滚刀刀圈材料随着滚刀的不断掘进会产生几种磨损形式共存的磨损现象，针对盾构滚刀磨损机理，目前研究较为成熟的主要包括磨粒磨损、黏着磨损、疲劳磨损三种磨损形式。

3.2.4.1　磨损机理分析

1. 磨粒磨损

滚刀磨粒磨损是指在破岩过程中由于岩石和滚刀本身脱落下来的细小硬质颗粒对滚刀的作用而形成的滚刀磨损形式。在滚刀破岩过程中，由于岩石条件较为复杂，其中会存在以石英颗粒为主的硬质颗粒，这些硬质颗粒会对滚刀刀圈产生一直犁削的作用，从而使得滚刀刀圈表面材料脱落。同时，刀圈表面脱落的硬质材料颗粒也会对刀圈本身进行磨损消耗，在两种颗粒的共同切削作用下，会在滚刀刀圈表面形成划痕。当盾构滚刀与掌子面直接接触时，岩石的硬质颗粒造成滚刀刀圈表面的二体磨损，滚刀本身被磨损脱落下来的硬质颗粒造成滚刀刀圈表面的三体磨损。

2. 疲劳磨损

滚刀疲劳磨损是指滚刀刀圈在与岩石的接触面上，由于滚刀滚动和滑动的叠加作用，会对刀圈表面造成剪切或者撕裂，从而导致滚刀刀圈表面材料质量恶化出现疲劳磨损的结果。

3. 黏着磨损

滚刀黏着磨损是指由于滚刀刀圈的不断磨损，在滚刀掘进过程中，刀圈表面会形成微观的不平整，即形成微凸起，在刀圈表面与土体接触的微凸起之间，在外界载荷的作用下，当微凸起受到的局部压力超过滚刀刀圈材料的屈服强度时，会产生塑性变形，进而出现胶合作用。在胶合作用下，刀圈材料与岩石之间会往复移动，在一定的时间后，这部分材料就会与滚刀刀圈发生分离，从而形成黏着磨损。

3.2.4.2 滚刀寿命预测模型

经广大学者研究表明，滚刀在进行破岩掘进时，当滚刀磨损为正常磨损时，滚刀刀圈受到的磨损形式主要以磨粒磨损为主，因此基于磨粒磨损理论对滚刀破岩磨损量进行计算，从而得出滚刀的理论寿命预测模型。即根据 E.Rabinowicz 基于微量切削假说提出的磨料磨损模型，结合 CSM（Colorado School of Mincs，科罗拉多矿业学院）滚刀受力模型，推导出盘形滚刀正常磨损时的理论磨损量计算公式。

如图 3-13 所示，假设滚刀破岩所承受载荷为 P，在磨粒磨损过程中，有 n 个硬质颗粒与滚刀刀圈表面接触并进行刀圈材料切削，为计算方便，可将对刀圈有切削作用的硬质颗粒看作为一个圆锥体，锥底半径为 r，锥体半角为 α。在力 P 的作用下，硬质颗粒会被迫压入刀圈表面，压入深度为 h，假设硬质颗粒相对于滚刀刀圈表面移动距离为 l。

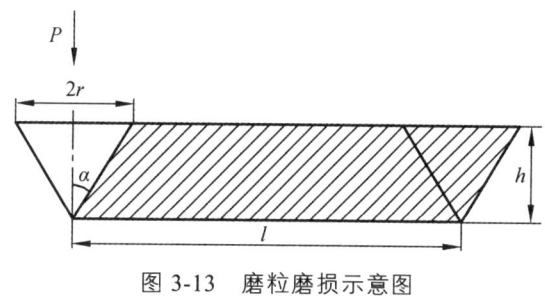

图 3-13　磨粒磨损示意图

由图 3-13 可知，当硬质颗粒压入刀圈表面并沿着运动距离 l 时，图中的阴影部分即为滚刀的磨损量。可得当单个颗粒对滚刀刀圈进行切削作用时，刀圈材料的磨损体积为

$$dV = rhl \tag{3-19}$$

另深度 h 可表示为

$$h = r\tan\alpha \tag{3-20}$$

联立式（3-19）和式（3-20）可得

$$dV = r^2 l\tan\alpha \tag{3-21}$$

因此，当 n 个硬质颗粒对滚刀产生磨粒磨损时，滚刀的总体积磨损量为

$$V = nr^2 l\tan\alpha \tag{3-22}$$

令滚刀刀圈材料的屈服强度为σ_s,可得荷载P为

$$P = n\frac{\pi r^2}{2}\sigma_s \tag{3-23}$$

联立式（3-22）和式（3-23）可进一步得滚刀体积磨损量为

$$V = \frac{2Pl\tan\alpha}{\pi\sigma_s} \tag{3-24}$$

式（3-24）表示滚刀在破岩时产生的磨粒磨损理论理想状态，即将所有硬质颗粒都看成了具有同样形状及大小且都会对滚刀刀圈产生磨粒磨损。而在滚刀破岩过程中，有些硬质颗粒不会参与到对刀圈的磨损，因此有必要考虑这种硬质颗粒是否参与磨损的概率影响，假设硬质颗粒参与对滚刀磨损的概率系数为K。由于滚刀刀圈材料屈服强度σ_s与硬度H之间呈现正比关系，所以用滚刀刀圈硬度H来替代屈服极限σ_s进行计算。引入滚刀磨损系数K_S，其表达式为

$$K_S = \frac{2K\tan\alpha}{\pi} \tag{3-25}$$

所以滚刀体积磨损量为

$$V = K_S\frac{Pl}{H} \tag{3-26}$$

式中：K_S为滚刀刀圈的磨粒磨损系数，其值可通过查表的方式获得。

由于当滚刀与岩体出现相对滑动时才能产生磨损，根据中南大学王凯的研究成果，将滚刀受到的载荷P等效为滚刀破岩时的垂直力F_n，设滚刀的破岩距离为L，则滚刀刀圈的体积磨损量V可进一步表示为

$$V = K_S\frac{F_n l}{H} = \frac{K_S}{\mu H}\cdot|\mu\xi F_n L| = M|A_f| \tag{3-27}$$

式中：μ为滚刀与岩石的摩擦系数；A_f为滚刀所做的摩擦功（kJ）；M为磨损强度；F_n为滚刀垂直破岩力（kN）；ξ为相对滑动率。

滚刀摩擦功A_f表达式为

$$A_f = \mu\xi F_n L \tag{3-28}$$

同时，相对滑动率ξ计算表达式为

$$\xi = \frac{v-\omega R}{v} = -\frac{\mu a}{R}\left[1-\sqrt{1-\frac{F_v}{\mu F_V}}\right] \approx -\frac{aF_v}{2RF_n} \tag{3-29}$$

式中：a为滚刀滚压岩石的接触半宽（m）；F_v为盘形滚刀滚动破岩力（kN）；F_V为滚刀垂直破岩力（kN）；R为滚刀半径（m）。

滚刀滚压岩石的接触半宽a为

$$a = \sqrt{\frac{4F_n R}{\pi E^*}} \qquad (3-30)$$

$$E^* = \frac{1}{\dfrac{1-v_1^2}{E_1} + \dfrac{1-v_2^2}{E_2}} \qquad (3-31)$$

式中：E_1 为滚刀弹性模量（Pa）；v_1 为滚刀泊松比；E_2 为岩石弹性模量（Pa）；v_2 为岩石泊松比。

盘形滚刀垂直破岩力及滚动破岩力可按下式计算：

$$F_n = 0.8 \cdot T^{\frac{5}{6}} S^{\frac{1}{3}} \cdot R^{\frac{1}{2}} \cdot \sigma_c \cdot h^{\frac{1}{3}} \qquad (3-32)$$

$$F_v = 0.8 \cdot T^{\frac{5}{6}} S^{\frac{1}{3}} \cdot \sigma_c h^{\frac{5}{6}} \qquad (3-33)$$

联立式（3-27）~式（3-33），得盘形滚刀体积磨损量为

$$V = \frac{4\sqrt{5}LK_S \cdot T^{\frac{5}{4}} \cdot S^{\frac{1}{2}} \cdot \sigma_c^{\frac{3}{2}} \cdot h \cdot R^{\frac{1}{4}}}{12.5H \cdot (E^*)^{\frac{1}{2}} \cdot \pi^{\frac{1}{2}}} \qquad (3-34)$$

在实际工程中，由于滚刀的体积磨损量无法进行直观检测，所以引入径向磨损量来作为滚刀的磨损评价标准，一般而言，当滚刀径向磨损量超过一定值时，须进行换刀作业。设盘形滚刀的径向磨损量为 Δd，得

$$\Delta d = \frac{V}{2\pi RT} = \frac{2\sqrt{5}LK_S \cdot T^{\frac{1}{4}} \cdot S^{\frac{1}{2}} \cdot \sigma_c^{\frac{3}{2}} \cdot h}{12.5H \cdot (E^*)^{\frac{1}{2}} \cdot \pi^{\frac{3}{2}} \cdot R^{\frac{3}{4}}} \qquad (3-35)$$

因此，当滚刀径向磨损量为 Δd 时，盾构掘进距离为

$$L = \frac{12.5H \cdot (E^*)^{\frac{1}{2}} \cdot \pi^{\frac{3}{2}} \cdot R^{\frac{3}{4}} \cdot \Delta d}{2\sqrt{5}K_S \cdot T^{\frac{1}{4}} \cdot S^{\frac{1}{2}} \cdot \sigma_c^{\frac{3}{2}} \cdot h} \qquad (3-36)$$

滚刀磨粒磨损系数的取值与滚刀刀圈的磨损类型、材料特性及磨粒尺寸等有关，由文献可知磨粒磨损系数选取如表3-6所示。

表3-6 磨粒磨损系数

年份	研究者	磨损类型	磨粒尺寸/μm	材料	K_S
1956	赛尔	两体	70	钢	16×10^{-3}
1958	赫鲁晓夫	两体	80	多种	24×10^{-3}
1958	托波罗夫	三体	150	钢	6×10^{-3}
1961	拉宾诺维奇	三体	80	钢	4×10^{-3}
1961	拉宾诺维奇	三体	40	多种	2×10^{-3}

滚刀在破岩过程中，磨粒尺寸一般在 80 μm 左右，同时其主要表现为三体磨损，因此磨粒磨损系数值选取为 4×10^{-3}。

当盾构进行掘进时，可根据式（3-36）进行滚刀的寿命预测，从而得出合适的换刀距离，使滚刀磨损在允许范围内，避免因为换刀不及时使滚刀磨损严重，从而加剧刀盘磨损，甚至施工无法继续进行。

根据式（3-36），刀圈材料硬度查《黑色金属硬度及强度换算值》（GB/T 1172—1999），取值为 55 HRC，岩石单轴抗压强度取 36.1 MPa，对于工程实际而言，分别取 25 mm、30 mm 和 38 mm 作为 17″、18″和 19″滚刀需要进行换刀时的径向磨损量，得出不同滚刀寿命预测结果，如表 3-7 所示。

表 3-7　滚刀预测寿命值

滚刀直径	17″	18″	19″
理论计算寿命/m	737.25	751.27	950.43

3.3　盾构主轴承及密封

3.3.1　主轴承概述

主轴承是盾构机的核心部件之一，其性能质量、可靠性以及使用寿命将直接影响整个盾构机施工过程的进度、施工安全和掘进里程。主轴承在主驱动上的安装位置如图 3-14 所示。在盾构掘进过程中，主轴承主要起三方面的作用：

（1）承受刀盘推进时的巨大推力和倾覆力矩，并传递给刀盘支撑；
（2）承受刀盘回转时的巨大回转力矩，将其传递给刀盘驱动系统；
（3）连接回转的刀盘和固定的刀盘支撑，实现转与不转的交接。

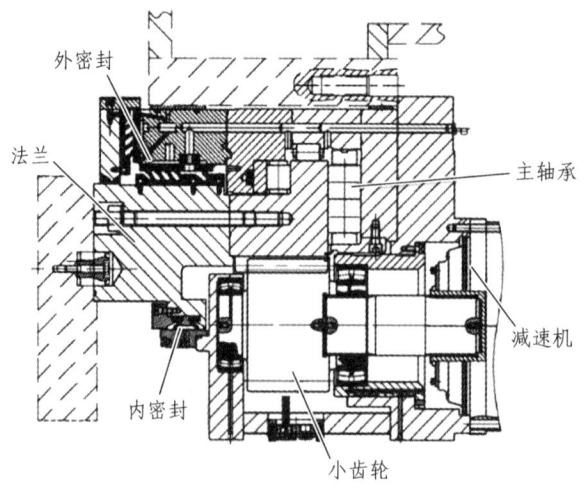

图 3-14　主轴承在主驱动上的安装位置

盾构的驱动主轴承主要是工作在低速重载工况下，适合采用圆柱滚子形式的轴承。在无荷载情况下，圆柱滚子与滚道形成线接触，而在荷载作用下就会发生弹性变形，接触线变为矩形的接触面，而通过修改圆柱滚子外形就可以避免在圆柱滚子端部产生应力高的问题。

主轴承的直径大小可由刀盘的开挖直径确定：

$$D_\mathrm{b} = \left(\frac{1}{2} \sim \frac{2}{3}\right)D \tag{3-37}$$

式中　D_b——主轴承的直径，m；
　　　D——刀盘的开挖直径，m。

同时结合盾构主驱动轴承常用的直径系列（2.8 m、3 m、3.3 m、3.6 m、4.2 m、5.2 m 等），确定轴承的直径。

盾构掘进机常用的主轴承一般有三类，它们各自的结构和适用范围见表 3-8。

表 3-8　主轴承分类及其特点

类型	三排三列滚柱大轴承	三排四列滚柱大轴承	双列圆锥滚柱大轴承
结构	由一排一列径向滚柱、一排一列主推力滚柱和一排一列非主推力滚柱组成	由一排一列径向滚柱、一排二列主推力滚柱和一排一列非主推力滚柱组成	由相对安置的两列圆锥滚柱组成
承载能力	承载能力较小	承载能力较大	推力一侧承受轴向推力、径向力和倾覆力矩，非推力一侧承受径向力和倾覆力矩
适用范围	用于较小直径的掘进机	用于大直径掘进机	用于软岩掘进机，使用较少

在成都砂卵石地层中，由于地应力和水压力较高，对盾构设备的推力扭矩等动力参数要求较高。因此，要求主轴承的承载能力足够大，一般选用三排四列圆柱滚子轴承。三排四列圆柱滚子轴承结构如图 3-15 所示，其中主推力滚子主要承受盾构推进时的轴向力和由于刀盘自重产生的倾覆力矩，径向滚子承受径向力，止推滚子承受倾覆力矩。

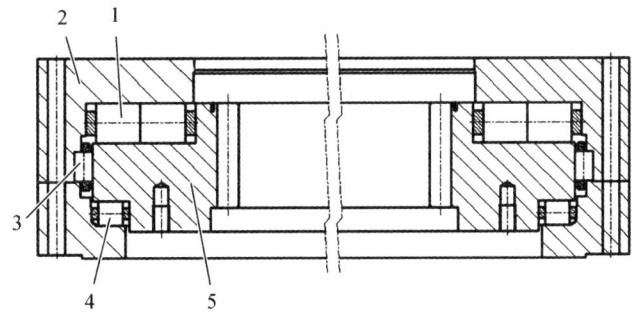

1—主推力滚子；2—外圈；3—径向滚子；4—止推滚子；5—内圈。

图 3-15　主轴承结构

轴承内外圈滚道和滚动体在很高的接触应力作用下进行相对滚动运动，一般接触应力为 1 000～4 000 MPa。同时滚动体和滚道之间还不可避免地存在着少量的滚动摩擦和滑动摩擦。

材料是轴承质量的基础，为了使轴承获得长寿命、持久的精度和低摩擦，制造轴承套圈和滚道体的材料必须具有以下特征：接触疲劳强度高、硬度高、耐磨性好、组织稳定性好、加工性能好等。

3.3.2 主轴承主要失效形式

由于盾构推进时具有不可逆性，且工作过程中工作条件恶劣，隧道空间狭窄，在工作过程中，很难对主轴承等大型零部件进行维修和更换，如果出现损坏，容易造成盾构设备的停机甚至报废，使得工程周期延长，成本增加。因此盾构机的使用寿命很大程度上取决于主轴承的使用寿命。长距离隧道工程的开展，要求主轴承具有足够长的疲劳寿命，能够在规定时间内稳定可靠地工作满足隧道长度的工程需求，并且应留有一定余量，一般 10 000～20 000 h 的设计寿命可以保证盾构连续掘进 10 km 以上。

在实际工程施工中，盾构机主驱动轴承的失效形式及其原因是十分复杂的。总体来说，主轴承的基本失效形式有下列几种：

（1）润滑不当引起的失效。

当滚动体与滚道接触部位润滑膜厚度不能充分隔离滚动零件时，接触体之间就会出现表面粗糙峰的相互作用。随着轴承零件温度增加，轴承套圈和滚动体钢材的硬度会下降，弹性会降低，并导致塑性变形。最终，将导致轴承零件破坏和轴承咬死。

（2）微动磨损造成的轴承套圈破坏。

由于滚动轴承的滚动体在圆周方向的间隔，使得内圈相对于轴和外圈相对于轴承座的转动通常是很小的间歇式运动。如果过盈配合足以阻碍这种运动，就会出现微动磨损现象。微动磨损是相对运动表面的一种化学侵蚀，它会去除局部的材料。

（3）安装不当或载荷过大造成的轴承失效。

（4）接触疲劳造成的轴承部件失效。

在运转过程中，接触表面在交变载荷作用下，会在接触表面下形成细小裂纹，并延伸至表面，产生疲劳剥落，它是疲劳失效的主要成因。一般情况下我们所说的滚动轴承寿命指的就是疲劳寿命，其离散性非常大。

运转中的轴承，如果加工精良，润滑良好，安装正确，无轴线偏斜，无尘埃、水分和腐蚀介质的侵入，且承载能力设计满足要求，则前三种失效形式都是可以避免的，那么造成轴承损坏的原因只有一个，即零件的疲劳。

3.3.3 主轴承的载荷计算

3.3.3.1 主轴承受力分析

根据掘进机的工作原理，刀盘主轴承在工作过程中始终受到以下几个外力：

（1）轴向力 F_a：主机推进系统提供的推力通过主轴承传递给刀盘，刀盘将推力施加在掌子面上，通过刀盘上的刀具来完成掘削，轴向力主要由主轴承上的主推力滚子来承受。

（2）径向力 F_r：主要由刀盘组件和轴承的自重产生，由主轴承的径向滚子承受。

（3）倾覆力矩 M：由刀盘和主轴承重心偏离轴承中心而产生，主要由主推力滚子和辅助推力滚子承受。

图 3-16 所示为在盾构掘进时的刀盘主轴承受力示意图，可以得出主轴承轴向力 F_a、径向力 F_r 和倾覆力矩 M 的计算公式：

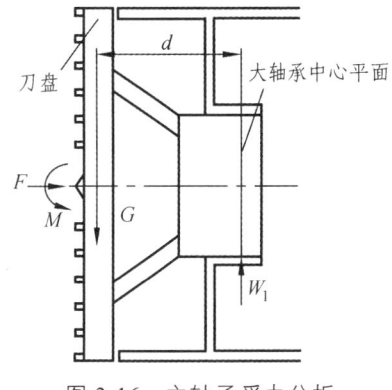

图 3-16 主轴承受力分析

$$F_a = F \tag{3-38}$$

$$F_r = G \tag{3-39}$$

$$M = Gd + \frac{1}{30}FR \tag{3-40}$$

式中　F——刀盘上受到的垂直压力，包含刀盘面板上受到的垂直土压力和刀具破岩时的垂直阻力；

　　　G——刀盘和主轴承自重；

　　　R——主轴承的半径；

　　　d——刀盘和主轴承的重心与主轴承中心平面的距离。

3.3.3.2　主轴承各排滚子载荷分析

主轴承在工作过程中，轴向力 F_a 主要由主推力滚子承受，径向力 F_r 由径向滚子承受，而倾覆力矩 M 对三排滚子的受力均有影响。将倾覆力矩 M 转化为两个大小相等、方向相反作用在轴承内圈两侧面的偏心轴向力 F_{m1} 与 F_{m2}，其大小与两偏心轴向力的偏心距 e 有关，其计算公式为

$$F_{m1} = F_{m2} = \frac{M}{2e} \tag{3-41}$$

将主轴承的外载荷进行简化后的受力情况如图 3-17 所示。

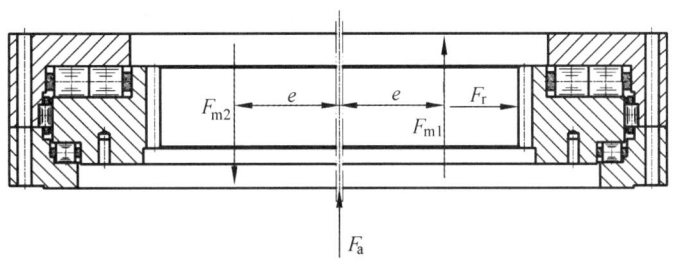

图 3-17　主轴承受力简图

根据主轴承的结构，以及以上的静载荷状况分析可知，三排滚子在工作过程中所承受的载荷情况均不相同，需分别进行计算。

1. 主推力滚子

轴向力 F_a 直接作用于主轴承的内圈，指向主推力滚子，载荷均匀分布于各个滚子上，每个滚子上的接触载荷相同。轴向力作用施加在主推力滚子上的接触载荷为

$$Q_{a1} = \frac{F_a}{z_1 \cos\alpha} \tag{3-42}$$

式中 z_1——主推力滚子的数量；

α——轴向载荷作用下主轴承的实际接触角。

仅考虑倾覆力矩，F_{m1} 与 F_{m2} 中只有偏心轴向力 F_{m1} 作用在主推力滚子上。取受载最大的滚子的位置为 $\theta_0 = 0°$，最大载荷为 $Q_{m1\max}$，则任意 θ 位置的滚子的接触载荷为

$$Q_{m1} = Q_{m1\max} \cdot \left[1 - \frac{1}{2T}(1-\cos\theta)\right]^t \tag{3-43}$$

式中 T——载荷分布参数，$T = \frac{1}{2}\left(1 + \frac{2\delta_{a1}}{D_{m1}\varphi}\right)$；

δ_{a1}——轴承内外圈的相对位移；

D_{m1}——主推力滚子的中心圆直径；

φ——轴承内圈在偏心力作用下的转角；

t——滚子轴承取 1.1。

在偏心轴向力 F_{m1} 的作用下，主推力滚子载荷分布区域范围为 $-\theta_1 \leq \theta \leq \theta_1$，载荷分布区夹角的一半为

$$\theta_1 = \arccos\left(-\frac{2\delta_{a1}}{D_{m1}\varphi}\right) \tag{3-44}$$

根据轴承受力平衡条件可得

$$\begin{cases} F_{m1} = \dfrac{z_1 Q_{m1\max}}{2\pi} \int_{-\theta_1}^{\theta_1} \left[1 - \dfrac{1}{2T}(1-\cos\theta)\right]^t d\theta \\ eF_{m1} = \dfrac{z_1 Q_{m1\max} D_{m1}}{4\pi} \int_{-\theta_1}^{\theta_1} \left[1 - \dfrac{1}{2T}(1-\cos\theta)\right]^t \cos\theta\, d\theta \end{cases} \tag{3-45}$$

令

$$\begin{cases} J_a = \dfrac{1}{2\pi} \int_{-\theta_1}^{\theta_1} \left[1 - \dfrac{1}{2T}(1-\cos\theta)\right]^t d\theta \\ J_M = \dfrac{1}{2\pi} \int_{-\theta_1}^{\theta_1} \left[1 - \dfrac{1}{2T}(1-\cos\theta)\right]^t \cos\theta\, d\theta \end{cases}$$

则式（3-45）可以写作：

$$\begin{cases} F_{m1} = z_1 Q_{m1\max} \cdot J_a \\ eF_{m1} = \dfrac{1}{2} z_1 Q_{m1\max} D_{m1} \cdot J_M \end{cases} \quad (3\text{-}46)$$

由式（3-46）可以得到：

$$\frac{2e}{D_{m1}} = \frac{J_M}{J_a} \quad (3\text{-}47)$$

查表可确定 J_M、J_a、T，根据式（3-42）、式（3-43）可以计算出主推力滚子在轴向力 F_a 和倾覆力矩 M 共同作用下的载荷。

2. 径向滚子

径向滚子主要承受径向力 F_r，轴向力和倾覆力矩对其影响很小，可以忽略不计。与主推力滚子载荷分布分析类似，取载荷最大处的滚子的位置角为 $\theta_0 = 0°$，最大载荷为 $Q_{2\max}$，则径向滚子的接触载荷为

$$Q_2 = Q_{2\max} \cdot \left[1 - \frac{1}{2T}(1 - \cos\theta) \right]^t \quad (3\text{-}48)$$

式中　T——径向滚子的载荷分布参数，$T = \dfrac{1}{2}\left(1 - \dfrac{G_r}{2\delta_{r\max} + G_r}\right)$；

　　　G_r——径向游隙；

　　　$\delta_{r\max}$——滚子的径向最大变形量。

径向滚子载荷分布范围为

$$\theta_1 = \arccos(1 - 2T) \quad (3\text{-}49)$$

根据轴承受力平衡条件可得

$$F_r = z_2 Q_{2\max} \cdot J_r \quad (3\text{-}50)$$

式中，J_r 为载荷分布积分，其表达式为

$$J_r = \frac{1}{2\pi} \int_{-\theta_1}^{\theta_1} \left[1 - \frac{1}{2T}(1 - \cos\theta) \right]^t \cos\theta \, d\theta \quad (3\text{-}51)$$

根据资料查表可得载荷分布积分，因此由式（3-48）可计算径向滚子的最大接触载荷、最大接触应力和变形量。由式（3-49）可得径向滚子载荷分布角的一半，由此可得相邻滚子之间的夹角及受载滚子个数。

3. 辅助推力滚子

辅助推力滚子只承受一定的倾覆力矩。倾覆力矩 M 简化后，辅助推力滚子所承受的力为偏心轴向力 F_{m2}。

与主推力滚子在偏心轴向力 F_{m1} 作用下的接触载荷计算方式相同。利用插值法查表计算出 J_M、J_a、T。则由公式（3-43）计算出最大接触载荷 Q_{3max}，由公式（3-44）计算载荷分布区夹角的一半，由此得到相邻滚子之间的夹角及承受载荷的滚子数。

3.3.4　主轴承的寿命计算

3.3.4.1　主轴承寿命理论

轴承在旋转时，套圈滚道面及滚动体表面受到交变载荷的作用，即使轴承工作条件正常，材料的疲劳属性也会导致内外滚道面和滚动体表面出现损伤。轴承在出现这种疲劳损伤之前的总旋转数被称作轴承的疲劳寿命。主要的滚动轴承疲劳寿命预测模型有 L-P 模型、工程模型、I-H 模型、Z 模型、C-C 模型、T 模型和 Y-H 模型。

按照疲劳失效机理进行分类，可以将上述 7 个模型分为两类：一类是 L-P 模型、I-H 模型为代表的基于表面下应力分布的表面下应力模型；另一类以 T 模型为代表的表面应力模型，主要基于表面损伤处的应力，同时兼顾表面下的应力分布。

目前被广泛应用的滚动轴承寿命理论模型主要有三种：

1. Lundberg-Palmgren 模型（L-P 模型）

L-P 模型是第一个统计学寿命模型，其建立在源于次表面的疲劳裂纹的基础上，并假设轴承材料的疲劳损伤是以线性的方式进行叠加作用，在变载荷作用下，材料的疲劳寿命与所加的载荷的先后次序无关。

2. Ioannides-Harris 模型（I-H 模型）

I-H 模型是在 L-P 模型的基础上，认为随着轴承材料、润滑方式和润滑剂性能的改进和提高，轴承寿命有所提高。该理论包含疲劳极限应力对寿命的影响。

3. Tallian 模型（T 模型）

T 模型认为疲劳裂纹生成可分为源于表面和源于表层两种形式，它同时考虑了作用于表面的法向力和切向力。Tallian 在对威布尔分布的拟合性分析及误差、轴承最小保证寿命等方面进行了许多开创性的研究，但在寿命参数估计和威布尔斜率等于 1 的理论值假定等方面仍值得商榷。

实践表明，对于大多数工况下轴承寿命的评估，L-P 模型仍具有足够的精度并得到了广泛认可。L-P 模型简化了变载荷下的寿命计算，也是目前在工程中应用最为广泛的滚动轴承寿命预测模型。

实验证实，相同的一批轴承，在同一载荷、速度、润滑条件下运转，其寿命服从威布尔分布，如图 3-18 所示。

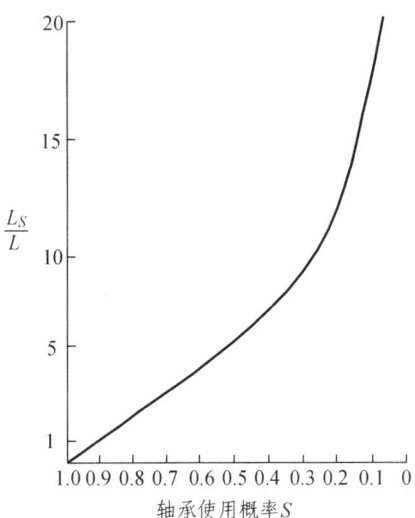

图 3-18 轴承疲劳寿命的威布尔分布

$$\lg \frac{1}{S} = -0.045\ 7 \left(\frac{L_S}{L_{10}}\right)^e \quad (3\text{-}52)$$

式中　S——使用概率，即达到或超过 L_S 寿命的轴承比例；

L_S——与 S 相对应的轴承寿命，表示的是 $(1-S)\%$ 的轴承能达到的寿命；

e——威布尔分布斜率，表示的是同一批轴承寿命离散的程度，对于球轴承，取 $e = 10/9$，对滚子轴承，取 $e = 9/8$。

3.3.4.2　主轴承寿命计算

1. 额定滚动体载荷

滚动轴承额定寿命 $L_{10} = 1$（百万转）时的滚动体载荷称为额定滚动体载荷 Q_c。

$$Q_c = \lambda B \frac{[1 \mp \gamma]^{\frac{29}{27}}}{[1 \pm \gamma]^{\frac{1}{4}}} \left[\frac{D_w}{D_m}\right]^{\frac{2}{9}} D_w^{\frac{29}{27}} l_w^{\frac{7}{9}} z^{-\frac{1}{4}} \quad (3\text{-}53)$$

式中：λ 为额定载荷降低系数，对于两个套圈接触处均为修正线接触的滚子轴承，取 $\lambda = 0.45$；B 为与材料有关的常数，对于用轴承钢制造的硬度符合标准规定的轴承，可以取 $B = 551$；D_w 为滚子的直径；z 为滚子的数量；D_m 为滚子的中心圆直径；l_w 为滚子的长度；$\gamma = D_w/D_m$。对于公式中的正负号，内圈用上面的符号，外圈用下面的符号。

将各排滚子尺寸数据代入式（3-53）中就可得到各排滚子的额定滚动体载荷。

2. 当量滚动体载荷

只有在中心轴向力作用下，各个滚子承受的载荷才是相同的，在径向力和轴向力共同作用下，各个滚子所承受的载荷是不相同的。因此，在确定额定滚动体载荷时需要考虑当量滚动体载荷。

对于内圈：

$$Q_i = Q_{\max} \cdot \left\{ \frac{1}{2\pi} \int_{-\theta_l}^{+\theta_l} \left[1 - \frac{1}{2T}(1-\cos\theta) \right]^{4.4} \mathrm{d}\theta \right\}^{\frac{1}{4}} \tag{3-54}$$

对于外圈：

$$Q_o = Q_{\max} \cdot \left\{ \frac{1}{2\pi} \int_{-\theta_l}^{+\theta_l} \left[1 - \frac{1}{2T}(1-\cos\theta) \right]^{4.95} \mathrm{d}\theta \right\}^{\frac{2}{9}} \tag{3-55}$$

令

$$J_1 = \left\{ \frac{1}{2\pi} \int_{-\theta_l}^{+\theta_l} \left[1 - \frac{1}{2T}(1-\cos\theta) \right]^{4.4} \mathrm{d}\theta \right\}^{\frac{1}{4}} \tag{3-56}$$

$$J_2 = \left\{ \frac{1}{2\pi} \int_{-\theta_l}^{+\theta_l} \left[1 - \frac{1}{2T}(1-\cos\theta) \right]^{4.95} \mathrm{d}\theta \right\}^{\frac{2}{9}} \tag{3-57}$$

式中：J_1、J_2 为当量载荷积分，是载荷分布参数 T 的函数，其部分数值见表 3-9。

表 3-9 单列滚子轴承的当量载荷积分

载荷分布参数 T	旋转套圈的当量载荷积分 J_1	静止套圈的当量载荷积分 J_2
0.3	0.607 9	0.635 9
0.4	0.630 9	0.657 1
0.5	0.649 5	0.674 4
0.6	0.665 3	0.688 8

根据资料图表，利用插值法可以得到三排滚子内外套圈的当量载荷积分，因此，可计算得到三排滚子内外套圈的当量滚动体载荷。

3. 滚动轴承单滚道的额定寿命

当滚动轴承的额定滚动体载荷 Q_c 和当量滚动体载荷 Q 为已知时，则滚动轴承的额定寿命 L_{10} 为

$$L_{10} = \left(\frac{Q_c}{Q} \right)^{\varepsilon} \tag{3-58}$$

式中：ε 为寿命指数，对点接触，$\varepsilon = 3$；对线接触，$\varepsilon = 4$。

如果用 L_i 和 L_e 分别表示滚动体与内外圈接触处的疲劳寿命，则

$$L_i = \left(\frac{Q_{ci}}{Q_i} \right)^{\varepsilon} \tag{3-59}$$

$$L_e = \left(\frac{Q_{ce}}{Q_e}\right)^\varepsilon \qquad (3\text{-}60)$$

根据前面计算的各排滚子的额定滚动体载荷 Q_c 和当量滚动体载荷 Q，代入式（3-59）和式（3-60）中计算各排滚子滚道的额定寿命。

4. 整个轴承的额定寿命

盾构机主轴承有三排滚子，分别承受不同的力的倾覆力矩。三排滚子 6 个滚道的破坏是相互独立的。根据轴承各个滚道的额定寿命，可以由概率的乘积定律计算整个轴承的额定寿命。

$$L_{10} = \left[\left(\frac{1}{L_{1i}}\right)^{\frac{9}{8}} + \left(\frac{1}{L_{1e}}\right)^{\frac{9}{8}} + \left(\frac{1}{L_{2i}}\right)^{\frac{9}{8}} + \left(\frac{1}{L_{2e}}\right)^{\frac{9}{8}} + \left(\frac{1}{L_{3i}}\right)^{\frac{9}{8}} + \left(\frac{1}{L_{3e}}\right)^{\frac{9}{8}}\right]^{-\frac{8}{9}} \qquad (3\text{-}61)$$

3.3.5 盾构机主驱动密封系统概述

3.3.5.1 密封系统结构

盾构机的主驱动系统通过高强度螺栓安装在前盾的连接法兰上，为刀盘提供扭矩。密封系统在主驱动上的安装位置如图 3-19 所示。盾构机的主驱动系统维护非常困难，通常要求具有较高的稳定性来减少维修频率和延长工作寿命，将驱动与外部环境隔离开可有效保护主驱动。盾构机主驱动密封系统是为了阻止来自开挖方向的渣土或其他杂质进入主轴承内部，并防止润滑剂流失，而专门在旋转体和固定部分之间设置的密封装置。主驱动系统使用寿命不低于 10 000 h，密封作为驱动系统核心零部件，其使用寿命应不低于整机寿命。

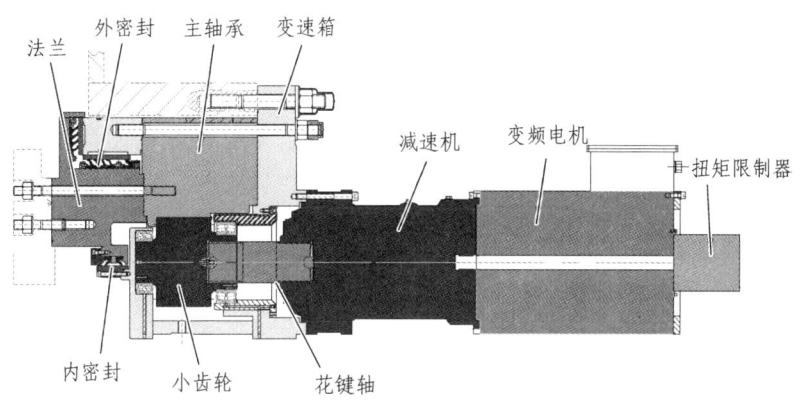

图 3-19 密封系统在主驱动上的安装位置

密封装置主要有以下两种形式：

（1）非接触式密封，包括间隙式、迷宫式和垫圈式等不同结构。此类装置由于密封件不与轴承的动套圈或配合件直接相接触，因此可用于高速运转轴承的密封。

（2）接触式密封，包括毛毡密封、唇形密封圈密封等。在此类密封装置中，密封件与轴承的动套圈或其他配合件直接相接触，故工作中会产生摩擦磨损并使温度上升，一般适用于中、低速运转条件下轴承的密封。

密封形式应根据轴承的外部工作环境、轴承的转速与工作温度、轴承的支承结构与特点、润滑剂的种类与性能进行选择。盾构机刀盘主轴承一般工作在低速重载工况下，需要承受较高的地下水、土压力，对密封可靠性的要求非常高，因此经常采用的是接触式密封形式，也可两者结合采用。

盾构机厂商在设计主轴承密封系统时常常采用骨架式唇形密封圈作为密封环件，常用的唇形密封圈有单唇形密封圈、带压紧环的唇形密封圈及多唇形密封圈，其结构如图 3-20 所示。采用不同密封圈的密封系统在结构形式上存在差异。

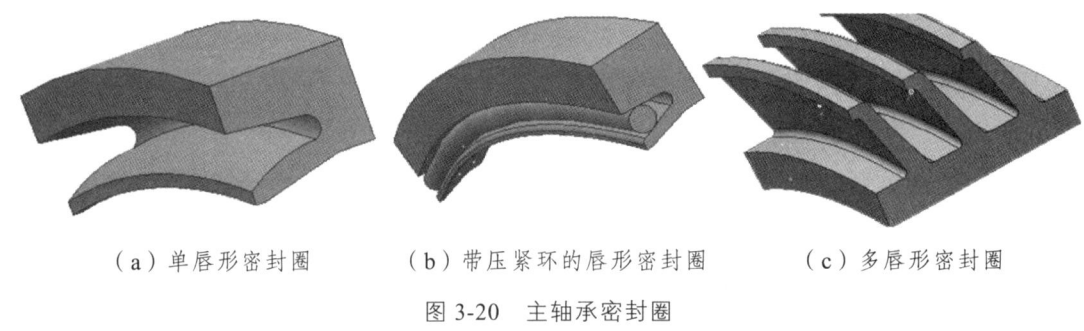

（a）单唇形密封圈　　　（b）带压紧环的唇形密封圈　　　（c）多唇形密封圈

图 3-20　主轴承密封圈

唇形密封圈选材多为耐油耐水的高强度耐磨丁腈橡胶、聚亚安酯或聚氨酯，单唇密封圈在应用中靠外界压力或注入润滑油的压力使密封唇压紧于转轴上起到密封作用。压紧环密封圈在安装时可借助压紧环的预压力压紧于旋转轴上。多唇密封圈有更好的韧性，更能有效适应变形，对旋转轴的磨损相对较小，但这种异形多唇结构密封圈在价格上要比前两种密封圈高。

盾构机主驱动密封系统能产生密封效果的主要原因是唇口与旋转轴的界面之间形成了一层稳定的润滑油膜。旋转部位静止时油封和旋转部位在接触区域紧密贴合在一起，保持密封；当旋转部位旋转时，二者开始相对滑动，各种因素导致二者分开，接触区域形成润滑膜。合理地选用润滑剂可以为密封系统提供良好的润滑条件，提高密封系统的使用寿命，从而提高主驱动的使用寿命。

3.3.5.2　成都地铁盾构机典型密封系统比较

目前，成都地铁 18 号线使用的盾构机主驱动密封主要采用两种形式，第一种形式的密封系统主要采用多个单唇形密封圈组合而成，如图 3-21 所示，外密封采用四道唇形密封，内密封采用两道相背的唇形密封。

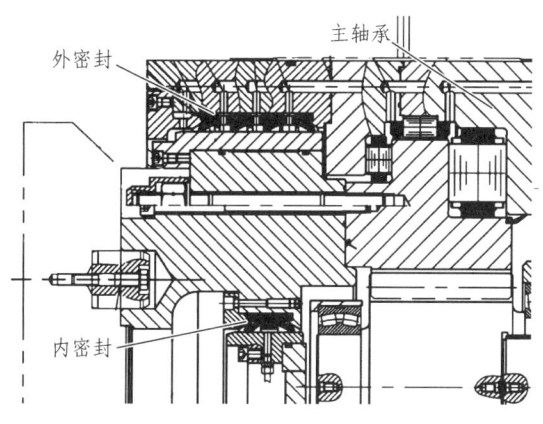

图 3-21 单唇形密封圈密封结构

密封系统润滑示意图如图 3-22 所示,内、外密封均可通过自动持续注脂方式对密封系统进行润滑,同时防止开挖舱的砂石、污水等进入主驱动内部,以减少关键零件的摩擦磨损。迷宫密封中连续注入高黏度特种压力油脂,采用具有优良耐水性的 HBW 黑油脂,由气动油脂泵从拖车的油脂桶里输送到注脂点。第一道唇形密封和第二道唇形密封之间的密封腔采用具有高性能的美孚 EP2 润滑脂,油脂通过多点泵注入,EP2 润滑脂在防腐蚀保护、低温泵送性及高温使用寿命上要比其他同类产品优越,具有良好的承受载荷的能力。第二道与第三道密封之间的密封中用一般的液压齿轮油进行冲洗润滑,能够保持一定的压力并对密封唇口进行润滑,同时起到对密封进行冷却的作用。第三道与第四道密封之间做泄漏检测腔,用来定期检查润滑油液有无泄漏,保证盾构机主轴承在成都砂卵石地层下稳定连续工作。

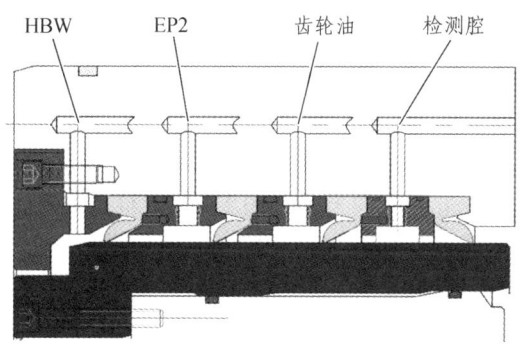

图 3-22 单唇形密封圈润滑示意图

第二种密封系统由多唇形密封圈组成,其结构形式如图 3-23 所示。该形式外密封采用较成熟、耐高压、耐磨损、弹性好的四唇聚氨酯密封,且设计为 1 道端面聚氨酯唇齿形密封 + 1 道轴向聚氨酯唇齿形密封 + 1 道轴向唇形密封组成。外密封通过集中润滑系统自动注入油脂,内密封腔定期手动注入油脂,可以提高密封的止水能力,并降低密封与轴的滑动阻力,兼顾密封及润滑功能。

密封耐磨环设计为可更换式,耐磨环表面通过熔覆技术堆焊耐磨层。内外密封环采用高强度耐磨钢板制成,表面淬火处理并进行磨削,可通过螺栓调整密封环与密封唇口接触位置,有效提高密封系统的使用寿命。

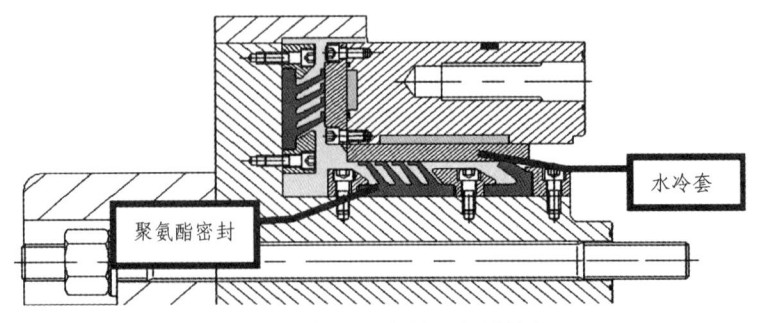

图 3-23 多唇形密封圈密封结构

上述两种密封系统各有特点,二者特点对比如表 3-10 所示。

表 3-10 成都地铁盾构机典型密封系统对比

比较项目	单唇形密封系统	多唇形密封系统
承压情况	自刀盘侧 0.6~0.8 MPa 的压力	自刀盘侧 0.3~0.4 MPa 的压力
转速情况	不适用高速回转	可适用高速回转
密封寿命	较长	一般
注入油脂情况	第一腔室需注入 HBW,其他腔室注入普通油脂,油脂依赖性高且有泄漏风险	各腔室注入普通油脂,油脂成本降低,油脂依赖性不强,泄漏风险低
维修调整	调整不便	调整方便

3.3.5.3 密封失效及其原因

1. 主驱动密封失效形式分析

盾构机主驱动密封失效将会造成杂质进入主驱动内部,加速轴承和齿轮的磨损,严重时将会导致主轴承或减速机失效,从而导致盾构停机,造成巨大的经济损失。通常情况下,主驱动密封都是很严密的,稳定性和工作寿命也很长,在油脂没有过量消耗或补充及时的情况下很少会出现故障。但主驱动的功能使得主驱动系统比较复杂,主驱动系统的功能设计、结构制造、组件装配以及组件运输过程中都有可能出现一些问题影响到主驱动的密封性。

密封系统失效的主要表现形式:

① 橡胶过早老化和唇口的过度磨损;

② 油脂注入量和泄漏量增大;

③ 摩擦扭矩增大,主驱动油温上升快。

其中老化和过度磨损是主驱动唇形密封失效的主要形式,也是最早期的失效形式。如若监测到主驱动密封产生磨损且不及时修复完善,土舱内的砂浆将从最前端密封倒灌入密封腔,在主轴承旋转时砂粒将使密封过度磨损从而失效,浆液会慢慢流入主轴承腔体内,造成主驱动内部结构损坏,即会对主轴承、小齿轮等关键件造成破坏,这时盾构机需要停机进行大修,严重影响工期,且导致施工成本增加。

2. 主驱动密封失效原因分析

引起主驱动密封失效的因素较多，可能发生在从主驱动设计、制造至使用维护期间的任何阶段，其中主要原因总结如下：

① 土砂进入油脂密封通道的间隙过大。因为主驱动密封环件的直径尺寸较大，加上环件刚度较小，受力易产生变形，所以一般将压紧环与密封环处的间隙设计为 3~5 mm，使得土砂很容易进入密封前端，土砂在地层的水土压力及密封环件旋转产生的螺旋传动作用下进入主驱动箱体，进而损坏主轴承及齿轮。

② 唇形密封的设计安装质量不合格。因为密封环件的工作环境恶劣，工作性能要求又很高，因此对其设计和安装的质量要求很高。密封环件的设计安装要保证密封唇口有很好的跟随性，保持与旋转轴有最佳的接触角度。在保证密封效果的同时减小密封件的动接触面积，在最大程度上降低摩擦发热和密封唇口磨损，使之能用于压力工况。

③ 主驱动齿轮油的污染。主驱动齿轮箱要靠齿轮油的润滑和冷却才能有效工作，刚加工调试完的新设备，齿轮传动存在一个磨合期，在这个阶段，齿轮啮合及主轴承运转过程中产生的金属磨屑会对齿轮油造成一定的污染，如果盾构在磨合期产生的这些细小的金属磨屑没有及时清除，它会随着齿轮油润滑进入密封的润滑通道，划伤或加剧唇口磨损，使密封失效。

④ 密封油脂注入量不足。盾构在主驱动运转时，其密封系统的油脂泵要同时工作，确保润滑油脂能及时进入油脂腔润滑密封。若进入油脂腔的油脂量不足，则土层中的土砂会进入润滑通道，增大主轴承密封的磨损。

3. 预防密封失效的措施

根据主轴承密封失效的原因可以归纳预防失效的措施，主要有以下几点：

① 优化密封结构设计。密封件的尺寸、材质不同，所需压缩量、配合面的尺寸精度和硬度均有不同要求，压缩量和压紧力太大，在提高密封效果的同时也加大了摩擦力矩和磨损，配合间隙过小将导致密封圈挤压破坏，过大则挤出破坏，因此需要根据设备的设计使用寿命通过模拟仿真、模型试验等方式选择经济性和综合使用性能最佳的配合。

② 严格控制密封件的安装质量。

③ 加强密封状态监测。通过配置完善的主驱动密封状态监测系统，对油脂注入量、油温、泄漏实时监测，定期进行油样分析，通过分析油质杂质情况判断主驱动轴承、密封面等关键部位的磨损情况，另外，还要优化温度传感器的设置位置和数量，使反馈的信息真实、可靠。

④ 定期检查或更换润滑、密封油脂。

3.3.6 密封系统密封机理及相关参数计算

3.3.6.1 主驱动密封机理

盾构机主驱动密封圈在自然状态下的内径小于与之配合的转动轴（体）外径，安装之后通过密封圈橡胶材料的变形而产生一定的过盈量，从而形成一定的收缩力，在转动轴（体）的转动过程中形成接触压力。转动轴（体）与密封圈在接触过程中将会形成一定尺寸的接触宽度，产生的接触压力也主要是分布在该接触宽度上。若唇口接触宽度小，则接触应力容易集中分布在唇口，有利于控制稳定的润滑油膜的形成，但唇口接触宽度过小将无法保持润滑油膜的稳定，导致润滑油泄漏，使油封密封失效；若唇口接触宽度过大，会增加唇口与旋转部位之间的摩擦生热，使得密封圈唇口温度升高。

在密封过程中，唇形密封圈的密封主要借助润滑油，润滑油会随着轴的转动而渗透进入轴与唇口的接触面内，在轴的旋转之下，便形成了动态的液压油膜，如图3-24所示，油膜的作用一方面可以密封腔体内的介质，另一方面可以润滑轴与油封唇口的接触状态。在刀盘旋转过程中，油膜会随着轴的速度、接触状态时刻发生变化，一般认为只要膜厚不超过临界值，均可以保证密封要求。

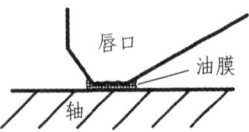

图 3-24 油膜示意图

油膜的厚度受到许多因素的影响，如润滑油的黏度、温度，轴的微观表面粗糙度等。一些学者的研究发现，油膜厚度过小可能会引起干摩擦、加速油封的磨损，而油膜厚度过大则会引起润滑油穿过密封面，密封失效。

3.3.6.2 密封生热计算

密封的生热效应指的是旋转部位转动时橡胶唇口与旋转体表面摩擦生热，引起油封橡胶温度升高的现象，其与密封圈唇口接触压力密切相关。在唇形密封圈实际生产过程中，密封圈对旋转体产生的力通常由弹簧测力计进行测量。测量时，取油封工作时的半圆剖面，将测力计固定于中心位置，测得的力称为抱轴力。在理论分析过程中，一般采用油封唇口接触载荷。抱轴力与油封唇口径向力的关系可以表示为

$$F = \frac{G}{D} \tag{3-62}$$

式中　F——唇形密封圈唇口接触载荷，N/mm；
　　　G——抱轴力，N；
　　　D——旋转轴的直径，mm。

唇形密封圈正常工作中，旋转体和唇形密封圈间会因摩擦而生热，唇形密封圈唇口总的生热量表达式为

$$Q = \frac{\pi^2 fnDG}{60} \tag{3-63}$$

式中　f——摩擦因数；
　　　n——旋转部位转速，r/min。

3.3.6.3 密封泵吸率计算

泵吸率是反映密封性能的一个重要指标，一般来讲泵吸率越大，生热量越小，则密封件的密封性能越好。盾构主驱动密封在过盈量作用下唇口接触区会产生不对称接触压力（应力）分布，如图3-25所示。唇形密封圈的油侧唇角大于空气侧唇角，因此，唇形密封圈接触压力峰值更靠近油侧，即油侧接触压力梯度大于空气侧的接触压力梯度。

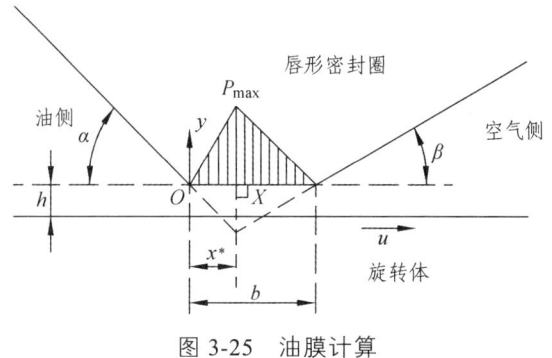

图 3-25 油膜计算

唇形密封圈经过初期磨合后，唇口接触区会呈现出凹凸不平的微观结构；在圆周方向，密封接触面上最大接触压力附近的粗糙峰被压扁,峰值两侧的微观粗糙组织向相反方向歪斜；当轴旋转时，相对歪斜的微观组织起导流片作用，使得周向剪切流向最大压力线偏转，形成流体动力密封。由于空气侧压力梯度较低，微粗糙变形较少，流动阻力比油侧大，因此总的泵吸结果为从空气侧向油侧泵吸。唇口表面粗糙度和密封接触区的非对称压力分布是油封形成反向泵送作用的决定性因素。

假设唇口接触压力分布近似于三角形，则泵吸率可按下式计算：

$$q = \frac{\pi D h^3 F}{6\eta b^2}\left(\frac{\tan^2\alpha - \tan^2\beta}{\tan\alpha \tan\beta}\right) \quad (3-64)$$

式中 h——润滑油膜厚度，mm；
α——油侧唇角，(°)；
β——空气侧唇角，(°)；
b——唇口接触宽度，mm；
η——流体的动力黏度。

其中润滑油膜厚度计算公式：

$$h = \sqrt{\frac{\eta \pi n D^2 b^2 \tan\beta}{135 G(\tan\alpha + \tan\beta)}} \quad (3-65)$$

由上式可以看出，影响泵吸率的因素有：转动体直径、转动速度、抱轴力、唇口接触宽度、油侧及空气侧唇角等。

3.4 螺旋输送机地质适应性选型

土压平衡盾构施工过程中需要调整进土量和排土量来实现土舱压力的稳定，通过调节螺旋输送机的转速进行出渣量的控制。土舱压力与出渣速度成反比关系，出渣速度快则土舱压力下降，出渣速度慢则土舱压力上升。出渣速度主要由螺旋输送机的转速和进土口尺寸控制。通过调节螺旋输送机的螺杆转速可以调节出土速度，在开挖面呈现良好塑性的状态下，螺旋输送机排土量与其转速成正比，转速快则出土快；同时，也可以通过调节螺旋输送机进土口大小来调整进土速度，调大进土口则出土速度增加。

土压平衡盾构要求开挖土砂具有良好的塑性和较小的内摩擦角以及要求渣土具有较小的渗透率，在刀盘的搅动下获得良好的塑性流动性以及在螺旋输送机处可以形成土塞效应来抵抗开挖面的水土压力，从而维持开挖面压力稳定。当渣土塑性及流动性不能满足要求时，易产生闭塞、结饼等施工问题，土层渗透系数大时，易发生喷涌，甚至导致开挖面失稳等严重事故。因此，根据不同的施工水文地质条件，对螺旋输送机进行正确的配置选型，是盾构方案设计过程中的关键环节之一。若配置不当，将会造成喷涌、磨损、无法在掘进中途维修等严重后果，导致盾构施工无法正常进行。

3.4.1 螺旋输送机概述

螺旋输送机是土压平衡盾构的排土装置，是土压平衡盾构机的关键部件之一，其示意图如图 3-26 所示。土压平衡盾构机工作时，推进油缸向前推进，刀盘旋转将前方土体切削下来并挤入土舱，通过土舱底部的螺旋输送机进行排渣。

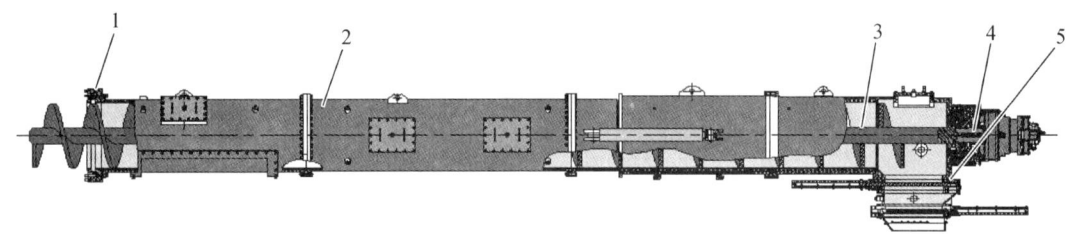

1—前闸门；2—筒体；3—螺旋轴；4—驱动装置；5—出口闸门。

图 3-26　螺旋输送机示意图

螺旋输送机主要由前闸门、出土闸门、筒体、螺旋轴以及驱动装置等组成，此外，在筒体上还设有伸缩油缸、泡沫注入孔、检修窗口以及土压力传感器。前闸门用来隔离土舱与螺旋输送机，当螺旋输送机需要停机检修时，关闭闸门可以防止输送机内的渣土流动。出土闸门设置在输送机的尾端，渣土通过出土闸门排出机外。筒体一般通过螺栓将 3～5 节的筒状结构相连接构成。螺旋输送机根据螺旋轴的形式分为有轴式和无轴式（带式），结构如图 3-27 所示。

（a）有轴式螺旋输送机

（b）带式螺旋输送机

图 3-27　螺旋结构

有轴式螺旋输送机直接驱动叶片中心轴，止水性好，适宜输送带水分的、中等黏性、小块状的物料。带式螺旋输送机直接驱动装有叶片的外筒，主要用在砾石粒径大的场合，止水性能差。螺旋输送机直径和螺旋方式根据土层最大粒径和盾构外径来选择。

螺旋输送机在盾构隧道施工时，主要有以下作用：

① 将切削下来的渣土排出并及时运出土舱，防止渣土在土舱内堆积过剩。

② 渣土充满螺旋输送机内部空间，在内部形成土塞，阻止其中自由水的流动，保持土舱内土压平衡，防止发生喷涌等事故。

③ 通过土舱土压传感器土压值与螺旋输送机土压传感器土压值比较，控制排土速度与排土量，保持盾构开挖面压力的动态平衡，保持开挖面的稳定，确保盾构连续正常向前掘进，避免地表过度沉降或凸起。

螺旋输送机进土口设置在土舱底部，排土口设置有排土控制器，其作用是控制排土量，调节土体密度，防止喷涌，同时也具有调节土压、稳定开挖面的作用。按排土方式，排土控制器分为闸门式、旋转排放式、双螺旋输送机式、渣土压送泵式。闸门式和旋转排放式的排土方式由于设备简单、经济而被广泛采用。采用双螺旋输送机式、渣土压送泵式排土方式，可有效防止喷涌，改善隧道内作业环境，因此得到越来越广泛的应用。

3.4.2 螺旋输送机配置选型原则

螺旋输送机配置选型的方法与盾构选型类似，可以通过开挖地层的土质种类、地表的渗透系数以及地下水水压进行选型。需要对螺旋输送机的输送轴形式、筒体耐磨板覆盖率、维修可行性、防喷涌措施等几个方面对螺旋输送机进行配置选型。通过对多个项目的分析、比较以及总结，得到螺旋输送机配置选型与水文地质条件之间的关系，见表3-11，其中"O"表示原则上符合选用条件，"△"表示应用时需进行具体研究，筒体耐磨板覆盖率可根据实际施工时地层颗粒级配进一步讨论。

表3-11 螺旋输送机配置选型

水文地质条件			螺旋输送机配置选型						
地层土质类型	地层渗透系数/(m/s)	地下水压/MPa	螺旋轴耐磨块		筒体耐磨块		防喷涌措施		维修措施（隔板舱门、伸缩筒）
			无	有	无	有	无	二级螺旋机或保压泵	无	有
软土地层	≤10⁻⁴	≤0.3	O			O	O		O	
		>0.3	O			O	△	△	O	
复合地层	≤10⁻⁴	≤0.3		O		O	O			O
		>0.3		O		O	△	△		O
	>10⁻⁴	≤0.3		O		O	O			O
		>0.3		O		O	O			O

3.4.3 螺旋输送机主要参数计算

1. 输送机直径

若土压平衡盾构满足其掘进需求以及对掌子面的稳定条件，则要求螺旋输送机出土量与刀盘切削土体的渣土量保持平衡状态，因此单位时间内螺旋输送机排土量等于单位时间刀盘切削下来的渣土量。

螺旋输送机的直径是螺旋输送机出土量的最重要的影响因素，则需根据螺旋输送机的排土量，计算得到螺旋输送机的直径，螺旋输送机叶片直径为

$$D \geqslant K \sqrt[2.5]{\frac{Q}{C\gamma}} \tag{3-66}$$

式中 D——螺旋输送机叶片外径，m；
Q——经改良后的渣土量，m³/h。
K——物料综合系数，详见表 3-12；
C——倾角系数，详见表 3-13；
γ——物料容重，t/m³。

表 3-12 ψ、K、A 系数表

物料块度	物料的磨磋性	物料种类	填充系数 ψ	推荐的螺旋叶片形状	K	A
粉状	无磨磋性 半磨磋性	石灰粉、石墨	0.35～0.40	全叶式	0.041 5	75
粉状	磨磋性	干炉灰、水泥、石膏粉	0.25～0.30	全叶式	0.056 5	35
粒状	无磨磋性 半磨磋性	谷物、泥煤	0.25～0.35	全叶式	0.049 0	50
粒状	磨磋性	砂、型砂、炉渣	0.25～0.30	全叶式	0.060 0	30
小块状 α<60 mm	无磨磋性 半磨磋性	煤、石灰石	0.25～0.30	全叶式	0.053 7	40
小块状 α<60 mm	磨磋性	卵石、砂岩、炉渣	0.20～0.25	全叶式或带式	0.064 5	25
中等及大块度 α>60 mm	无磨磋性 半磨磋性	块煤、块石灰	0.20～0.25	全叶式或带式	0.060 0	30
中等及大块度 α>60 mm	磨磋性	干黏土、硫矿石、焦炭	0.125～0.20	全叶式或带式	0.079 5	15

表 3-13 倾角系数 C

倾斜角 β	0°	≤5°	≤10°	≤15°	≤20°
倾角系数 C	1.0	0.9	0.8	0.7	0.65

2. 通过能力与螺距计算

在进行盾构螺旋输送机选型时，螺旋轴主要从两个方面进行考虑：一是螺旋轴的形式，二是直径和螺距。这两项设计需要根据最大输送粒径、地层情况和排渣效率等条件来确定。螺旋输送机通过能力，可以根据下式确定：

$$H \leqslant 0.35D \text{（轴式）}$$
$$H \leqslant 0.6D \text{（带式）} \quad (3-67)$$

式中　H——最大输送粒径，mm；

　　　D——盾构螺旋输送机内径，mm；

螺距的大小对螺旋输送机的整体有着决定性的作用。螺距越大，螺旋的升角就会越大，由此决定了一定充填系数下物料滑动的速度。在排土量 Q 和直径 D 一定时，随着螺距的改变，物料运动的滑移面也会产生变化，导致物料在不同位置有着不同的速度。一般来说，确定螺距的过程是由以下两个条件作为基础：螺旋面与物料的摩擦关系以及速度各分量间的适当分布关系，由此就可以得到最合适的螺距尺寸。一般螺距 P 计算公式为

$$P = 0.8D \quad (3-68)$$

3. 螺旋轴直径及叶片厚度

螺距确定后，只要确定了螺旋轴的直径，螺旋叶片的升角也就随之确定。螺旋叶片的升角直接影响了物料的滑移方向及在输送过程中不同位置的速度。因此需要考虑螺旋叶片与物料之间的摩擦关系，同时建立合适的速度分量分布，才能得到最合适的螺旋轴直径。螺旋轴直径 d 的计算公式为

$$d = (0.2 \sim 0.35)D \quad (3-69)$$

螺旋叶片的厚度计算公式为

$$\delta = \frac{1}{8}P \quad (3-70)$$

4. 螺旋输送机转速

盾构螺旋输送机的转速大小根据排渣量确定，大小可以调节。当开挖面水土压力小于密封舱压力时，可提高螺旋输送机转速，降低密封舱压力。但经过研究发现，螺旋输送机的转速有一定的上限。当螺旋输送机的转速大于此值时，输送的渣土便不沿轴向移动，而是在机筒内部产生翻滚，渣土沿径向（垂直于输送方向）发生跳跃，渣土不能排出，从而增加螺旋叶片、机筒的磨损，减少渣土排量，影响开挖面水土平衡，对盾构排渣系统产生不利影响，降低了螺旋输送机的排渣效率，故对盾构螺旋输送机转速设定上限。根据经验公式计算螺旋输送机的最大转速 n 不能超过某极限转速 $n_{\max}$，即

$$n \leqslant n_{\max} = \frac{A}{\sqrt{D}} \quad (3-71)$$

式中　A——物料的综合特性系数，详见表 3-12。

5. 螺旋输送机实际排土量

轴式螺旋机的理论排土量需要考虑螺旋轴的轴径，因此轴式螺旋机的理论排土量计算公式为

$$Q_{排z} = \frac{\pi}{4} \times (D^2 - d^2)(P - \delta)n\eta \tag{3-72}$$

式中　η——排土效率；
　　　D——筒体内径，m；
　　　d——螺旋轴的直径，m；
　　　n——螺旋输送机转速，r/min；
　　　δ——螺旋叶片厚度，m；
　　　P——螺距，m。

对于带式螺旋输送机，单位时间的理论出土量为

$$Q_{排d} = \frac{\pi \times D^2}{4}(P - \delta)n\eta \tag{3-73}$$

6. 螺旋输送机驱动功率与扭矩

渣土在输送过程中由于自重以及与筒体内壁的摩擦会产生功率损耗，计算公式为

$$P_1 = S_a \times \rho_c \times g \times v_z \times f_1 \times \varepsilon \times \cos\theta \tag{3-74}$$

式中　S_a——渣土沿轴向投影面积，m²，填充率为1时，取筒体与芯轴间圆环面积；
　　　ρ_c——渣土堆积密度，kg/m³；
　　　g——重力加速度，m/s²；
　　　v_z——渣土轴向最大输送速度，m/s；
　　　f_1——渣土与筒体间的摩擦系数；
　　　θ——螺旋输送机安装倾角，(°)；
　　　ε——渣土与筒体摩擦力影响系数，可根据式 3-75 计算。

$$\varepsilon = 1 + \frac{2 \times \left(1 - \cos\frac{\delta}{2}\right)^2}{\delta - \sin\delta} \times \tan^2\left(\frac{\pi}{4} - \frac{\varphi}{2}\right) \tag{3-75}$$

式中　δ——物料填充角，填充率为1时取 2π；
　　　φ——渣土内摩擦角，(°)。

渣土轴向最大输送速度 v_z 可根据下式计算：

$$v_z = \frac{P \cdot n}{60} \tag{3-76}$$

螺旋叶片转动时会推动渣土运动，由于渣土相对叶片之间的滑动摩擦也会消耗一部分功率，与 P_1 类似，渣土与螺旋叶片间的摩擦功耗 P_2 可根据式（3-77）计算：

$$P_2 = \frac{S_a \times \rho_c \times g \times f_2 \times L \times v_z \times \cos\theta}{\sin\alpha} \quad (3\text{-}77)$$

式中 f_2——叶片和渣土间的摩擦系数；

L——螺旋输送机输送长度，m。

沿螺旋输送机安装倾角向上提升渣土时由于渣土重力所消耗的功率 P_3 根据下式计算：

$$P_3 = S_a \times \rho_c \times g \times L \times v_z \times \sin\theta \quad (3\text{-}78)$$

轴承摩擦功率损耗 P_4 分为两部分，即空载时螺旋轴自重造成的摩擦功耗和螺旋轴受载后在轴承处产生的摩擦功耗，可根据下式计算：

$$P_4 = G \times f_3 \times v_2 + f_3 \times (P_1 + P_2 + P_3) \quad (3\text{-}79)$$

式中 G——螺旋体自重，N；

f_3——轴承摩擦系数；

v_2——轴承处切向速度，m/s。

土体相对运动及搅拌的功率损耗 P_5 难以定量分析和计算，但是可以采用修正系数的方法将其考虑在内，因此螺旋输送机消耗的总功率为

$$P = (k + f_3)(P_1 + P_2 + P_3) + G \times f_3 \times v_2 \quad (3\text{-}80)$$

式中 k——修正系数，与物料性质有关，对于质重、高琢磨性的物料可取 1.8~2。

螺旋输送机的扭矩可根据下式进行计算：

$$T = 9\,549P/n \quad (3\text{-}81)$$

3.4.4　富水砂卵石地层螺旋输送机适应性选型

3.4.4.1　螺旋输送机在富水砂卵石地层面临的难点

砂卵石地层在地质上大多是由河流冲刷和堆积沉降作用形成的。源区岩石的不同和河道的变迁，导致砂卵石层的成分、厚度、分布区域多变，砂卵石地层中的砂层透镜体分布不均。在工程上，砂卵石地层与黄土、软土及复合地层的工程特性和力学性质不同，是一种典型力学不稳定地层。砂卵石地层具有如下特征：

① 卵石含量高，且地层中随机分布大颗粒、高强度卵石或漂石，磨琢性大；
② 砂卵石地层颗粒级配差，导致开挖下的渣土和易性及流动性差；
③ 渗透系数大，容易造成地下水涌流。

在富水砂卵石地层中，岩体破碎，围岩的强度大，天然单轴抗压强度差异很大，强度不均匀，稳定性差，容易形成地下储水构造，且地下水比较丰富。土压平衡盾构在富水砂卵石地层中施工时，会出现以下问题：

① 由于围岩强度大，同时破碎地带不均匀地分布着大岩块，砂卵石不容易被破碎。大粒径卵石多，卵石含量高，造成螺旋输送机卡轴，容易堵塞螺旋输送机，如果卵石在螺旋机圆筒内严重沉积，会导致螺旋输送机卡停，甚至会导致螺旋轴断裂，如图 3-28 所示。由于卵石含量高、自稳定性差，现有轴式螺旋输送机无法排除 40 cm 以上的卵石，难以通过带压进舱的方式处理，而地基加固处理的方式成本高、周期长。

图 3-28 螺旋轴断裂

② 砂卵石地层架构松散，胶结水平低，地下水与土体的结合差，在螺旋输送机内难以形成良好的充填。盾构机停机后地下水涌向土舱，水位上升导致螺旋输送机底部压力增大，在富水地区易发生喷涌。

③ 砂卵石地层具有漂石含量高、部分地段砂卵石密实程度差等特点，且摩擦性较高，容易引起螺旋输送机异常磨损，进而提高螺旋输送机修理频率，降低施工效率，缩短盾构机寿命。

针对上述富水砂卵石地层特点及盾构施工的问题，需要对砂卵石地层螺旋输送机提出针对性设计措施，要求螺旋输送机能够预防并解决上述问题。下面将对螺旋输送机在富水砂卵石地层的地质适应性进行研究。

3.4.4.2 砂卵石地层螺旋输送机耐磨针对性设计

砂卵石地层摩擦性较高，容易引起螺旋输送机异常磨损，提高了螺旋输送机维修频率，降低施工效率，缩短盾构机使用时间。因此有必要对螺旋输送机进行防磨损研究，具体措施如下：

① 可拆卸设计。一旦螺旋输送机磨损严重以至于影响正常工作时，就必须对螺旋输送机进行维修。因此需要将螺旋轴与筒体进行可拆卸设计，在输送机磨损严重时，将其拆卸以进行维修或更换。

② 耐磨设计。为了提高螺旋输送机的使用寿命，需要对螺旋输送机进行特设的耐磨处理。主要的耐磨处理措施有焊接网格耐磨焊、焊耐磨层、焊接复合耐磨板以及焊接金属块等形式。在磨损比较严重的砂卵石地层中，主要采用焊接金属块的形式，如图 3-29 所示。

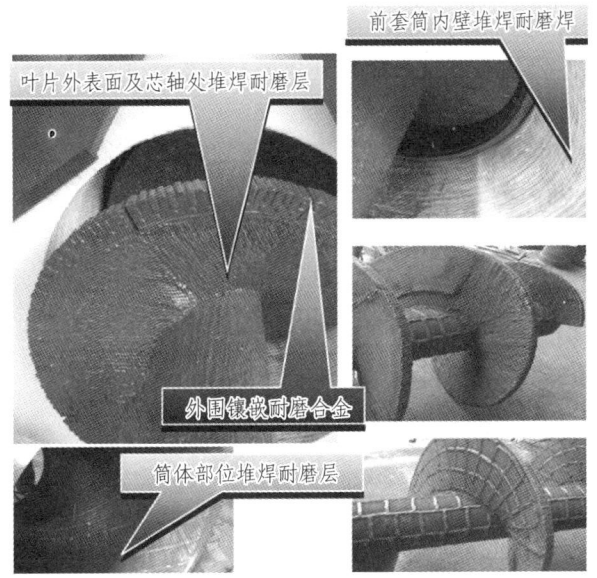

图 3-29　螺旋机耐磨设计图

③ 分别对筒体和螺旋轴及螺旋叶片进行耐磨焊接。螺旋机筒体前端底部可采用可更换的耐磨块，磨损严重时予以更换。若螺旋轴设置有土塞段，可以根据地层实际情况在土塞段的两端焊接不同材料的耐磨钢板。焊接耐磨块，可以有效防止螺旋叶片边缘被大直径卵石、砾石及漂石碎块等磨损，提高了螺旋轴的可靠性，从而提高螺旋输送机的使用寿命，保证掘进的正常进行。

④ 设置膨润土和泡沫注入口，向螺旋输送机内注入膨润土和泡沫，可有效建立土压并减少螺旋机筒体磨损。

3.4.4.3　砂卵石地层螺旋输送机防喷涌设计

1. 富水砂卵石地层喷涌

在水底浅覆地段施工时，河床底塌方、开挖面充水裂隙发育或已成盾构隧道同步注浆液没有完全充实衬背空隙以致留下流水通道等，导致开挖面富水压力大。施工人员如果对地层了解不够，施工处理不当，以及不可预测的因素，可能造成盾构不能连续掘进，发生喷涌事故。所谓喷涌，是指盾构掘进打开螺旋输送机闸门出土时，以水为主，水和砂混合从出口喷涌而出，散落在隧道内，皮带输送机无法带走土体。

引起喷涌的机理主要是：打开螺旋输送机闸门即发生喷涌，接着土舱内压力很快回落。在这种情况下，为了防止隧道淹没并减轻清理渣土的工作量（否则无法安装管片），工作人员通常会通过手动或自动方式关闭螺旋输送机出土闸门。在停止出土的这一阶段，地层中的水又很快充满土舱内，土舱内压力又迅速上升到设定极限，之后，打开螺旋输送机又将发生喷涌，由此将会出现喷涌—停机—喷涌—停机的无限循环，盾构无法掘进。

2. 砂卵石地层的防喷涌适应性设计

在富水地层中盾构施工，要求螺旋输送机须有防喷涌设计，以应对施工中的喷涌。在确保盾构机盾体密封性的前提下,防喷涌主要从盾构前方、盾构后方两个薄弱点进行设防。

盾构后方的防喷涌主要从盾尾刷着手,建议盾尾安装三道密封钢丝刷及两个油脂注入管道,以有效实现盾尾密封。

盾构前方防喷涌主要从螺旋输送机着手,现有螺旋输送机的防喷涌手段主要有以下几种:

(1)预留保压泵出渣系统接口。

如图3-30所示,保压泵装置理论上可以实现带压出渣,防止出渣时的喷涌,但实际应用中可能出现频繁堵管现象,堵管处理较为困难,对掘进效率有一定影响。

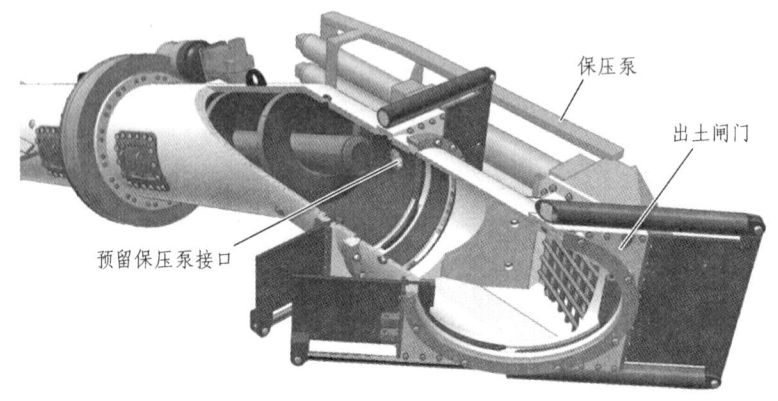

图 3-30 螺旋输送机保压泵

(2)采用双级螺旋输送机。

双级螺旋输送机大大加强了土塞效应,加大了螺旋输送机渣土抗水压的能力,但双螺旋输送机影响螺旋输送机的后退操作,当需要检修螺旋输送机时较为困难。

(3)单螺旋输送机 + 双闸门设计 + 聚合物改良 + 预留保压泵接口。

如图3-31所示,采用双闸门设计,当发生喷涌时可同时关闭双闸门,配以聚合物改良渣土性能,加强螺旋输送机的防喷涌能力,同时在螺旋输送机上预留了保压泵接口,可加装保压泵,并采用多种手段防止喷涌,但聚合物改良渣土费用较高。建议采用单螺旋输送机 + 双闸门设计 + 聚合物改良 + 预留保压泵接口方案,加强盾构防喷涌措施,确保工程安全。

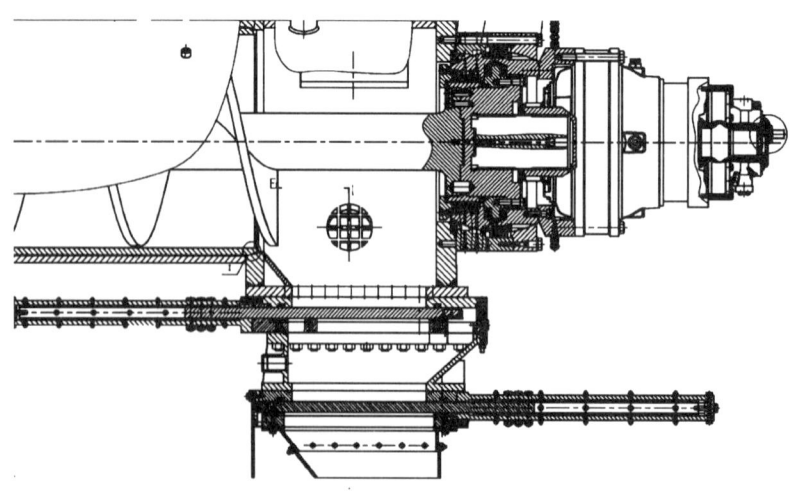

图 3-31 螺旋输送机双闸门设计

3. 改良渣土渗透性对喷涌的影响机理分析

盾构掘进过程中会通过土舱隔板以及螺旋输送机筒体上的注入口向渣土添加改良剂，如图 3-32 所示，一方面通过渣土改良增大渣土的流塑性，便于输送；另一方面，渣土改良剂可以补充卵石颗粒间的细颗粒组分，阻断地下水的渗流通道，在喷涌防治方面也起到重要作用。

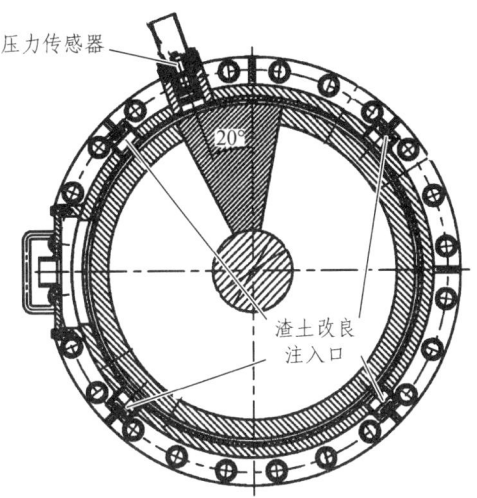

图 3-32 螺旋输送机断面图

一般而言，螺旋输送机自身土塞效应与出土闸门能够承受的水压力和渗流量是有限制的，一旦超过临界值，极易引发喷涌现象。螺旋输送机内孔隙水渗流过程仿真模型如图 3-33 所示。盾构实际掘进过程中被盾壳包裹，仅通过掌子面与周围地层进行流体交换且不考虑地层中地下水渗流状况，因此将围岩和盾壳设为流体空模型，掌子面设为透水边界并在上面施加梯度孔隙水压力，掌子面水压力根据式（3-82）计算：

$$q_w = q \cdot \gamma_w \cdot h \tag{3-82}$$

式中 q——与地层渗透性有关的经验系数，砂土取 0.5~1.0；

γ_w——水的容重；

h——地下水位高度。

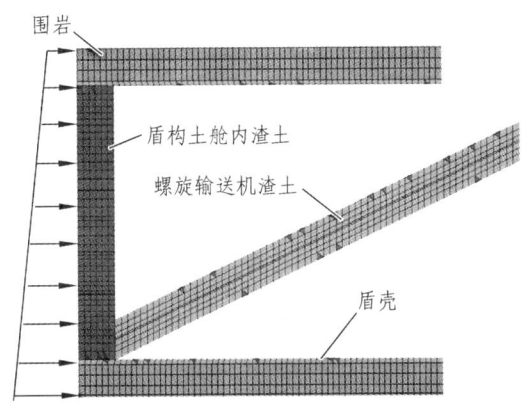

图 3-33 渣土渗流数值仿真模型

当改良渣土的渗透系数为 3.25×10^{-6} m/s，出口流量为 3 cm³/s 时，土舱和螺旋输送机内的孔隙水压力如图 3-34 所示。

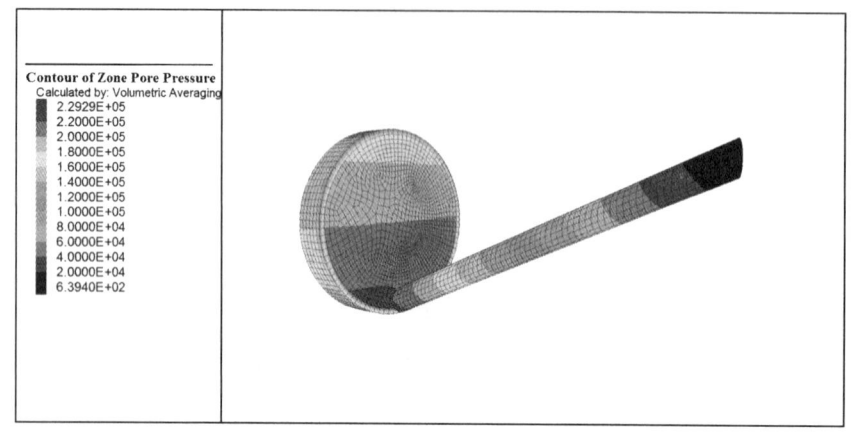

图 3-34　土舱及螺旋输送机内孔隙水压力云图

改变渣土的渗透系数进行模拟并提取螺旋输送机截面中心上水压力值，得到不同渗透系数下孔隙水压力值沿螺旋输送机轴向的分布，如图 3-35 所示。由图可知，螺旋输送机内的孔隙水压力随土舱距离的增大呈线性递减，且随着渣土渗透系数的减小，水压递减速率越快。可见通过合理的渣土改良手段降低渣土渗透系数可以有效保证螺旋输送机的承压能力并预防喷涌现象的发生。

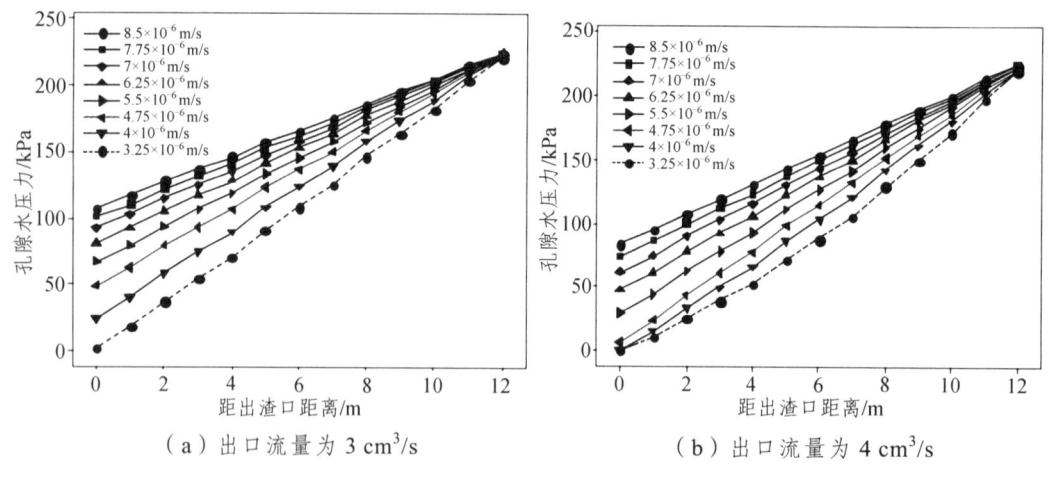

（a）出口流量为 3 cm³/s　　　（b）出口流量为 4 cm³/s

图 3-35　螺旋输送机内压力递减规律

提取不同渗透系数下螺旋输送机出口端最下方的孔隙水压力得到出口端最大压力与渗透系数的关系，如图 3-36 所示。由图可知，随着渗透系数的减小，出口端压力也降低，当渗透系数减小到一定范围时，压力变化趋于平缓。

当出渣口流量为 3 cm³/s 时，分别用对数、二次和三次模型对出渣口水压与渗透系数的关系进行回归分析，其中二次模型拟合优度最高，R^2 为 0.998，其表达式为

$$P = -142.799 + 55\,682\,643.43 \cdot k - 3.029 \times 10^{12} \cdot k^2 \tag{3-83}$$

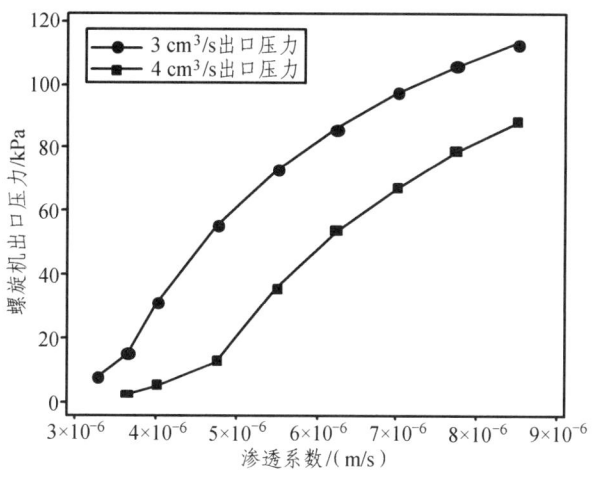

图 3-36 出渣口水压力与渗透系数的关系

令 $P \leq 20$ kPa，得渗透系数临界值为 3.65×10^{-6} m/s；$P \leq 10$ kPa 时，临界渗透系数为 3.35×10^{-6} m/s。

当出渣口流量为 4 cm³/s 时，分别用对数、二次和三次模型对出渣口水压与渗透系数关系进行回归分析，其中三次模型拟合优度最高，R^2 为 0.996，其表达式为

$$P = 156.866 - 105\,517\,141 \cdot k + 2.179 \times 10^{13} \cdot k^2 - 1.216 \times 10^{18} \cdot k^3 \qquad (3\text{-}84)$$

令 $P \leq 20$ kPa，得渗透系数临界值为 4.9×10^{-6} m/s；$P \leq 10$ kPa 时，临界渗透系数为 4.34×10^{-6} m/s。

综上可知，当掌子面水头为 20 m 时，若渣土的渗透系数小于 3.35×10^{-6} m/s，螺旋输送机出口处流量 $Q \leq 3$ cm³/s，压力 $P \leq 10$ kPa，可认为渣土改良符合要求，能在一定程度上改善喷涌现象；当渗透系数大于 4.9×10^{-6} m/s 时，螺旋输送机出口处流量 $Q \geq 4$ cm³/s，压力 $P \geq 20$ kPa，表明改良渣土止水性不足，可能会发生严重喷涌现象。

3.4.5 黏土地层螺旋输送机适应性选型

1. 黏土地层施工特点

黏土地层的渗透系数小，含水率低，开挖面容易稳定，且黏土在螺旋输送机内流塑性小，出渣速度容易控制。但黏土含量过高时，极易结成泥饼。因地下水及地表水比较丰富，掘进过程中螺旋输送机土塞很难形成，导致螺旋输送机后部压力增大，螺旋输送机无法正常出土。

根据施工实践，在黏土地层中由于粉土、粉砂、粉质黏土地层易发生渗透，同步注浆难度较大，易造成喷涌等事故的发生。

2. 黏土地层螺旋输送机地质适应性选型

针对工程施工中总结的盾构机在黏土地层中出现的问题，需要对螺旋输送机进行黏土地层的地质适应性配置设计，具体措施如下：

① 采用有轴式螺旋输送机。土压平衡盾构在黏土地层中掘进时,应采用对输送渣土更有利的有轴式螺旋输送机。

② 螺旋输送机的外壳采用整体设计,排土口采用双闸门设计。排土闸门由液压缸控制,闸门上安装行程传感器,可根据掘进速度在操作盘上控制闸门的开启度,以控制输送机的排土量,在土压平衡模式下掘进时,可起到调节土舱压力的作用。

③ 在输送机前部及尾部设置压力传感器。在掘进过程中随时对螺旋输送机内的压力进行测定,从而掌握螺旋输送机的土压衰减情况。

④ 在螺旋输送机出土闸门下配置保压系统。若断电,液压系统及人工手动扳动开关通过液压控制以紧急关闭闸门,保证在排土过程中螺旋输送机出口始终处于封闭状态,以防止因土舱内的土压失稳而喷发。由于土舱内的土压始终与开挖面的水土压力保持平衡,避免了开挖面以外的水流从开挖面进入土舱后从螺旋输送机排出,防止在遇到高含水量的地层时发生喷涌,保证盾构机安全掘进。

⑤ 筒体设计时配置渣土改良孔。当螺旋输送机及土舱内的含水量过大时,需在螺旋输送机前部注入膨润土或高分子聚合物,以缓解螺旋输送机的喷渣压力。加入高浓度的泥浆或泡沫改善土体的和易性,使土体中的颗粒和泥浆成为整体,便于在螺旋机中形成土塞,解决螺旋机的喷涌。

3.5 渣土改良系统

砂卵石地层中的土体难以达到理想的塑性流动状态,主要是因为土体的流塑性和可塑性较差,内摩擦角相对较大,很容易在开挖施工过程中出现失稳崩塌以及盾构机出现磨损的问题。这些问题会影响盾构施工的进度。因此,需要开展有效的渣土改良工作,这是确保砂卵石地层中土压平衡盾构施工的重要技术。

针对成都富水砂卵石地层施工特点,渣土改良系统应满足如下要求:

(1)渣土改良系统应具备向渣土注入泡沫、膨润土或水等添加剂的功能,起到增加渣土流动性、降低渣土透水性,达到堵水、减磨、降扭及保压的效果。

(2)应根据地层粒度级配和颗粒组分选择合适的添加材料进行渣土改良,对添加材料进行质量检查。

(3)改良后渣土应具有良好的塑性变形和软稠度,减小对刀盘和螺旋输送机的磨损;同时应具有足够的抗渗性,保证开挖面的稳定性,减小对土层的扰动。

(4)添加材料应满足:① 流动性好,不发生材料分离和沉积;渗入、填充、封堵掘削土颗粒间隙好。② 稳定性好,历时变化小,无自硬性。③ 使用方便,安全性好;排出掘削土对环境无污染,处理简便。

3.5.1 泡沫系统

泡沫系统是土压平衡盾构机中最重要的渣土改良系统。对于某些土质来说,土压平衡盾构的土舱内壁会容易黏附掘削土砂,因压密而固结,致使掘进无法进行。对地下水压高的砂质地层而言,易发生从螺旋输送机喷射掘削泥水的现象。为防止这些现象发生,需在盾构机上配置泡沫系统,泡沫工法的诸多优点自然而然地代替了以往向掘削面和土舱内加注泥材的工法。泡沫成为土压平衡盾构机渣土改良必不可少的添加剂。

3.5.1.1 泡沫系统的作用及组成原理

1. 泡沫系统的作用

(1)对复杂地层的土体进行改良,有效控制地层对盾构机的损伤;
(2)泡沫系统可以使渣土具有较好的止水性,从而控制地下水流失;
(3)提高渣土的流动性,有助于渣土快速进入土舱,以及螺旋输送机的顺利排土;
(4)防止渣土黏结刀盘而产生泥饼;
(5)防止或减轻螺旋输送机排土时发生喷涌现象;
(6)有效降低刀盘扭矩,降低刀盘、刀具和螺旋输送机的磨损等。

2. 泡沫系统的组成及工作原理

泡沫系统主要由泡沫混合液储存箱、泡沫泵站、高压水泵、泡沫发生器、控制元件(电动调节阀、球阀等)、检测元件(压力传感器、流量计等)、管路等组成。泡沫泵将泡沫原液吸入,流经流量计与外循环水混合至连接桥处的泡沫混合液储存箱,经过高压水泵与压缩空气混合进入泡沫发生器进行发泡膨胀生成泡沫液(30~400 μm 的微细乳状泡沫),一部分送至盾体内的中心回转体进入刀盘面板处对开挖土体进行改良;一部分连接到盾体隔板处,对土舱内的渣土进行改良;一部分连接到螺旋输送机上,对螺旋输送机内输送的渣土进行改良,以利于渣土的排出。

泡沫注入土舱同土壤混合时,发泡剂的润滑作用减少了刀盘和土壤的摩擦,提高了所挖掘土壤的塑性流动,减少了刀盘扭矩和刀具磨损;可减少土壤的渗透性,使开挖舱传力均匀,工作压力变动小,有利于调整开挖舱压力,保证盾构机掘进姿态,控制地表沉降;泡沫可减小土体黏度,使之不附着于刀盘,有利于松散出土。

3.5.1.2 泡沫系统的主要参数计算

(1)泡沫混合液浓度 c:其取值范围一般为 1%~5%,通常取中间值 3%。
(2)泡沫注入率 FIR:渣土改良时,泡沫注入率(包括泡沫原液、水、空气)等于土体的孔隙率乘以填充率。不同土层的孔隙率不一致,而填充率一般按照 100% 计算。
(3)泡沫膨胀率 FER:一般在 8~25 之间,通常取中间值 15。
(4)渣土中所需泡沫量:

$$Q = FIR \cdot A \cdot v \tag{3-85}$$

式中 FIR——泡沫注入率；

A——开挖面面积，m^2；

v——最大掘进速度，mm/min。

（5）所需水的体积：

$$Q_w = Q \cdot \frac{1}{FER+1} \cdot (1-3\%) \quad (3-86)$$

（6）所需泡沫原液的体积：

$$Q_y = Q_w \times \frac{1}{1-3\%} \times 3\% \quad (3-87)$$

（7）所需气体的体积：

$$Q_a = Q \times \frac{FER}{FER+1} \quad (3-88)$$

（8）泡沫泵排量：泡沫泵需要的排量依据泡沫注入量来计算（泡沫泵的余量系数一般选取 1.3）。

3.5.1.3 成都砂卵石地层泡沫系统针对性设计

成都地铁盾构施工多采用单管单泵泡沫注入系统，通过旋转接头连接刀盘前面喷口进行喷注，发泡方式由原来的管路中混合直接发泡变为在混合箱充分混合后由泡沫泵泵送发泡，以增强发泡效果，降低泡沫消耗量。每路泡沫管道与喷口阻力不同时，各路泡沫仍能按其设定量喷注，如图 3-37 所示。

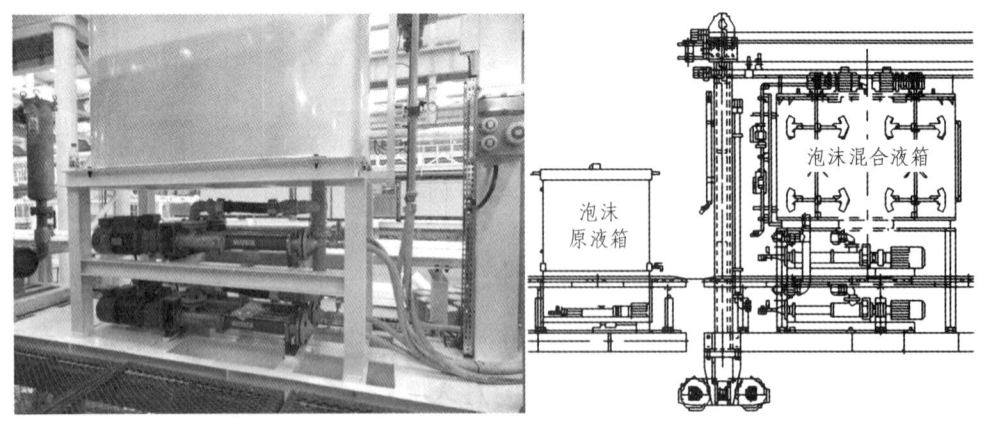

（a）单管单泵注入系统　　（b）泡沫混合液箱

图 3-37　单管单泵泡沫系统

喷口总成可以完全从刀盘背面抽出，完全损坏或阻塞不能疏通时可在洞内抽出维修或更换，如图 3-38 所示。刀盘所有管路均布置在背面，完全堵塞不能清理时可在洞内更换。

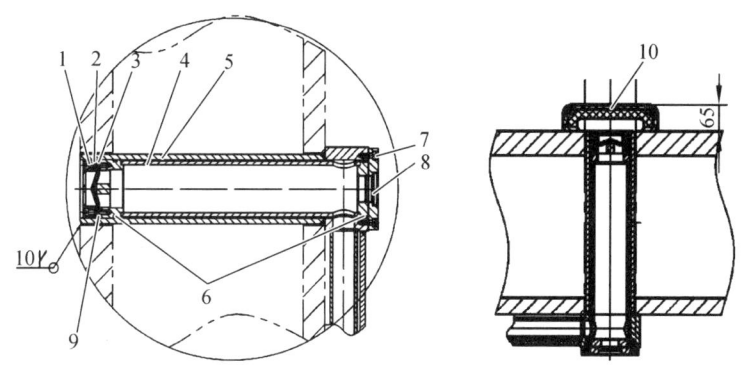

1,7—螺钉；2—喷嘴挡板；3—橡胶喷嘴；4—活动筒；5—固定筒；6—O 形圈；
8—VSTI 堵头；9—精拔钢管；10—喷嘴保护刀。

图 3-38 泡沫喷口总成

3.5.2 膨润土系统

膨润土系统也是用来改良土质，以利于盾构机的掘进。在盾构施工的过程中，由于地质原因，随着含沙量的增加，加水已然不满足条件，因为它不能减小内摩擦。细土粒含量的缺乏可以通过加入黏土和膨润土悬浮液来补偿，这样孔隙里的水就可以通过膨胀的悬浮液来限制，挖出的土料被改良成为流动性好、渗透性低的可塑性土浆。

3.5.2.1 膨润土系统的作用及组成原理

（1）选择膨润土作为渣土改良剂的主要作用如下：
① 降低土体的渗透系数，使其具有良好的止水性，以控制地下水的流失。
② 可有效提高土体的保水性，防止渣土的离析、沉淀和板结。
③ 使渣土具有较好土压平衡效果，有利于开挖面稳定，控制地表沉降。
④ 使土体有较低的内摩擦角，降低刀盘扭矩，减少对刀盘和螺旋输送机的磨损。
⑤ 使切下来的渣土顺利快速地进入土舱，并促进螺旋输送机顺利排土，提高掘进速度。
（2）膨润土系统的组成及工作原理。

膨润土系统主要由膨润土罐、膨润土泵、流量计、传感器、控制阀和管路附件等组成，与泡沫系统在连接桥到刀盘之间共用一套输送管路。在不使用泡沫的情况下，关闭泡沫分支管路，同时将膨润土分支管路打开，通过软管泵将膨润土输送到掌子面、土舱和螺旋输送机内，将高密度膨润土注入土舱里、刀盘前和螺旋机中，经充分搅拌能使高渗水性的砂砾土达到较好的流塑性和止水性，再配合压缩空气控制单元的气压自动调节作用，可稳定掌子面和减少水的渗出，防止喷涌的发生及掌子面的坍塌。

盾构施工时可实现一部分管路注膨润土，同时另一部分管路注泡沫的功能。其系统原理图如图 3-39 所示。膨润土系统的主要组成部分安装在后配套台车上，其在台车上的布置如图 3-40 所示。

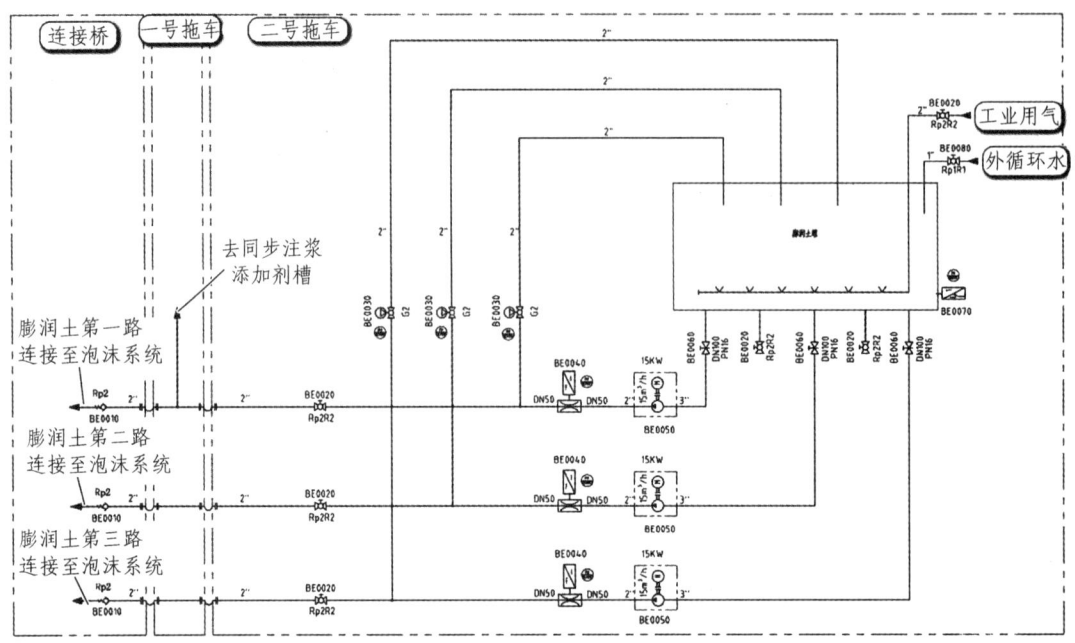

图 3-39 膨润土系统原理图

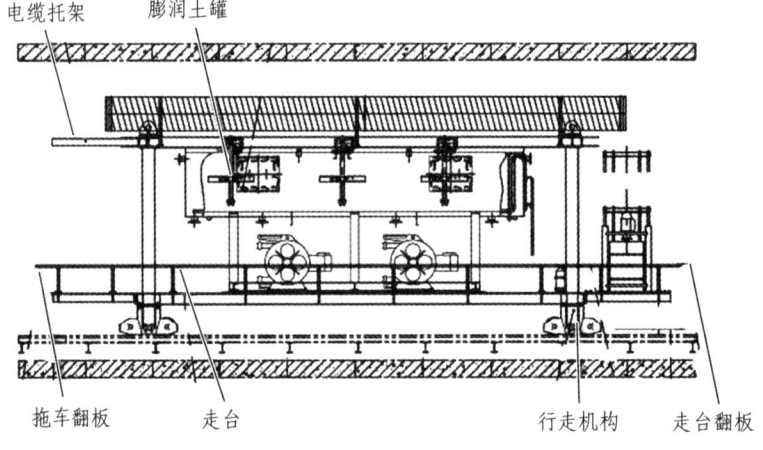

图 3-40 二号台车

3.5.2.2 膨润土注入量及配比

此处以成都地铁6号线土建9标梁家巷站—前锋路站区间为例来说明注入量的计算方法。该段盾构主要穿越的地层:〈3-9-2〉稍密卵石层、〈3-9-3〉中密卵石层、〈3-9-4〉密实卵石层,隧道洞身局部夹有〈3-5〉中砂层。盾构机开挖直径 D 为 6.28 m,膨润土注入率 FIR 取最大值 15%,平均推进速度 v 取 46 mm/min。

(1) 开挖面面积：

$$A = \frac{\pi D^2}{4} = \frac{3.14 \times 6.28^2}{4} = 31 \, (\mathrm{m}^2) \qquad (3-89)$$

(2) 所需膨润土量：

$$Q = FIR \cdot A \cdot v = 213.9 \, \mathrm{L/min} \qquad (3-90)$$

所以在选择盾构上的膨润土泵时，其最大总方量应该大于213.9 L/min，并保留一定余量。该区间膨润土配比如表3-14所示。

表3-14 膨润土配比

方量	水/kg	膨润土/kg	黏度（8 h）/（m²/s）
1 m³	1 000	111	50
1.5 m³	1 500	166.5	50

即现场拌制时，加入1.5 m³的水，再加入4包膨润土（每包40 kg）。膨润土配制过程中应注意以下事项：

① 严格按照配比制浆，不得私自改变配比；
② 膨润土黏度应及时测定，与理论黏度进行对比；
③ 膨润土拌好后储存在中板储浆罐，待膨润土膨化后（8 h）再放下去使用；
④ 膨润土拌制站做好防尘工作，同时做好个人防护措施，佩戴手套、口罩；
⑤ 中板膨润土需及时搅拌，防止膨润土结块。

3.5.3 成都砂卵石地层渣土改良系统配置

3.5.3.1 渣土改良注入口布置

成都砂卵石地层切削下的渣土极不均匀，原状渣土中的卵石和砂土分离严重，单纯依靠切削下来的渣土压力来保持开挖面平衡几乎不可能。另外，其流动性很差，原状渣土很难通过螺旋机排出。因此必须改良渣土，以保持开挖面稳定和顺利出渣。

针对砂卵石地层对渣土改良能力的要求，系统设计上采用单路单泵的配置并且提高膨润土的注入能力，与此同时在盾体隔板上预留多个注入口用于注入聚合物和其他渣土改良剂使渣土改良变得容易且更有针对性。刀盘、土舱隔板及螺旋输送机上配置多个渣土改良注入口，其布置如图3-41~图3-43所示。

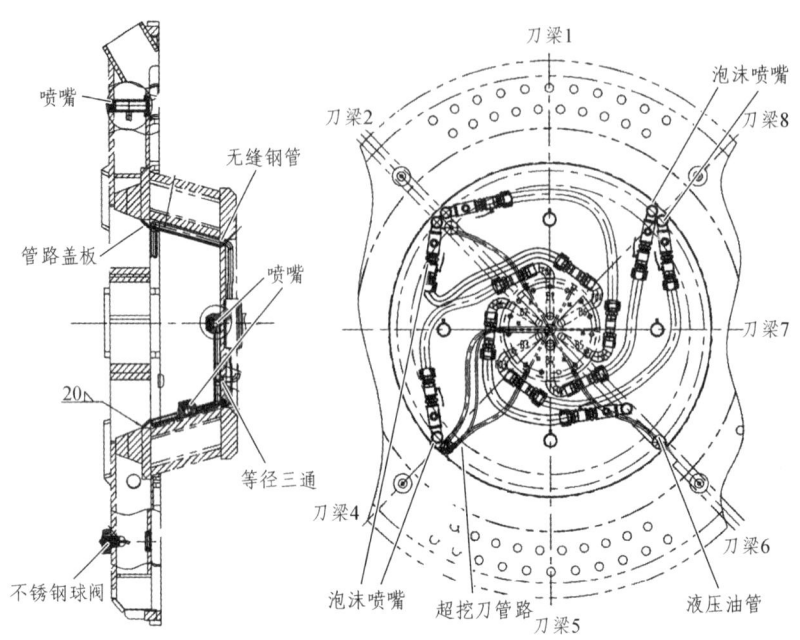

图 3-41 渣土改良剂注入口在刀盘上的布置图

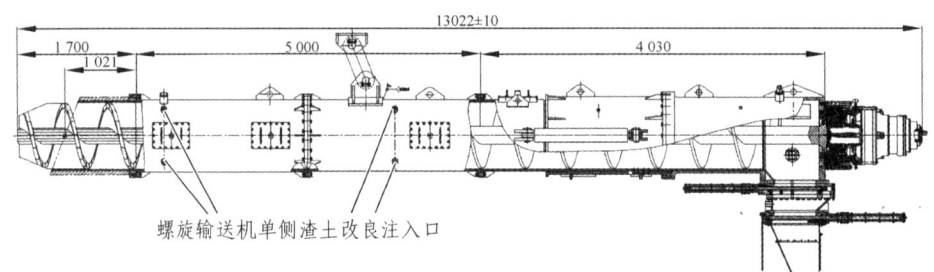

图 3-42 螺旋输送机渣土改良剂注入口布置

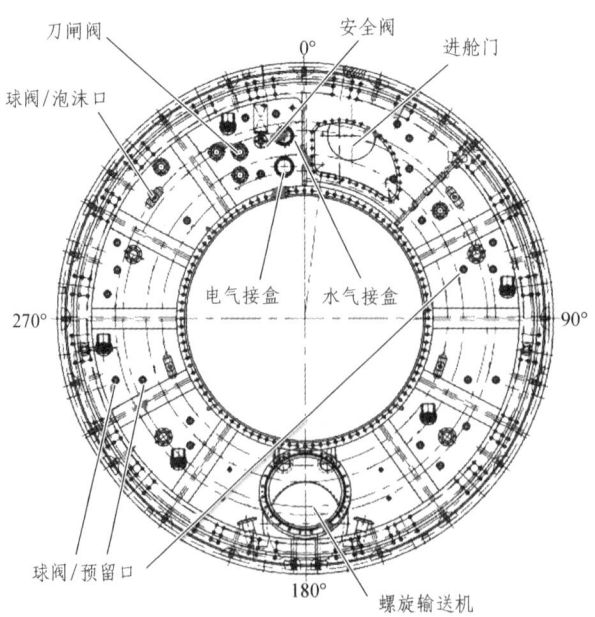

图 3-43 渣土改良剂注入口在土舱隔板上的布置

3.5.3.2 渣土改良系统推荐配置

6 m 级盾构和 8 m 级盾构因开挖直径不同,渣土改良系统配置应有所区别,成都地铁部分工程采用的系统配置如表 3-15 和表 3-16 所示。

表 3-15 6.28 m 土压平衡盾构渣土改良系统配置

	项 目	1	2	3	4
	主要地质条件	卵石土、泥岩	卵石土、泥岩	密实卵石层	密实卵石层
膨润土系统	膨润土泵形式	挤压软管泵+KSP型泵	软管泵	软管泵	螺杆泵
	改良膨润土泵功力/kW			18.5	5.5
	注入能力/(m³/h)	10	8	20	10
	膨润土罐容量/m³	6	6	6	6
	注入口数量	和泡沫注入点一致	12	12	
泡沫系统	管路数量	刀盘6+螺旋输送机8+隔板2	刀盘6+螺旋输送机2+隔板4		
	泡沫泵功率/kW			0.75	0.75
	混合液泵功率/kW			1.5×6	1.5×4
	混合液注入量	6×1.2 m³/h	5~300 L/h	5~25 L/min	5~25 L/min
	泡沫发生器数量	6	4	6	4
	泡沫原液箱容积/m³	1.2	1	1	1
	混合液箱容积/m³	1	2	2	2

表 3-16 8.6 m 土压平衡盾构渣土改良系统配置

	项 目	1	2	3
	地质类型	砂卵石、泥岩	砂卵石、泥岩	砂卵石、泥岩
	刀盘上注入点	和泡沫注入点一致		4(其中3路可与泡沫注入口互换)
膨润土系统	膨润土泵形式		螺杆泵	柱塞泵
	泵流量/(m³/h)	3×15		4×18
	泥浆注入能力/(L/min)		1 600 L/min	
	膨润土罐容积/(m³/h)	15	10	15
	膨润土泵数量	3		4
	膨润土泵功率/kW	3×15		4×18.5
泡沫系统	管路注入口数量	刀盘12+隔板4+螺旋输送机8		刀盘10+隔板4+螺旋机8
	泡沫发生器数量	9	9	9
	原液注入量/(L/h)		21.6~534	
	混合液泵数量	9		9
	混合液泵功率/kW		2.2	
	混合液泵流量/(L/min)		4~78	
	泡沫箱容积/m³		3	
	最大泡沫注入量/(m³/h)	9×2.4		9×2.7
	控制方式	手动/自动		手动/自动

3.5.3.3 盾尾污水再利用技术

渣土改良过程中需要耗费大量的水,如果考虑将盾构排放的污水经处理后用于渣土改良,可以大大节省施工成本。盾构机水循环系统分为内循环系统和外循环系统,如图 3-44 所示。由铺设在隧道中的两条水管作为盾构机的进、回水管,将竖井外地面上的蓄水池与水管卷筒上的水管连接起来,在与蓄水池连接的一台高压水泵的驱动下,盾构机用水在蓄水池和盾构机之间循环。通常情况下,进入盾构机水管的水压控制在 500 kPa 左右。正常掘进时,进入盾构机水循环系统的水有以下用途:对液压油、主驱动齿轮油、空压机、配电柜中的电器部件及刀盘驱动副变速轮具有冷却功能;为泡沫剂的合成提供用水;提供给盾构机及隧道清洁用水;对蓄水池中的水用冷却塔进行循环冷却。

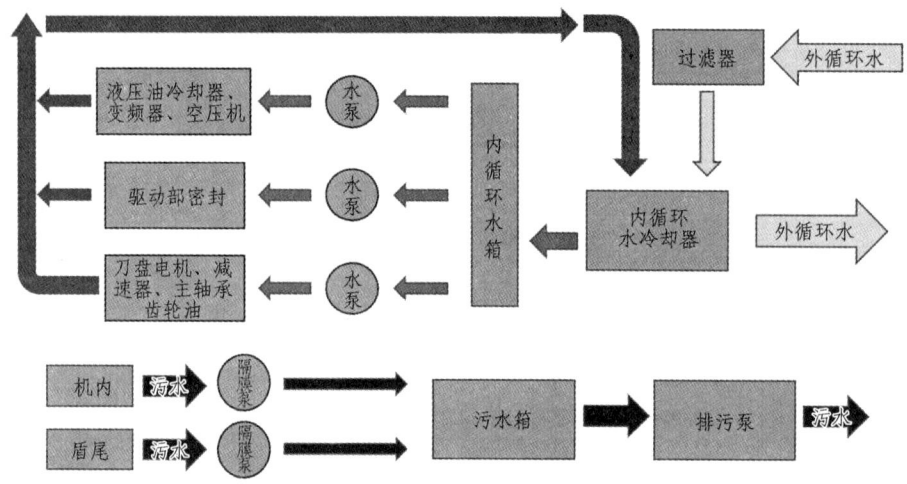

图 3-44 盾构机水循环系统示意图

盾构机掘进过程中,盾尾处产生的污水含有大量的泥沙和砂浆(清洗砂浆罐、砂浆管和从盾尾漏出的浆),一般两三天污水箱就被泥沙填满,清理污水箱不仅费时费力且清理过程中盾构机无法掘进,严重影响施工进度。若不及时清理,沉积的泥沙易流进排水泵,造成管路阻塞。此外,大量盾构污水经简单沉淀(多为三级沉淀)后排放不仅造成水资源的浪费,还易造成市政排污管道的堵塞而污染环境。据不完全统计,盾构隧道每掘进 1 m 所需综合用水量高达 40 t,按一个盾构项目双线隧道平均长度 4 000 m 计算,则一个盾构项目所需用水量高达 160 000 t,同时排放出等量的施工废水。因此需将盾尾污水进行一系列处理,处理后的污水也可用于盾构渣土改良系统。目前将盾尾污水用于土舱渣土改良的系统原理如图 3-45 所示。

通过泥浆泵将污水箱内的污水抽送至土舱,污水箱后的球阀可用来控制污水流量,必要时也可关闭,方便后续设备的维护;泥浆泵前后安装有减震器,可用来削弱污水(含泥沙、砂浆)的冲击力,避免对管路造成损坏。根据实际土舱内渣土改良的用水需求及流量计的显示来控制节流阀的开度,用以控制进入土舱再利用和废弃污水的流量。污水箱和包含流量计在内的各部件均设置在五号台车上,流量计之后的管路依次沿着四号台车、三号台车、二号台车、一号台车、连接桥、盾体,最终进入土舱。该装置可以保证充足的水量来进行渣土改良,如需制作膨润土,可利用污水箱作为发酵箱进行发酵,再利用本装置注入土舱,能有效防止刀盘和土舱结泥饼。

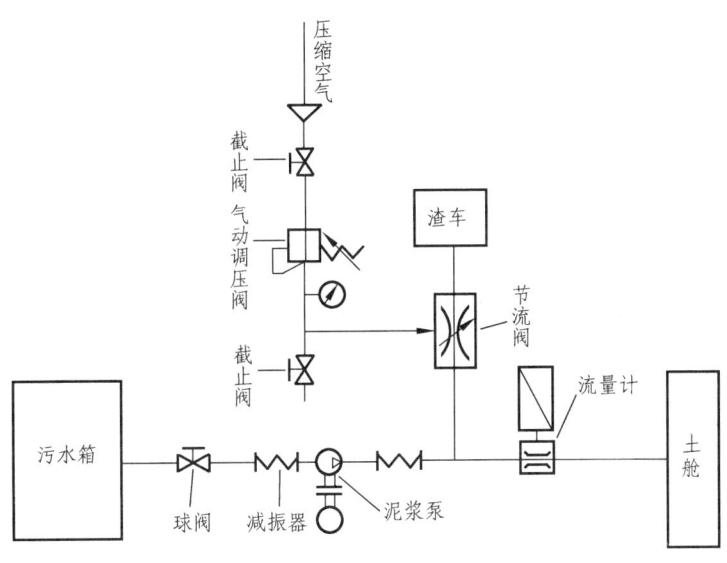

图 3-45 盾尾污水再利用系统

图 3-45 所示的盾尾污水再利用系统结构简单、成本较低,但由于未对污水进行进一步净化处理,因此污水利用率有限,若将盾尾污水经净化处理后,用来配制膨润土或同步浆液,则可大大提高污水利用率,如图 3-46 所示。

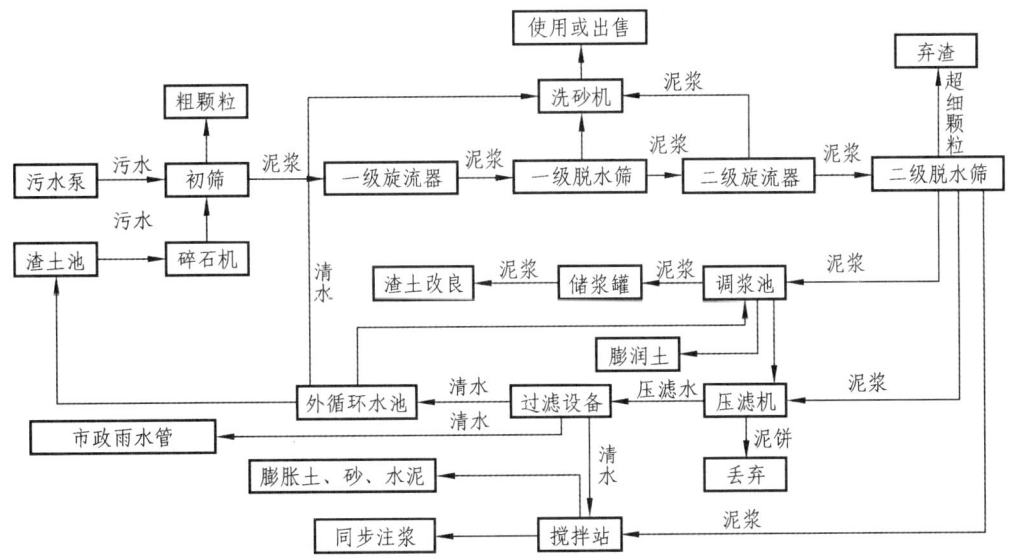

图 3-46 污水渣土综合再利用系统原理图

渣土由挖掘机从工作井渣坑挖掘,污水由污水泵泵送进入泥水分离系统,经过粗筛、一级分离设备(一级旋流器、一级脱水筛)、二级分离设备(二级旋流器、二级脱水筛)分别将粗颗粒物、砂、超细颗粒物分离脱水(含水率<25%)并进行有效利用。泥水分离系统分离出来的泥浆一部分泵送至调浆池,加入适量膨润土、超细颗粒(压滤设备压滤出的泥饼)或水进行浆液调制,经泥浆泵、管路送到盾构台车内储浆罐,然后经膨润土泵、多条管路送至刀盘前方进行渣土改良。另一部分泥浆送入搅拌站,加入膨润土、粉煤灰、砂、水泥、外加剂

等搅拌形成同步浆液，用于盾构施工同步注浆。泥水分离系统分离出来的多余泥浆经泥浆泵泵送至压滤系统，极细颗粒经压滤机压制成泥饼（含水率<25%），直接弃掉或利用。压滤水经水过滤系统过滤为清水，泵送回外循环水池用于作为循环水，多余清水排入市政管道。

图 3-46 所示的系统污水利用率较高，且排放物污染小，但设备投入成本较高。

3.6 盾构注浆系统

盾构机在掘进过程中，由于盾构开挖刀盘的直径大于隧道拼装管片的外径，管片在隧道内拼装完成后，管片外表面和土体之间会形成一个环形间隙，称为盾尾空隙。注浆系统是盾构机上对盾尾空隙进行注浆填充，使周围岩体获得支撑的一种辅助工作系统。下面以成都地铁 6 号线梁家巷站—前锋路站区间为对象，对成都砂卵石底层的注浆施工进行研究总结。

3.6.1 注浆系统概述

注浆系统可以使盾尾空隙得到填充，稳定地层，防止洞室坍塌和地面沉降；注入的浆液凝固后均匀地附着在管片上，并且具有一定的强度，使管片上受到的地层压力分布比较平均，防止管片产生较大变形；注入的浆液凝固后防止地下水和管片直接接触，从而保护了管片，避免或减少地下水对管片的侵蚀，提高了管片的使用寿命。

注浆方式根据盾构推进的时间和注浆目的不同，可分为同步注浆、超前注浆、中盾注浆、二次注浆等。

3.6.2 同步注浆系统

同步注浆是在盾构施工掘进的同时，浆液通过安装在盾构上的注浆管直接注入盾尾间隙的一种施工方法。同步注浆的浆液能及时填充盾尾间隙，对土体变形影响较小。工程上盾构施工主要采用同步注浆方式。同步注浆系统示意图如图 3-47 所示。

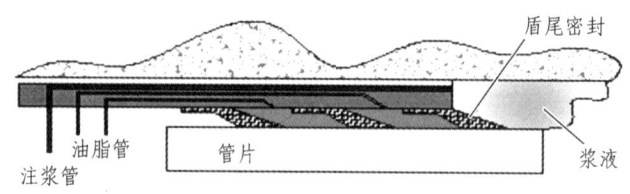

图 3-47 同步注浆系统示意图

盾构机上的同步注浆系统主要由注浆泵、搅拌机、砂浆罐、输送管路、注浆喷头等组成。同步注浆系统的砂浆罐、注浆泵等主要部分位于盾构机的一号拖车上，浆液通过输送管路，经连接桥，输送到布置于盾尾的注浆喷头，由注浆喷头向盾尾空隙进行注浆。同步注浆系统原理图如图 3-48 所示。

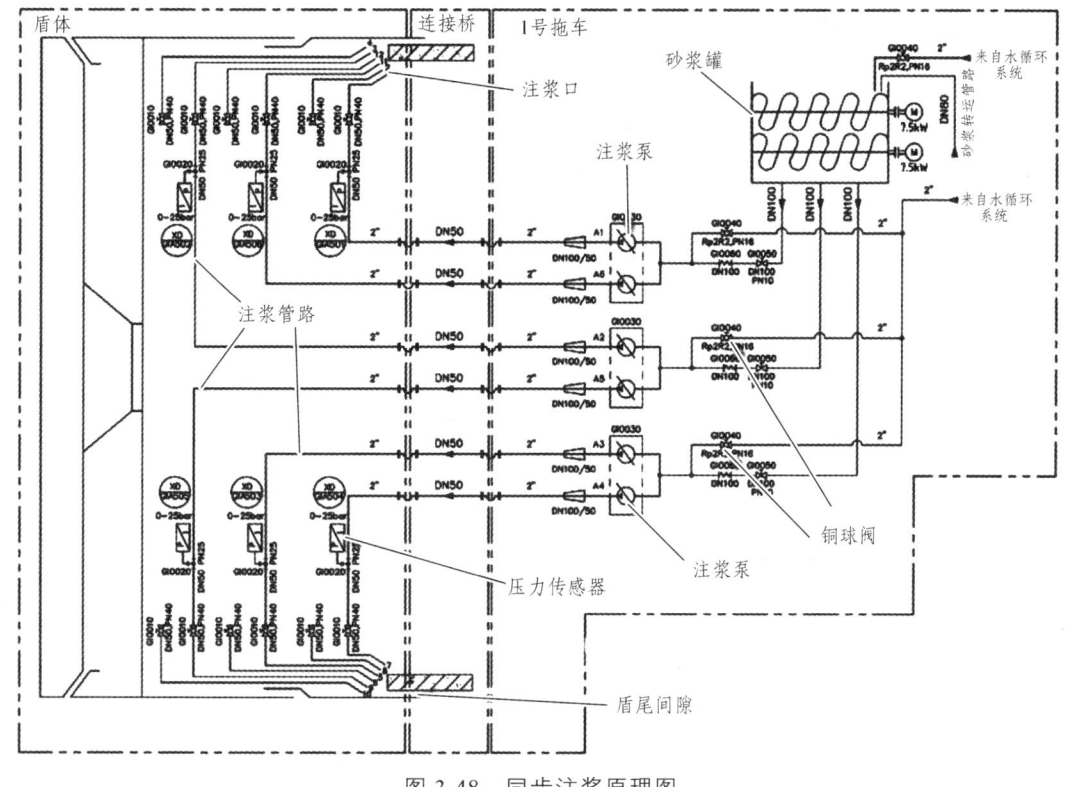

图 3-48 同步注浆原理图

3.6.2.1 同步注浆材料

1. 注浆材料的类型

注浆系统使用的注浆材料是影响注浆效果的关键因素之一，它直接影响到注浆成本、注浆工艺等。作为注浆材料，应具备以下性质：不发生材料离析、不丧失流动性、注浆后体积减小、尽早达到围岩强度以上、水密性好。

注浆材料主要分为单液型和双液型。单液浆分为惰性浆液和硬性浆液，惰性浆液是由粉煤灰、水、砂子、外加剂等进行拌和制成的，惰性浆液加入水泥可制成硬性浆液。单液浆的流动性强，固结时间较长，因此盾尾间隙顶部很难填充到。双液浆是以水泥和水玻璃为主剂，根据需要添加其他附加剂制成的，其凝结时间较单液浆减少，填充性好，但易造成管路堵塞。各类浆液性能对比如表 3-17 所示。

表 3-17 各类注浆浆液性能对比表

各类浆液	单液惰性浆液	单液硬性浆液	双液浆液
早期强度	低	较高	高
最终强度	较小	大	大
限制性	易流失	有流失	基本不流失
填充性	好	较好	较好
堵塞问题	基本没有	会存在	容易堵塞
价格	较便宜	一般	较贵

2. 浆液性能评价指标

① 浆液析水率：由于析水和颗粒沉淀相伴相生，析水使得浆液流动性变差，出现堵管等现象，且影响结石强度的均匀性，同步注浆浆液析水率过大将会对膨胀土层产生较大的影响。

② 浆液结石强度：强度问题是浆液性能的主要内容之一，浆液注入空隙后若没有一定强度，则引起隧道管片周围土体坍塌，造成管片错台、地面沉陷等不良现象。

③ 浆液黏度：浆液黏度可表征浆液的流动性，同步注浆浆液黏度影响浆液的可泵性及充填性，进而影响同步注浆效果。

④ 浆液结石率：结石率影响围岩的加固效果及管片与围岩间隙的填充效果。

⑤ 浆液胶凝时间：一般为 6~8 h，可根据地层条件和掘进速度，经现场试验选择加入速凝剂或变更配比来调整。对于需要提供较高的早期强度的地段或强透水性地段，可采取加入早强剂或进一步调整配合比的方法，来进一步减少胶凝时间。

3.6.2.2 同步注浆主要参数

1. 注浆压力

注浆浆液注入盾尾间隙过程中需要克服与管道的摩擦力、地下土压力、地下水压力，故需要对浆液施加一定压力。注浆压力太小则不能充分填充间隙，注浆压力也不能太大，否则过大的压力作用于管片和土体，会造成地表隆起和管片破裂等现象。

下临界注浆压力 P_g^x 必须维持土体的稳定，使之不下塌；上临界注浆压力 P_g^s，必须维持土块的稳定，使之不隆起。若上下临界 P_g 同时乘以或除以一个安全系数 n（$n = 1.5~2.0$），就可以逐步逼近注浆压力最优值 P_g^n。

根据静力学分析：

$$P_g^s = \left(\gamma - \frac{2c_u}{D}\right)h \tag{3-91}$$

$$P_g^x = \gamma H\left[1 + \frac{H}{D}\tan\left(45° - \frac{\varphi}{2}\right) - \frac{2c_u}{\gamma D}\right] \tag{3-92}$$

$$n\left(\gamma - \frac{2c_u}{D}\right)h < P_g^n < \gamma H\left[1 + \frac{H}{D}\tan\left(45° - \frac{\varphi}{2}\right) - \frac{2c_u}{\gamma D}\right]\frac{1}{n} \tag{3-93}$$

加上沿程管路阻力损失值：

$$\Delta P_\lambda = \lambda \frac{l}{d} \frac{\rho v^2}{2} \tag{3-94}$$

式中：λ 为沿程阻力系数，当浆液层流时，为 $64/Re$，Re 为雷诺数；v 为流动速率；l 为浆液压入口到压出口的长度（没有包括管子弯曲、变截面引起的阻力损失）；d 为管子内径。理想注入压力为

$$P_g = P_g^n + \Delta P_\lambda \tag{3-95}$$

n 的选取满足：

$$n = \sqrt{\frac{\gamma H\left[1+\dfrac{H}{D}\tan\left(45°-\dfrac{\varphi}{2}\right)-\dfrac{2c_u}{\gamma D}\right]}{\left(\gamma-\dfrac{2c_u}{D}\right)h}} \tag{3-96}$$

2. 注浆量

注浆量主要是考虑管片与土体之间环形间隙的体积，同时还要考虑浆液收缩及方式等，根据工程经验，选取一定的填充系数来计算注浆量，保证浆液能充分填充间隙的目的。一般情况下填充系数为 1.3~1.8；在裂隙水比较发育或地下水量大的岩层地段，填充系数一般取 1.5~2.5。富水砂卵石地层中，地下水丰富，其填充系数选用范围为 1.5~1.8。

注浆量计算经验公式：

$$Q = V \times \lambda \tag{3-97}$$

式中：λ 为填充系数；V 为理论注浆填充体积（管片外径到盾构机刀盘切削后土体的体积，m^3）

理论注浆体积计算公式：

$$V = \pi(D^2 - d^2)L/4 \tag{3-98}$$

式中：D 为盾构机切削外径，m；d 为管片外径，m；L 为回填注浆段长度，m。

将 6.28 m 级和 8.6 m 级盾构机的数据代入计算得到：6.28 m 级盾构机（管片外径为 6 m）每环注浆量为 6.07~8.1 m^3，8.6 m 级盾构机（管片外径为 8.3 m）的每环注浆量为 8.95~11.94 m^3。

3. 注浆速度及时间

注浆速度取决于盾构推进速度以及每个循环的注浆量，可通过调节注浆泵流量改变注浆速度的大小，以适应盾构推进速度。遵循"边掘进、边注浆，不注浆、不掘进"的原则，在实际施工中注浆量是靠注入速度来控制的。注浆速度的计算公式如下：

$$v = Q/t \tag{3-99}$$

式中：v 为注浆速度，m/s；Q 为每环管片注入浆液量，m^3；t 为每环行程推进时间，s。

注浆开始时间以盾构机开始推进时间点为标准，注浆结束时间以盾构停止推进延后 10 s 时间点为标准。

3.6.3 二次注浆系统

3.6.3.1 二次注浆概述

二次注浆是在一次注浆完成后，通过管片的吊装孔对管片背后进行补强注浆，补充部分没有填充的空腔，提高同步注浆的效果，从而减少盾构过后土体的后期沉降，减轻隧道防水压力。

在盾构掘进中，不可避免地造成损坏或相邻止浆板叠合部位产生缝隙，造成同步注浆浆液会通过盾体外流向土舱，造成浆液流失；同步注浆结束后，浆液在凝固的过程中会有1.4%左右的体积收缩，由此在隧道外周的顶部产生空隙；在同步注浆浆液初凝期间，存在浆液随地下水流失，造成同步注浆不饱满的缺陷；在砂（砾）地层，特别是较大的卵石地段，由于刀盘开挖对地层的扰动，同步注浆浆液对扰动卵石间的缝隙填充不足，造成地面的后续沉降；在盾构施工中，因推力不均或过急纠偏等原因，易造成管片止水条松动、管片背部（止水条处）混凝土破裂、管片错台及管片渗水。因此有必要通过二次注浆对管片背后进行补强注浆。

3.6.3.2 二次注浆的组成及工作原理

二次注浆一般采用双液型浆液注浆，分为A液（水泥+水）、B液（水玻璃+水）。首先是先注水泥浆液（膨润土、粉煤灰、黄沙、水、水泥等）对背衬进行填充，然后注水玻璃双液浆对注浆孔（开孔位置）进行封口。二次注浆一般每5环注一次，也可以根据实际情况选择，以形成有一定范围的环箍，从而限制隧道的变形和沉降。注浆孔位为支撑块和连接块的中心孔，长区间如遇邻接块注浆孔封住时，在下一环注浆。

二次注浆系统包括注浆泵、搅拌机、注浆管路系统、液罐、注浆头组件（注浆头、双液浆混合器）和控制系统等，如图3-49所示。

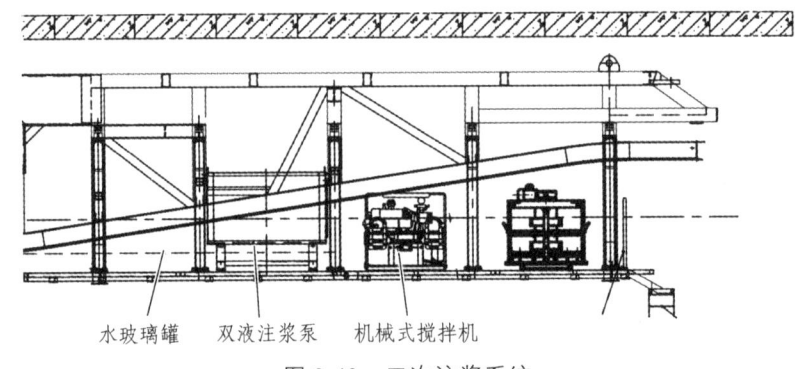

图3-49 二次注浆系统

二次注浆过程中先按技术要求在小型浆液拌和桶中搅拌水泥浆，搅拌完毕后水泥浆经过滤网过滤存入液罐，同时水玻璃溶液按要求配置完毕，液压注浆泵的两端管路一端注入水泥浆，另一端注入水玻璃溶液，经各自管路流通到达混合器处。其中水玻璃溶液流通到补心接头处，再经短管喷出达球阀后，从注浆孔口管进入地层；水泥浆流经四通后，流经短管外侧与四通形成的环形空间，再经球阀、注浆孔口管进入地层。

3.6.3.3 注浆参数

二次注浆的水泥浆注浆压力为 0.2~0.4 MPa；浆液流量为 10~15 L/min，使浆液能沿管片外壁较均匀地渗流,而不致劈裂土体,形成团状加固区,影响注浆效果。水玻璃双液浆注浆压力为 0.3~0.6 MPa。具体部位还应参考隧道覆土厚度、地下水的压力及管片的强度等进行准确设定。

为控制隧道本身的沉降及提高隧道的防水功能,计划对隧道采取二次压浆,并按照每 5 环数管片一注。具体的注浆压力与注浆量需根据现场实际情况而定。

3.6.4 特殊复杂地质五步注浆法

3.6.4.1 中盾注浆工艺

盾构隧道掘进遭遇软弱地质等特殊地质条件,且地表沉降有较严格限制的情况下,可采用盾构机中盾上的径向孔向刀盘与盾体之间的超挖间隙注入聚氨酯、高浓度膨润土溶液、高浓度膨润土溶液和 TAC 高分子聚合物溶液混合物、TAC 高分子溶液等方法,对超挖空隙进行连续封堵填充,控制地表沉降。因盾构机上的径向注浆孔一般布置在中盾盾壳上,故该注浆方式称为中盾注浆。中盾注浆的几种注入方法对比如表 3-18 所示。

表 3-18 盾构机中盾径向孔防超挖沉降几种注入方法对比表

注入材料	注入方法	成本对比	适用条件	便捷程度
聚氨酯	手动注脂泵或电动注脂泵定点注入	较高	定点超挖封堵或较短区段软弱地质	较方便
高浓度膨润土溶液	盾构机自带膨润土泵连续注入	较低	较长区段软弱地质	方便
膨润土溶液和 TAC 高分子聚合物溶液混合物	盾构机自带膨润土泵、TAC 高分子聚合物泵连续注入	较高	较长区段软弱地质	方便
TAC 高分子聚合物	TAC 高分子聚合物泵定点或连续注入	高	定点超挖封堵或较短区段软弱地质	方便

盾构中盾注浆注意事项:

(1)通过盾构机中盾上的 1 点位、11 点位径向孔球阀,向盾构机刀盘与壳体开挖空隙注入特殊浆液。

(2)根据实际地层条件及沉降控制要求,综合考虑,合理选择注入材料及注入方法,对超挖空隙进行连续封堵填充,控制地表沉降。

(3)中盾注浆理论注入量及实际注入量如表 3-19 所示。

表 3-19 6.28 m 及 8.6 m 级盾构机中盾注浆量

注浆量	刀盘直径:6.28 m; 盾体直径:6.25 m	刀盘直径:8.6 m; 盾体直径:8.55 m
理论注浆量/m³	$\pi/4 \times (6.28^2 - 6.25^2) \times 1.5 = 0.44$	$\pi/4 \times (8.6^2 - 8.55^2) \times 1.5 = 1.01$
实际注浆量/m³	$0.44 \times 2 = 0.88$	$1.01 \times 2 = 2.02$

3.6.4.2 同步注浆工艺

成都富水砂卵石地层稳定性差,在此类条件下的同步注浆浆液应具有注浆后体积收缩小、初期强度高、凝结速度快、稠度大的特点,才能保证管片在脱出盾尾后,浆液能够及时地凝固减少地面沉降,稳定管片防止管片的上浮和错台,因此浆液的配合比较为关键,既保证同步注浆的浆液有足够的凝结时间,在运输的过程中不发生浆液凝固,又保证浆液注入后能够快速地凝固支撑管片,填充间隙。对于成都地铁 6 号线前锋路—梁家巷左线,目前提供的理论同步注浆配比如表 3-20 所示,其中施工时浆液配比中水的用量根据砂的含水率适当调整。

表 3-20 成都地铁 6 号线前锋路—梁家巷左线注浆材料配比

浆液体积	水/kg	水泥/kg	砂/kg	粉煤灰/kg	膨润土/kg
1 m³	452	350	778	340	100

该浆液的初凝时间为 4~6 h,浆液稠度为 8~12 cm。盾构机同步注浆泵接盾尾 1、2、3、4 号同步注浆管,同步注浆量 7~8 m³,注浆压力 150~300 kPa。

3.6.4.3 二次注浆工艺

富水砂卵石地层因其易超挖,地层透浆率高等特点,同步注浆质量不好控制,需要及时进行二次补浆作业,与此同时因其地层富水,易从盾构机背侧汇水,需要定期做止水环用以阻水。及时进行二次补浆作业,可减少地面沉降。

1. 二次注浆浆液

成都地铁 6 号线梁家巷站—前锋路站区间,盾构机主要穿越的地层:稍密卵石层、中密卵石层、密实卵石层、隧道洞身局部夹有中砂层。针对成都富水砂卵石地层,盾构机上的二次注浆浆液采用双液浆,在盾尾倒数第 4 环跟随注入,其凝固时间短,可有效防止管片上浮。该区间的二次注浆浆液配比如表 3-21 所示。

表 3-21 成都地铁 6 号线梁家巷站—前锋路站区间二次注浆浆液配比

水玻璃配合比		水泥浆配合比		水泥浆:水玻璃（体积比）	凝结时间/s
水:水玻璃（体积比）	波美度	水泥:水（质量比）	水灰比	1:1	30
1:1	35~40	1:1	0.8:1		

2. 二次注浆参数

二次注浆机设置在台车连接桥处,配有 2 个 0.5 m³ 储存桶,在盾构机盾尾完全进入钢筒后,掘进至 +3 环开始在 0 环进行二次注浆,盾尾四环跟随注浆只在推进过程中注入,防止盾尾堵死,注浆压力不能超过 400 kPa,每桶拌两包水泥,每环不少于 10 包（约 0.7 m³）。

3.6.4.4 盾尾三次补浆及四次补注双浆液

针对成都砂卵石地层特点,应根据实际施工情况及实时沉降监测情况,对地层采用盾尾三次补浆及四次补注双浆液的方法提高注浆效果,稳定地层。

从第 10 环开始在盾尾倒数第 8 环进行三次补砂浆(在拼装管片期间采用已备用同步注浆管注入),每 5 环进行一次补注砂浆,注浆压力控制在 400 kPa 以内,防止压力过大造成管片错台及破损,并根据沉降监测情况进行四次补双液浆,注浆压力控制在 500 kPa 以内,以压力控制为主。

第4章 高强钢盾构刀盘优化设计

刀盘是盾构机掘进的关键部件，刀盘结构的合理设计是盾构机顺利掘进的重要保障。实际工程中，盾构刀盘因设计原因使得刀盘质量过大且结构空间不足，造成换刀困难、刀盘中心结泥饼等施工难题，最终导致盾构停机而延误工期，造成经济损失。基于此，本章在满足刀盘强度、刚度的条件下，针对刀盘的结构进行优化设计研究，并对优化后得到的刀盘进行动态特性分析及可靠性分析。

4.1 刀盘受载分析

盾构机在掘进过程中会受到来自各方面的力的作用，而刀盘是其直接承力部件。一方面，刀盘受到外部的水、土压力以及地面建筑物引起的垂直压力；另一方面，在刀盘旋转过程中，由于渣土与刀盘各部位的接触还产生了各项摩擦扭矩，同时还有来自刀盘自身结构所产生的摩擦扭矩；此外，刀盘还受到掘进时所需要的推进力的作用。

4.1.1 刀盘载荷的理论计算

1. 刀盘扭矩计算

根据现有对刀盘在施工过程中所受扭矩的研究，土压平衡盾构刀盘在掘进过程中所受扭矩主要由刀盘正面与土体之间的摩擦阻力矩 M_1、刀盘圆周面与土体产生的摩擦力矩 M_2、刀具切削土体时土体产生的抗切削扭矩 M_3、刀盘背面与土舱内渣土产生的摩擦力矩 M_4、刀盘开口槽对土体的剪切力矩 M_5、土舱内搅拌棒和云腿对渣土的搅拌力矩 M_6、刀盘的推力荷载产生的旋转扭矩 M_7、密封装置的摩擦力矩 M_8、减速装置的摩擦力矩 M_9 等组成。根据现有研究，摩擦力矩 M_7、M_8 以及 M_9 所占总比较小，且不直接与渣土作用，故本书只针对前六项扭矩进行研究，即刀盘在旋转过程中产生的总摩擦阻力矩 M_0 为

$$M_0 = M_1 + M_2 + M_3 + M_4 + M_5 + M_6 \tag{4-1}$$

组成总摩擦阻力矩 M_0 的各摩擦阻力矩计算方法如下。
刀盘正面与土体之间的摩擦阻力矩 M_1：

$$M_1 = \frac{\pi D_C^3}{12} \cdot K \cdot (1-\eta) \cdot \mu_{ms} \cdot \left(h_s + \frac{D_C}{2}\right)\gamma' \tag{4-2}$$

式中　K——侧向土压力系数，$K = 1 - \sin\varphi$，φ为土体内摩擦角（°）；

　　　μ_{ms}——渣土与刀盘的摩擦系数；

　　　D_C——刀盘直径（m）；

　　　η——刀盘开口率；

　　　γ'——土的浮容重（kN/m³）；

　　　h_s——土体松动高度（m）。

刀盘圆周面与土体产生的摩擦力矩 M_2：

$$M_2 = \frac{\pi D_C^2}{4}(1+K)B\gamma'\mu_{ms}\left(h_s + \frac{D_C}{2}\right) \quad (4-3)$$

式中　B——刀盘宽度（m）。

刀具切削土体时土体产生的抗切削扭矩 M_3：

$$M_3 = (m_1 F_r + m_2 F_c) R_a \quad (4-4)$$

式中　m_1——滚刀数量；

　　　m_2——切刀数量；

　　　F_r——单把滚刀的滚动力（kN）；

　　　F_c——单把切刀的切削阻力（kN）；

　　　R_a——刀具的平均回转半径（m），$R_a = 0.59 \times D_C/2$。

刀盘背面与土舱内渣土产生的摩擦力矩 M_4：

$$M_4 = \frac{\pi D^3}{12}(1-\eta) \cdot \mu_{ms} \cdot \sigma_m \quad (4-5)$$

式中　σ_m——土舱内平均土压力（kN/m²）。

刀盘开口槽对土体的剪切力矩 M_5：

$$M_5 = \frac{\pi D^3}{12}\eta(\mu_m \sigma_m + c) \quad (4-6)$$

式中　μ_m——土体的内摩擦因数；

　　　c——土体的黏聚力（kPa）。

土舱内搅拌棒和云腿对渣土的搅拌力矩 M_6：

$$M_6 = n_j \cdot \sigma_m \cdot R_j(A_{jy} + \mu_{ms} A_{jb}) + n_y \cdot \sigma_m \cdot R_y(A_{yy} + \mu_{ms} A_{yb}) \quad (4-7)$$

式中：n_j、n_y 分别为搅拌棒数量、云腿数量；R_j、R_y 分别为搅拌棒、云腿的回转半径（m）；A_{jy}、A_{yy} 分别为搅拌棒、云腿的迎土面面积（m²）；A_{jb}、A_{yb} 分别为搅拌棒、云腿的背土面面积（m²）。

2. 刀盘推力计算

对盾构刀盘分析，其受到的推进阻力主要包括刀盘正面受到的水平土压力 F_1、滚刀破碎岩石时受到的阻力 F_2、切刀切削土体时产生的阻力 F_3。即盾构在掘进时其刀盘上受到的推进阻力 F_N 为

$$F_N = \sum_{i=1}^{3} F_i = F_1 + F_2 + F_3 \tag{4-8}$$

其中,刀盘正面受到的水平土压力 F_1:

$$F_1 = \int_0^{2\pi} \int_0^{\frac{D_C}{2}} (1-\eta) P_{nf} \mathrm{d}r \mathrm{d}\theta + F' \tag{4-9}$$

式中 P_{nf}——刀盘正面受法向土压力(kPa);

F'——被动土压力带来的增值,正常掘进时为零。

按照太沙基土压力理论,式(4-9)可改写为

$$F_1 = \frac{\pi D_C^2}{4}(1-\eta) K \left[(h_0 - H_w)\gamma + \left(h_0 + \frac{D_C}{2}\right)\gamma' \right] \tag{4-10}$$

式中 h_0——压力拱高度(m);

H_w——地下水位高度(m)。

滚刀破碎岩石时受到的阻力 F_2:

$$F_2 = \sum_{i=1}^{n_g} F_{gi} = m_1 \cdot F_g \tag{4-11}$$

式中 F_g——单把滚刀破岩时受到的推进阻力(kN);

m_1——滚刀数量。

切刀切削土体时受到的切削阻力 F_3:

$$F_3 = \sum_{i=1}^{n_q} F_{qi} = m_2 \cdot F_q \tag{4-12}$$

式中 F_q——单把切刀切削土体时受到的推进阻力(kN);

m_2——切刀数量。

将成都地铁某盾构施工区间刀盘参数及各地质参数分别代入上述各公式中,得到各工况下刀盘受到的各项摩擦扭矩及推进阻力,如表 4-1 所示。

表 4-1 各工况理论载荷计算结果

工况	扭矩/(kN·m)						推力/kN		
	M_1	M_2	M_3	M_4	M_5	M_6	F_1	F_2	F_3
正常掘进	670.2	823.9	863.1	727.1	445.6	596	3 214	491	216
最大推力	0	0	0	0	0	0	15 000	491	216
静扭脱困	1 005.3	1 235.8	863.1	1 090.6	668.4	659.2	3 214	0	0
偏载堵转	1 065.2	1 235.8	863.1	1 090.6	668.4	659.2	1 655.38	0	0

根据对地铁盾构施工过程的调研发现,该盾构施工期间,盾构刀盘主要有四种工作状况,分别为正常掘进工作状况,最大推力工作状况,静扭脱困工况以及堵转工况。

（1）正常掘进工况

正常掘进工况时盾构机刀盘受到推力和扭矩的共同作用，载荷计算公式为

$$M_Z = \sum_{i=1}^{6} M_i = M_1 + M_2 + M_3 + M_4 + M_5 + M_6 \tag{4-13}$$

$$F_Z = \sum_{i=1}^{3} F_i = F_1 + F_2 + F_3 \tag{4-14}$$

（2）最大推力工况

在一段隧道即将被贯穿的时候，盾构机会停止转动刀盘，而通过提高推进油缸的推力来直接贯穿隧道，此时会产生被动土压力 F'，F_1 会增大为原来的几倍，盾构机承受最大的推进阻力，而由于刀盘转动阻力趋于零，载荷计算公式为

$$M_T = 0 \tag{4-15}$$

$$F_T = \sum_{i=1}^{3} F_i = (F_1 + F') + F_2 + F_3 \tag{4-16}$$

（3）静扭脱困工况

盾构掘进过程中会遇到各种情况而使得盾构停止工作，当解决停机问题后，刀盘由静止启动，相对于正常工况下的载荷受力情况，静扭脱困工况少了两个轴向力 F_2、F_3 的作用，由于刀盘与土体之间存在静摩擦力，此时刀盘启动所需要的扭矩比正常工作状况时大，载荷计算公式为

$$M_J = \sum_{i=1}^{6} M_i = M_1 + M_2 + M_3 + M_4 + M_5 + M_6 \tag{4-17}$$

$$F_J = F_1 \tag{4-18}$$

（4）堵转工况

该地铁盾构施工过程中，由于掘进过快导致排渣不及时或者掌子面倒塌等原因造成多次刀盘卡停情况，而在卡停前，随着部分渣土在刀盘前方堆积，将会使刀盘偏载，当掌子面的渣土堆积到高度大约为刀盘直径的 1/3 时，刀盘会停止转动，这种软土偏载工况称为软土 1/3 处堵转。此时刀盘受到的扭矩 M_D 和推力载荷 F_D 计算公式可由以下公式得到：

$$M_D = M_1' + \sum_{i=2}^{6} M_i = M_1' + M_2 + M_3 + M_4 + M_5 + M_6 \tag{4-19}$$

$$F_D = F_1' \tag{4-20}$$

其中：

$$M_1' = M_e - \sum_{i=2}^{9} M_i \tag{4-21}$$

$$M_e = \alpha_0 \cdot D_C^3 \tag{4-22}$$

式中 α_0——稳定掘削系数,一般取 14~23 kN/m²,本书取 14 kN/m²;
M_e——盾构机额定扭矩(kN·m)。

$$F_1' = \frac{M_1}{r_t \cdot \mu_{ms}} \tag{4-23}$$

式中 r_t——刀盘与渣土接触的几何中心到刀盘轴心的距离(m);
μ_{ms}——渣土与刀盘的摩擦系数。

4.1.2 刀盘结构的静力学分析

根据刀盘受载分析可知,刀盘在不同工况下受到载荷的数量以及载荷大小均不一样。为了验证不同工况下刀盘结构的强度和刚度是否满足要求,采用 Ansys Workbench 建立刀盘的有限元模型并对其进行静力学仿真分析。采用 Ansys Workbench 的 Geometry 模块对盾构刀盘进行建模,并对刀盘结构进行简化,建立的盾构刀盘三维模型如图 4-1 所示。

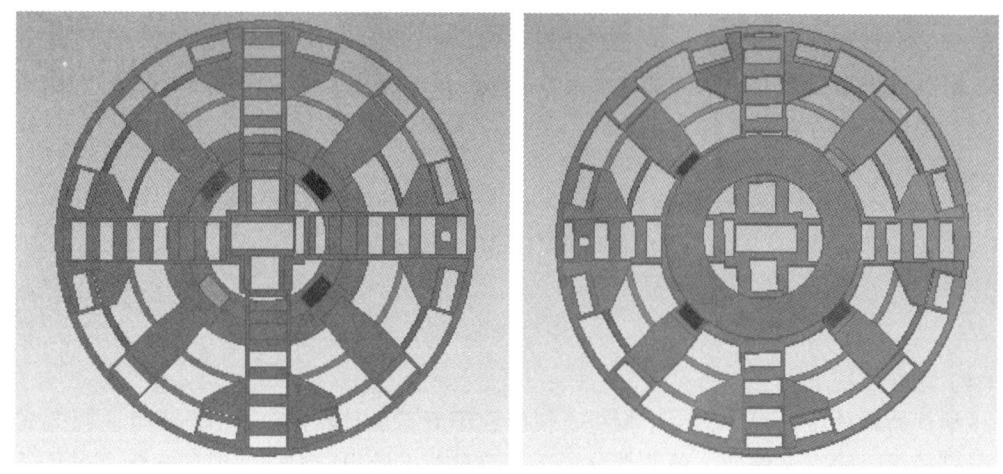

图 4-1 刀盘三维模型

刀盘材料为 Q345C,其材料密度 $\rho = 7\,850$ kg/m³,泊松比 $\nu = 0.3$,弹性模量 $E = 2.06 \times 10^{11}$ Pa。对刀盘进行网格划分,且根据对刀盘工作过程中各个位置的受力情况分析,并假设刀盘工作时沿逆时针旋转,对其进行力学载荷加载,分别得到各工况下刀盘的变形和应力云图。

1. 正常掘进工况

该正常掘进工况下刀盘结构静力学仿真结果如图 4-2 和图 4-3 所示。由图 4-2 可知,正常工况下刀盘受到的最大应力为 152.78 MPa,位置集中在云腿与环形梁连接处,而刀盘其他部位的应力水平较低;由图 4-3 可知,此工况下刀盘最大变形量为 1.735 8 mm,位置出现在刀盘边缘的圆环与辐条板相接处。

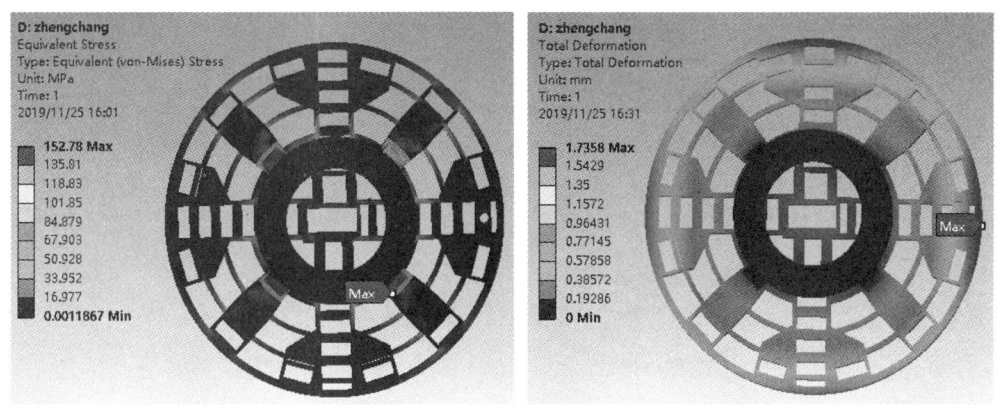

图 4-2　正常工况下刀盘等效应力　　图 4-3　正常工况下刀盘总体变形

2. 静扭脱困工况

静扭脱困工况下刀盘结构静力学仿真结果如图 4-4 和图 4-5 所示。由图 4-4 可知，静扭脱困工况下刀盘受到的最大应力为 143.07 MPa，位置集中在刀盘云腿与环形梁连接处，而刀盘其他部位的应力水平较低；由图 4-5 可知，此工况下最大变形量为 1.625 2 mm，位置出现在刀盘边缘的圆环与辐条板相接处。

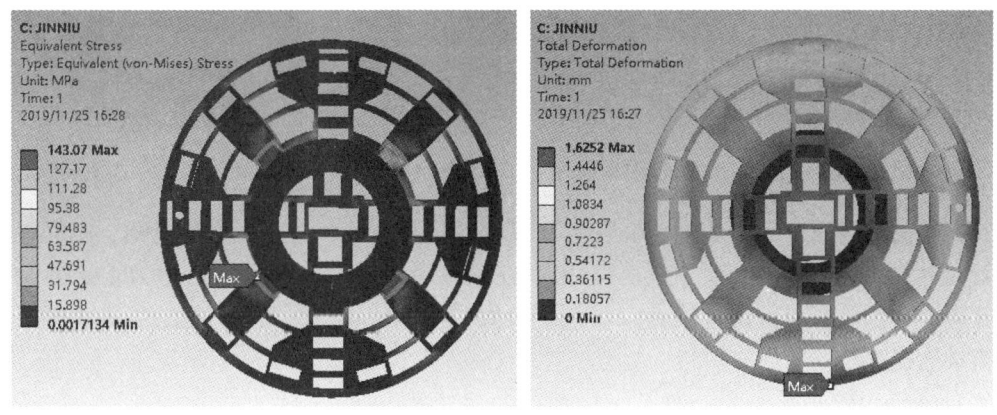

图 4-4　静扭脱困工况下刀盘等效应力　　图 4-5　静扭脱困工况下刀盘总体变形

3. 最大推力工况

最大推力工况下刀盘结构静力学仿真结果如图 4-6 和图 4-7 所示。由图 4-6 可知，最大推力工况下刀盘受到的最大应力为 192.03 MPa，位置集中在刀盘云腿与环形梁连接处，而刀盘其他部位的应力水平较低；由图 4-7 可知，此工况下最大变形量为 2.331 6 mm，位置出现在刀盘边缘的圆环与辐条板相接处。

4. 偏载堵转工况

由于刀盘整体具有一定的对称性，本书主要研究 4 个角度对应的偏载分析，即以 $-Y$ 轴为 0°位置，依次向左偏转 15°、45°、90°进行分析，并得到各偏载位置刀盘的总体变形和等效应力。如图 4-8 和 4-9 所示为偏转 15°时刀盘的变形和应力情况。

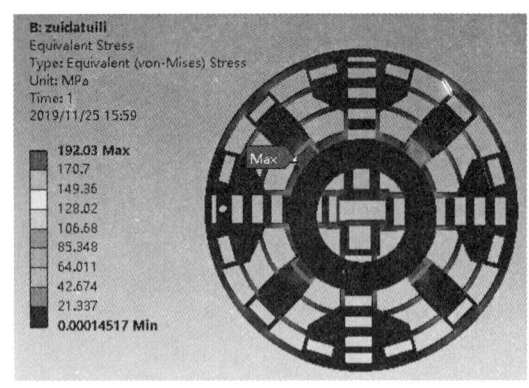
图 4-6 最大推力工况刀盘等效应力

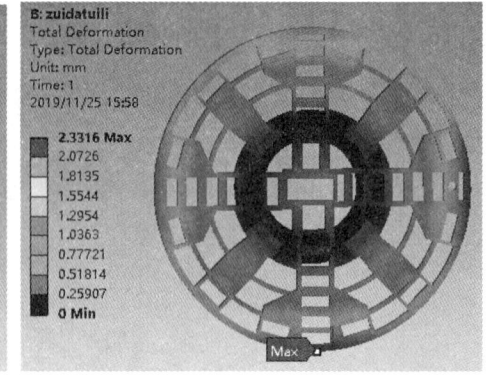
图 4-7 最大推力工况刀盘总体变形

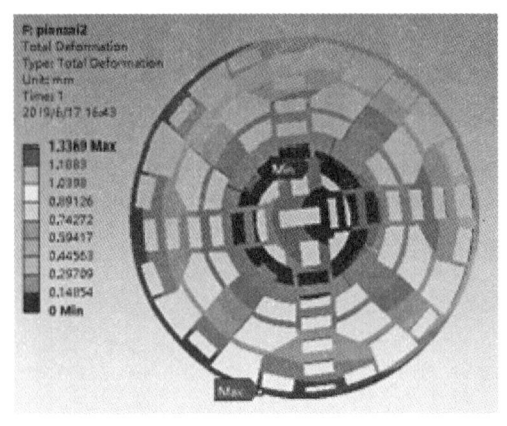
图 4-8 15°处偏载堵转工况变形情况

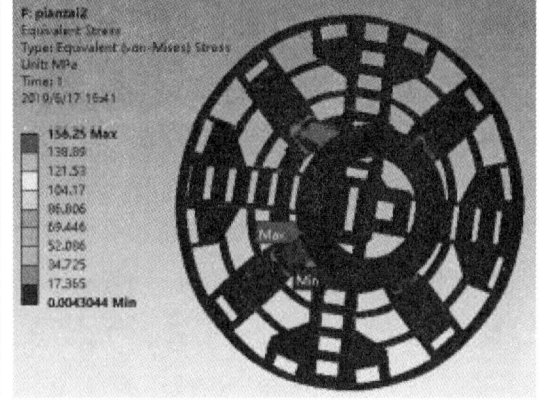
图 4-9 15°处偏载堵转工况应力情况

对不同偏载情况下刀盘的应力和变形情况统计，如表 4-2 所示。由表可知，不同偏载情况下刀盘的最大应力和变形量均不同，刀盘在偏载堵转工况下的最大应力为 174.03 MPa，其位置集中在法兰盘与云腿连接处；最大变形为 1.455 1 mm，位置在刀盘边缘的大圆环与边缘刀箱板连接处。

表 4-2 各偏载情况下刀盘的应力和变形情况

角度	最大应力/MPa	最大变形量/mm	应力集中位置	最大变形位置
0°	148.19	1.180 5	法兰与云腿连接处	刀盘边缘
15°	156.25	1.336 9	边缘刀箱板与辐条连接处	刀盘边缘
45°	174.03	1.455 1	法兰与云腿连接处	刀盘边缘
90°	167.35	1.384 1	法兰与云腿连接处	刀盘边缘

通过对刀盘在 4 种不同工况下的静力学仿真分析可知，刀盘在工作过程中应力集中位置主要出现在云腿与刀盘的连接处，其主要原因是云腿两端分别连接着法兰盘和刀盘，盾构机提供的驱动力由法兰经过云腿传递到刀盘，同时外部对刀盘的反作用力也由云腿反向传递至法兰，在此过程中云腿承担着主要传力作用，而云腿与刀盘和法兰均呈一定角度，在力的作用下，内应力易集中在连接处。刀盘在最大推力工况下具有最大的等效集中应力 192.03 MPa

和变形量 2.331 6 mm，其中最大应力主要集中在云腿与环形梁的连接处，而最大变形的位置则主要在刀盘外圆环与边缘刀箱的连接处。同时发现，除了偏载工况，其他两种工况下，应力集中位置均出现在云腿与环形梁的连接处，最大变形位置则均出现在刀盘外圆环与边缘刀箱的连接处附近，只是具体位置有所区别。

4.1.3 高强钢盾构刀盘

目前，国内使用的大部分土压平衡盾构机刀盘均采用 Q345 钢作为制作材料，也有少部分刀盘采用了 Q690 高强钢，如盾构机 SS37400、SS37500、SS37600 等。对刀盘结构进行优化的目的是在保证刀盘的刚度和强度的前提下，一方面尽可能减轻刀盘质量，另一方面希望获得更大的刀盘开口，以防止刀盘结泥饼现象。

基于原刀盘的整体结构，可通过对其骨架结构的材料进行等尺寸替换，将原 Q345C 替换为 Q690 低合金高强钢，结构材料更换部位如图 4-10 所示，其中黄色部分材料为 Q345C，蓝色部分材料为 Q690。

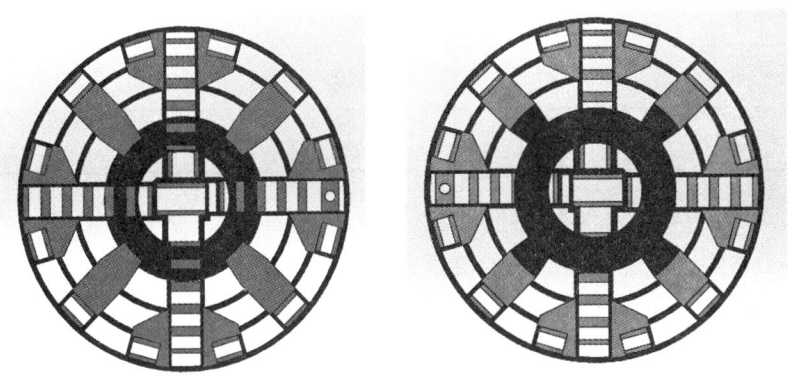

图 4-10　高强钢盾构刀盘三维模型

根据前面的静力学分析可知，刀盘在最大推力工况下有最大的位移量和应力，因此本书基于最大推力工况下的载荷对更换材料后的刀盘进行力学分析，通过有限元仿真得到刀盘的等效应力和总体变形，如图 4-11 和 4-12 所示。

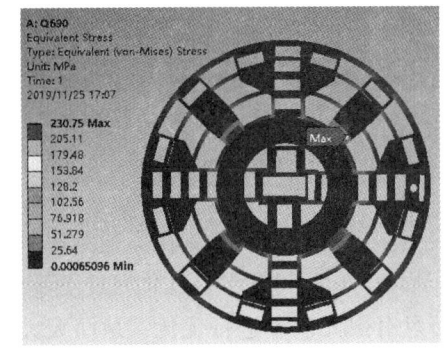
图 4-11　等效应力分布

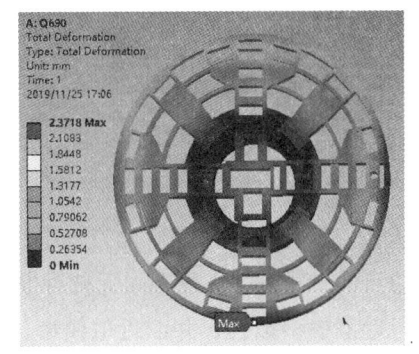
图 4-12　总体变形分布

由图 4-11 可知,高强钢刀盘在最大推力工况下刀盘最大集中应力为 230.75 MPa,位置集中在刀盘云腿与环形梁连接处,而刀盘其他部位的应力水平较低。由图 4-12 可知,在此工况下最大变形量为 2.371 8 mm,位置出现在刀盘边缘的圆环与辐条板相接处。

由于刀盘的设计属于非标定制设计,本书借鉴《起重机设计规范》(GB/T 3811—2008),选取结构强度安全系数为 1.48,根据国家标准 GB/T 1591—2008,Q345C 和 Q690 材料在不同厚度条件下的屈服强度和许用应力如表 4-3 和表 4-4 所示。

表 4-3　Q345C 不同厚度的屈服强度和许用应力

材料厚度/mm	≤16	>16~35	>35~50	>50~100
屈服强度 σ_s/MPa	40	325	295	275
许用应力 $[\sigma_1]$/MPa	229.7	219.6	199.3	185.8

表 4-4　Q690 不同厚度的屈服强度和许用应力

材料厚度/mm	≤16	>16~40	>40~63	>63~80
屈服强度 σ_s/MPa	690	670	660	640
许用应力 $[\sigma_2]$/MPa	466.2	452.7	445.9	432.4

通过前面对原 Q345C 刀盘在不同工况下的仿真分析可知,原 Q345C 刀盘在最大推力工况时有最大等效应力 192.03 MPa,主要集中在云腿与刀盘环形梁连接处,其值超过了此处材料(Q345 板厚 80 mm)的许用应力,但是小于其屈服强度;采用 Q690 替换材料后的刀盘在最大推力工况下的最大等效应力为 230.75 MPa,也集中在云腿与刀盘环形梁连接处,其值低于此处材料(Q690)的许用应力,且还有 201.65 MPa 的富余量。

取刀盘直径的 3‰为许用变形量,即为 18.84 mm,而原盾构刀盘在最大推力工况时有最大变形量 2.331 6 mm,远小于许用变形量;采用 Q690 替换材料后的刀盘在最大推力工况下的最大变形量为 2.371 8 mm,也远小于刀盘许用变形量,两者变形量均有较大的富余。

综上可知,采用 Q690 替换材料后的盾构刀盘在强度和刚度方面均有较大的富余量,相对于原刀盘更具"优化潜力"。

4.2　高强钢刀盘优化设计

为了减轻刀盘自重,同时增大刀盘中心开口率,以达到降低制造成本和减缓刀盘中心结泥饼问题的目的,可通过集成有限元软件 Ansys Workbench 和多学科优化软件 Isight,对选择的变量进行近似模型拟合,并以近似模型代替刀盘有限元模型进行优化,从而大大缩减了计算时间,提高了优化设计的效率。

4.2.1 刀盘结构优化设计数学模型

为了对刀盘结构进行优化,首先需要确定优化设计的数学模型,而数学模型主要包含三个基本要素:设计变量、约束条件以及目标函数。

1. 设计变量

本次研究针对刀盘结构的优化主要包括刀盘正面板、背面板、外周圆环、内外两圈环形筋板、辐条板、刀盘中心处四块刀箱板、环形梁以及刀盘的云腿等部位,优化的参数主要是各结构的钢板厚度参数。设计变量如表4-5所示。

表4-5 刀盘结构优化设计变量

变量名称	变量符号	初始值	取值范围
正面板厚度/mm	ZMB	60	40~80
背面板厚度/mm	BMB	40	20~60
外周圆环厚度/mm	YH	130	100~160
环形筋板厚度(外)/mm	J1	90	70~110
环形筋板厚度(内)/mm	J2	90	70~110
中心刀箱板厚度1/mm	ZXB1	95	≤95
中心刀箱板厚度2/mm	ZXB2	105	≤105
中心刀箱板厚度3/mm	ZXB3	110	≤110
中心刀箱板厚度4/mm	ZXB4	110	≤110
云腿板/mm	YT	80	60~100
环形梁宽度/mm	HXL	300	≤300
边缘刀箱板厚度1/mm	DXB1	60	40~80
⋮	⋮	⋮	⋮
边缘刀箱板厚度16/mm	DXB16	60	40~80
辐条板左厚度1/mm	FT1	80	60~100
⋮	⋮	⋮	⋮
辐条板下厚度8/mm	FT8	80	60~100

2. 约束条件

设计空间是所有设计方案的集合,但是有些设计方案是不能满足设计要求的。一个设计满足所有对它提出的要求,就称之为可行设计。一个可行设计必须满足某些设计限制条件,这些设计限制条件被称为约束条件,简称约束。

本次研究优化时以刀盘结构的强度和刚度以及部分结构尺寸作为约束条件。优化范围内的刀盘结构包括两种材料,即Q345和Q690,因此在优化时针对不同材料的结构,其强度和刚度约束条件不同,具体表现在最大许用值的不同。

（1）静刚度约束条件

所有设计变量在其取值范围内，对应的刀盘结构最大位移量应小于许用值，即

$$\begin{cases} \delta_1(X_i) \leqslant \delta_{1\max}(X) \leqslant [\delta_1] \\ \delta_2(X_i) \leqslant \delta_{2\max}(X) \leqslant [\delta_2] \\ X_i^x \leqslant X_i \leqslant X_i^s \end{cases} \qquad (4\text{-}24)$$

式中　$\delta_1(X_i)$——第 i 组设计变量对应的 Q345C 结构部分的位移量（mm）；

$\delta_2(X_i)$——第 i 组设计变量对应的 Q690 结构部分的位移量（mm）；

$\delta_{1\max}(X)$——Q345C 结构部分的最大位移量（mm）；

$\delta_{2\max}(X)$——Q690 结构部分的最大位移量（mm）；

$[\delta_1]$——Q345C 结构部分的位移许用量（mm）；

$[\delta_2]$——Q690 结构部分的位移许用量（mm）；

X_i^x、X_i^s——设计变量的下限值和上限值。

（2）强度约束条件

所有设计变量在其取值范围内，对应的刀盘结构最大应力应小于材料的许用应力值，即

$$\begin{cases} \sigma_1(X_i) \leqslant \sigma_{1\max}(X) \leqslant [\sigma_1] \\ \sigma_2(X_i) \leqslant \sigma_{2\max}(X) \leqslant [\sigma_2] \\ X_i^x \leqslant X_i \leqslant X_i^s \end{cases} \qquad (4\text{-}25)$$

式中　$\sigma_1(X_i)$——第 i 组设计变量对应的 Q345C 结构部分的应力值（MPa）；

$\sigma_2(X_i)$——第 i 组设计变量对应的 Q690 结构部分的应力值（MPa）；

$\sigma_{1\max}(X)$——Q345C 结构部分的最大应力（MPa）；

$\sigma_{2\max}(X)$——Q690 结构部分的最大应力（MPa）；

$[\sigma_1]$——Q345C 材料许用应力（MPa），选取材料的最大许用应力进行计算，下同；

$[\sigma_2]$——Q690 材料许用应力（MPa）。

（3）几何尺寸约束

由于本次研究的盾构刀盘结构形式非常复杂，不能直接计算刀盘的中心开口率，因此在保证刀盘整体外形尺寸不变的条件下，为了获得更大的中心开口，对与其相关的结构尺寸进行约束，即

$$\begin{cases} D(ZXB1) \leqslant 95 \\ D(ZXB2) \leqslant 105 \\ D(ZXB3) \leqslant 110 \\ D(ZXB4) \leqslant 110 \\ D(HXL) \leqslant 300 \end{cases} \qquad (4\text{-}26)$$

3. 目标函数

本书以刀盘质量为目标函数，其表达式包含所有结构尺寸变量与质量的函数：

$$\min F(X_i) = GM \tag{4-27}$$

式中 GM——刀盘质量（kg）。

4.2.2 试验设计

试验设计（Design of Experiments，DOE）也称为实验设计，它是数理统计的一个分支。R.A.Fisher 最早于 20 世纪 20 年代将试验设计用于农业生产，现广泛应用于产品开发、过程优化等领域。在做优化设计时，试验设计可以提供以下用途：

（1）辨识出关键的试验因子，从而剔除对优化目标影响较小的因子，大大提高优化效率，节约时间；

（2）通过设计矩阵确定最佳的参数因子组合；

（3）能够以图、表等形式直观地给出各输入因子与输出响应之间的关系和趋势。

基于最危险工况对刀盘进行最优拉丁超立方试验设计，并得到 120 组样本点；建立刀盘的近似模型并进行误差分析，四项误差分析结果显示该近似模型满足精度要求，可代替刀盘有限元模型。

1. 最优拉丁超立方试验设计

拉丁超立方设计（Latin Hypercube Design，LHD）是由 M. D. McKay、R. J. Beckman 和 W. J. Conover 最早提出的一种试验设计方法，该试验设计能够有效地进行"空间填充"（space filling）。拉丁超立方设计能够在统计上同时控制多个不相互作用的外部变量且操纵自变量。在 n 维空间中，将每个外部变量或分区变量划分为一个相等数目的组或级别，自变量也同样被分为相同数目的级别。以表格形式表达，即行和列代表两个外部变量中的区组，然后将自变量的级别分配到表中的各单元中，且任一变量在其所处的行或列中只出现一次，如图 4-13 所示。

最优拉丁超立方设计（Optimal Latin Hypercube Design，Opt LHD）是在随机拉丁超立方设计的基础上进行了改进，它使所有的试验点尽可能均匀地分布在整个设计空间范围内，具有非常好的空间填充性和均衡性，使得参数因子和相应输出之间的拟合更加准确而真实。采用最优拉丁超立方生成的点的分布如图 4-14 所示。

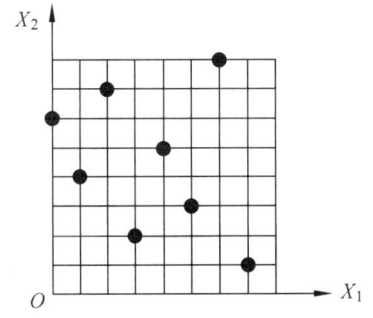
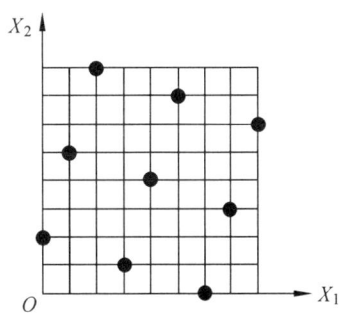

图 4-13　随机拉丁超立方试验点分布图　　图 4-14　最优拉丁超立方试验点分布图

2. 样本点分析

为了避免优化尺寸之间发生干涉，本书选取了刀盘结构的 35 个板厚参数作为输入变量，刀盘总质量和最大工况下刀盘的应力及位移作为输出响应值并进行试验设计。集成 Workbench 与 Isight 软件，本书选取最优拉丁超立方试验设计方法对变量进行试验设计。为了保证试验设计样本点选取的填充性，同时提高计算机的仿真效率，本书随机选取了 120 个样本点进行试验分析，如表 4-6 所示。

表 4-6 参数样本点

变量	数 组					
	1	2	3	...	118	119	120
ZMB/mm	59.25	56.75	76.25	...	64.75	60.25	42.25
BMB/mm	54.75	44.25	21.75	...	49.25	27.25	30.25
YH/mm	115.93	126.52	100.96	...	110.33	120.91	140.34
J1/mm	264.37	285.62	279.37	...	339.37	278.12	313.12
J2/mm	320.62	288.12	259.37	...	268.12	313.12	269.37
ZXB1/mm	78.56	87.93	82.81	...	84.68	89.43	76.06
ZXB2/mm	82.65	100.73	95.25	...	103.45	88.34	92.17
ZXB3/mm	87.25	93.63	90.97	...	101.25	105.75	99.26
ZXB4/mm	103.25	95.27	104.25	...	103.64	98.75	96.74
YT/mm	86.65	90.83	79.80	...	76.52	88.78	85.12
HXL/mm	287.62	289.26	294.12	...	293.66	299.67	278.55
DXB1/mm	74.75	71.75	55.25	...	63.75	67.25	67.75
DXB2/mm	70.32	56.65	72.25	...	60.75	57.65	70.42
DXB3/mm	65.52	67.45	74.75	...	40.25	78.52	50.75
DXB4/mm	41.25	50.55	49.85	...	76.32	59.25	76.07
DXB5/mm	76.54	69.77	67.07	...	65.35	44.67	70.23
DXB6/mm	53.15	42.16	56.37	...	79.28	60.56	67.27
DXB7/mm	47.27	77.07	40.12	...	51.09	45.85	56.79
DXB8/mm	52.25	56.25	78.22	...	69.07	59.28	70.05
DXB9/mm	47.27	50.27	58.65	...	44.22	50.17	73.09
DXB10/mm	75.03	54.45	57.75	...	47.67	77.07	69.95
DXB11/mm	48.85	55.06	50.17	...	72.05	66.13	76.68
DXB12/mm	43.56	73.65	77.07	...	65.42	56.44	40.12
DXB13/mm	66.83	78.94	54.12	...	60.05	72.93	43.25
DXB14/mm	64.75	72.65	51.27	...	70.14	67.02	48.98

续表

变量	数组						
	1	2	3	…	118	119	120
DXB15/mm	44.65	78.27	53.65	…	50.32	49.07	68.87
DXB16/mm	54.52	60.52	64.72	…	64.57	63.07	56.77
FT1/mm	62.75	83.68	60.15	…	77.08	76.34	89.69
FT2/mm	67.66	85.29	69.32	…	75.86	63.28	95.03
FT3/mm	73.52	95.77	73.08	…	67.54	70.56	79.24
FT4/mm	60.87	60.58	88.23	…	82.09	92.43	64.65
FT5/mm	86.27	76.50	70.18	…	63.77	78.33	75.55
FT6/mm	72.07	69.98	65.08	…	89.32	79.27	81.27
FT7/mm	66.73	80.25	70.72	…	78.47	69.04	77.75
FT8/mm	70.19	87.12	77.43	…	72.19	80.12	74.09
δ_1/mm	3.14	2.66	3.48	…	2.69	2.77	2.35
δ_2/mm	3.58	2.80	3.67	…	2.81	2.96	2.69
σ_1/MPa	205.63	182.35	210.17	…	184.64	188.77	178.16
σ_2/MPa	425.42	442.79	386.48	…	344.17	440.35	478.85
GS/kg	41 615.02	48 776.68	45 644.99	…	48 650.94	47 588.76	49 388.79

4.2.3 建立近似模型

近似模型方法（Approximation Models）最早由 L. A. Schmit 等人在结构优化设计中引入，它是一种将输入因子与输出响应之间的关系拟合为数学模型的方法，其可以表达为

$$y(x) = \tilde{y}(x) + \varepsilon \quad (4\text{-}28)$$

式中　$y(x)$——响应实际值，是未知函数；

$\tilde{y}(x)$——响应近似值，是一个已知的多项式；

ε——近似值与实际值之间的随机误差，通常服从（0，σ^2）的标准正态分布。

创建近似模型的流程如图 4-15 所示。

Isight 软件在近似模型模块中提供了四种近似模型，分别是克里格（Kriging Model）近似模型、正交多项式模型（Orthogonal Polynomial Model）、径向基神经网络模型（RBF Model）和响应面模型（Response Surface Model）。本书通过多次对样本点进行不同近似模型的拟合，基于不同近似模型的误差分析结果，最终选择了径向基神经网络模型作为刀盘优化模型的近似模型。

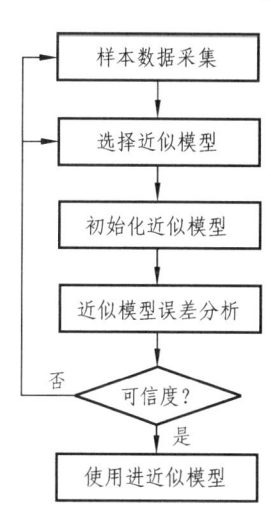

图 4-15 建立近似模型流程图

1. 径向基神经网络模型

Isight 中神经网络模型的结构分为三层，包括接收输入信号的输入层，不直接与输入输出发生联系的中间层或隐层，输出信号的输出层。径向基函数神经网络结构如图 4-16 所示。

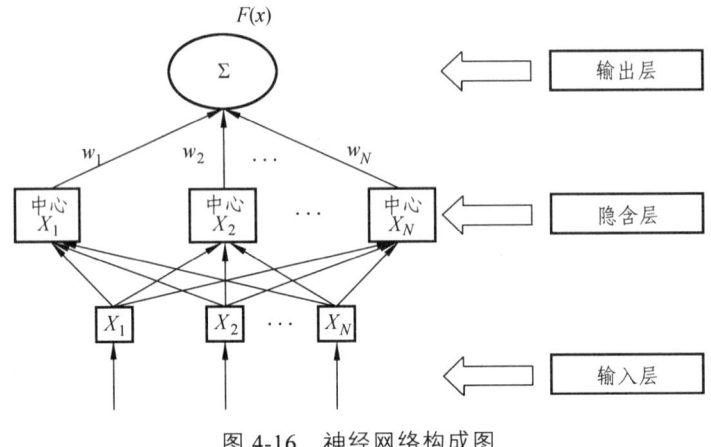

图 4-16 神经网络构成图

输入层中的输入变量 X 为 M 维向量，而样本容量为 N（$N>M$），隐含层的作用是将向量从低维 M 映射到高维 N。

径向基函数是以径向函数为基函数，通过线性叠加构造出来的代理模型，它是一个取值仅仅依赖于离原点距离的实值函数，可表示为

$$\varphi(X) = \varphi(\|X\|) \tag{4-29}$$

或者还可以是到任意一点 X_i 的距离，X_i 被称为中心点，即

$$\varphi(X, X_i) = \varphi(\|X - X_i\|) \tag{4-30}$$

径向基函数近似模型方法是要求选择 N 个基函数，每个基函数对应一个训练数据，各个基函数的形式为

$$\varphi(X) = \varphi_N(\|X - X_N\|) \tag{4-31}$$

式中　$\|X - X_N\|$——差向量模，或者叫 2 范数。

因为其中心距离具有径向同性，故称其为径向基函数。径向基函数的插值函数可表示为

$$\begin{aligned}F(x) &= \sum_{N=1}^{N} w_N \varphi_N(\|X - X_N\|) \\ &= w_1 \varphi_1(\|X - X_1\|) + w_2 \varphi_2(\|X - X_2\|) + \cdots + w_N \varphi_N(\|X - X_N\|)\end{aligned} \tag{4-32}$$

式中　w_N——权系数。

对式（4-32）进行展开可得

$$\begin{cases} w_1 \varphi_1(\|X_1 - X_1\|) + w_2 \varphi_2(\|X_1 - X_2\|) + \cdots + w_N \varphi_N(\|X_1 - X_N\|) = y_1 \\ w_1 \varphi_1(\|X_2 - X_1\|) + w_2 \varphi_2(\|X_2 - X_2\|) + \cdots + w_N \varphi_N(\|X_2 - X_N\|) = y_2 \\ \qquad\qquad\qquad\qquad\vdots \\ w_1 \varphi_1(\|X_N - X_1\|) + w_2 \varphi_2(\|X_N - X_2\|) + \cdots + w_N \varphi_N(\|X_N - X_N\|) = y_N \end{cases} \tag{4-33}$$

将式（4-33）改写为向量形式：

$$\varphi W = Y \tag{4-34}$$

显然 φ 是维度为 N 的对称矩阵，且与 X 的维度无关，当 φ 可逆时，有：

$$W = \varphi^{-1} Y \tag{4-35}$$

对于一些径向基函数，当输入的 X 均不相同时，φ 就是可逆的。目前，常用的径向基函数主要包括以下三种：

1）高斯（Gauss）函数

$$\varphi(x_i) = \exp\left(-\frac{\|X - X_i\|^2}{2\sigma^2}\right) \tag{4-36}$$

式中　σ——径向基函数的扩展常数，它反映了函数图像的宽度，σ 越小，宽度越窄，函数越具有选择性。

2）反常 S 型（Reflected Sigmoidal）函数

$$\varphi(x_i) = \frac{1}{1 + \exp\left(\frac{\|X - X_i\|^2}{\sigma^2}\right)} \tag{4-37}$$

3）拟多二次（Inverse Multiquadrics）函数

$$\varphi(x_i) = \frac{1}{\sqrt{\|X - X_i\|^2 + \sigma^2}} \tag{4-38}$$

本书基于 Isight 软件采用高斯（Gauss）函数作为径向基函数，将式（4-36）带入式（4-34）可得径向基神经网络近似模型的表达式为

$$\exp\left(-\frac{\|X - X_i\|^2}{2\sigma^2}\right) W = Y \tag{4-39}$$

2. 近似模型的误差分析

为了验证拟合的径向基神经网络模型的精确性，需要对近似模型进行误差分析，本书基于 Isight 对拟合的近似模型进行四种误差分析，分别是平均误差（Average）、最大绝对值误差（NMAE）、均方根误差（NRMSE）以及可信度指标（R^2）。

1）平均误差（Average）

平均误差是对近似模型的全局拟合精度进行分析，其值的范围为[0, 1]，当其误差值小于 0.2 时，认为该近似模型的平均误差精度达到要求。平均误差分析的公式为

$$\text{Average} = \frac{1}{n}\sum_{i=1}^{n}|v_i| = \frac{1}{n}\sum_{i=1}^{n}|y_i - \overline{y}_i| \tag{4-40}$$

2）最大绝对值误差（NMAE）

最大绝对值误差是对近似模型的局部拟合精度进行分析，当其误差值小于 0.3 时，认为该近似模型的最大绝对值误差精度达到要求，且当误差值越接近 0，表示最大局部误差越小。最大绝对值误差分析的公式为

$$\text{NMAE} = \frac{\max|y_i - \hat{y}|}{\sqrt{\frac{1}{n}\sum_{i=1}^{n}(y_i - \hat{y}_i)}} \quad (4\text{-}41)$$

3）均方根误差（NRMSE）

均方根误差是对近似模型的全局拟合精度进行分析，其值的范围为[0，1]，当其误差值小于 0.2 时，认为该近似模型的均方根误差精度达到要求。均方根误差分析的公式为

$$\text{NRMSE} = \sqrt{\frac{\sum_{i=1}^{n}(y_i - \hat{y}_i)^2}{\sum_{i=1}^{n}(y_i - \overline{y}_i)^2}} \quad (4\text{-}42)$$

4）可信度指标（R^2）

可信度指标越接近 1，则近似模型的拟合精度越高，当其误差值大于 0.9 时，认为该近似模型的可信度指标达到要求。可信度指标误差分析的公式为

$$R^2 = \frac{\sum_{i=1}^{n}(\hat{y}_i - \overline{y})^2}{\sum_{i=1}^{n}(y_i - \overline{y})^2} \quad (4\text{-}43)$$

基于 Isight 软件选取 70 个样本点进行误差分析，以可信度指标（R^2）为例，拟合的近似模型预测值与实际值的对比如图 4-17 所示，并得到了各项误差分析的结果，如表 4-7 所示。

由表 4-7 可知，本书拟合的径向基神经网络近似模型的各项误差均达到了精度要求，说明该模型具有较高的可行度。因此本书对刀盘的优化可以转化为对该近似模型相关变量的优化。

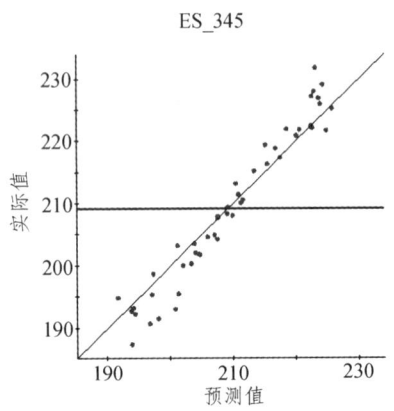

（a）Q345 最大应力的预测值与实际值对比

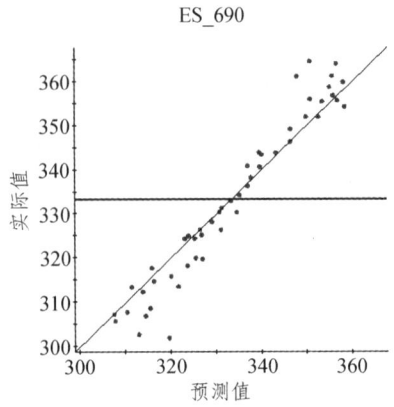

（b）Q690 最大位移的预测值与实际值对比

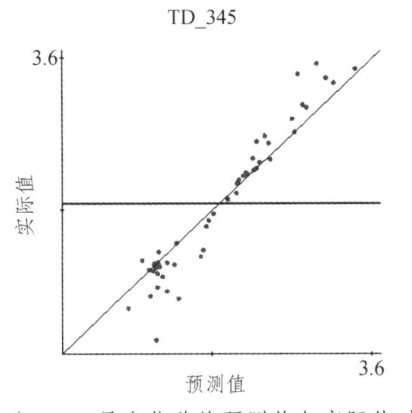
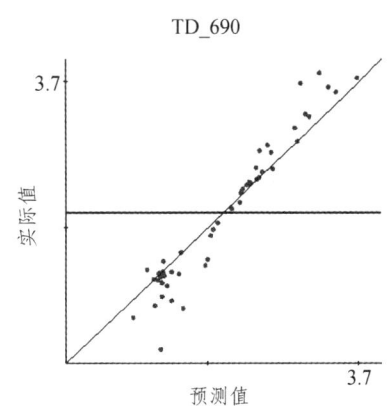

(c) Q345 最大位移的预测值与实际值对比　　(d) Q690 最大位移的预测值与实际值对比

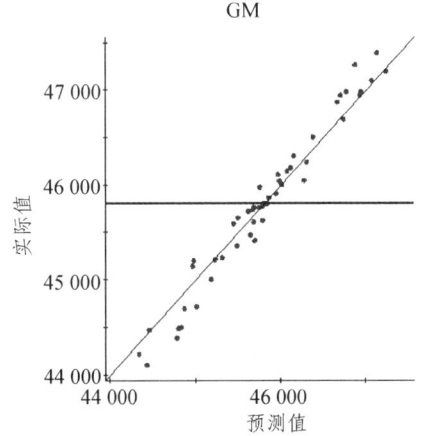

(e) 刀盘总质量的预测值与实际值对比

图 4-17　可信度指标（R^2）各项误差分析

表 4-7　各项误差分析结果

输出响应	误差类型			
	平均误差（<0.2）	最大误差（<0.3）	均方误差（<0.2）	R^2 误差（>0.9）
Q345_（TD）	0.054 26	0.275 83	0.080 27	0.905 6
Q690_（TD）	0.054 19	0.275 79	0.080 29	0.904 8
Q345_（ES）	0.054 99	0.196 34	0.072 41	0.930 18
Q690_（ES）	0.057 26	0.281 31	0.083 45	0.921 39
GM	0.002 3	0.012 44	0.003 07	0.999 84

4.2.4　基于 Isight 的高强钢刀盘结构的优化

对刀盘结构的优化主要集中在各钢板的厚度参数，且钢板的厚度参数是离散的，因此得到优化参数的特点是：离散且数量较多，故选用全局优化算法较为合适。

采用 Isight 软件提供的优化算法模块,在 Isight 中得到精度达到要求的径向基神经网络模型后,选择多岛遗传算法进行优化计算,采用多岛遗传算法进行优化时设置的相关参数如表 4-8 所示。

表 4-8 多岛遗传算法参数设置

参数名称	总群体规模	子群个数	时子群规模	总进化代数	变异概率
取值	100	10	10	100	0.8
参数名称	交叉概率	迁移率	迁移隔代数	优秀个体数	迭代次数
取值	0.8	0.3	5	1	10 000

经过 10 000 次迭代计算后,在满足约束条件下得到最优解,根据优化后各刀盘结构尺寸重新建模,在最大推力工况下的静力学仿真结果如图 4-18 和图 4-19 所示。

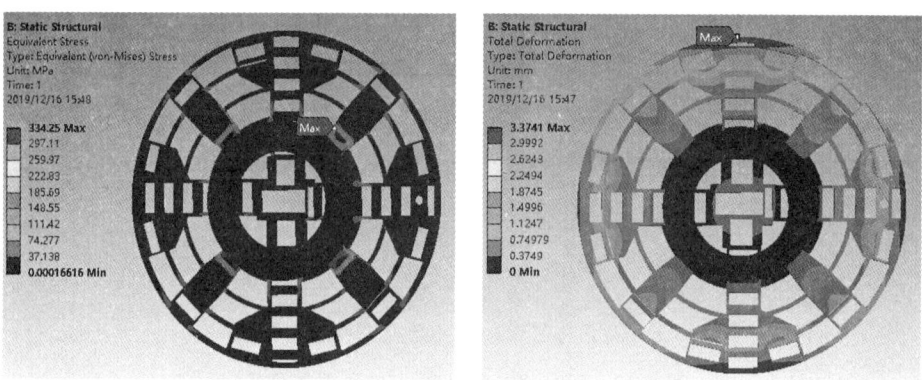

图 4-18 刀盘整体等效应力和变形情况

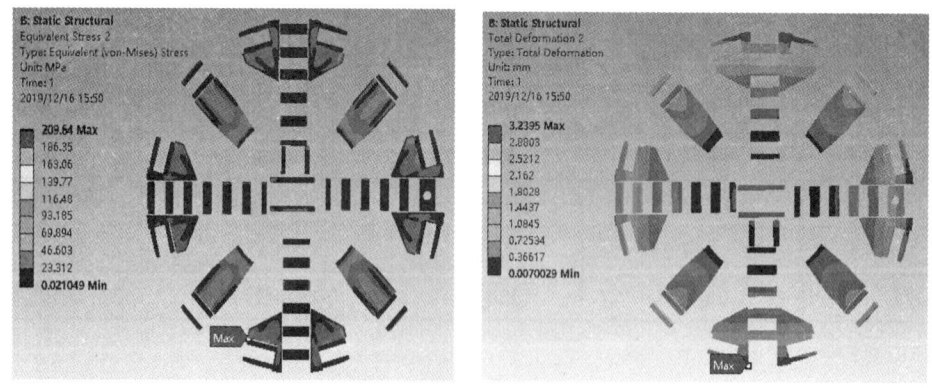

图 4-19 Q345C 结构部分等效应力和变形情况

将 Isight 软件优化结果与在 Ansys Workbench 中重新建模并计算的仿真结果进行对比,如表 4-9 所示。

表 4-9　Isight 优化结果与 Ansys Workbench 仿真结果对比

变　量	初始值	Isight 结果	Workbench 结果	误　差
δ_1/mm	2.172 6	3.106 8	3.239 5	4.096%
δ_2/mm	2.371 8	3.245 7	3.374 1	3.085%
σ_1/MPa	172.7	205.53	209.64	1.961%
σ_2/MPa	230.75	330.78	334.25	1.038%
GM/kg	49 401.3	42 302.8	42 392.4	0.210 4%

根据表 4-9 可知，Isight 软件优化结果与 Ansys Workbench 结果的最大误差为 4.096%，最小误差为 0.210 4%，两者误差不大，说明采用 Isight 优化的精度能够满足要求。此外，优化后的刀盘相对原刀盘质量由 49 401.3 kg 减至 42 392.4 kg，减少了约 14.2%；同时通过建模后测量发现，刀盘开口率由原来的 35% 增至约 40%，刀盘中心开口率相较于原中心开口率增大了约 8.6%。

4.3　高强钢盾构刀盘结构的动态特性及可靠性分析

盾构机在实际施工过程中所处的环境极其复杂，主要表现在工作过程中刀盘受载荷大小不同，应力集中位置不同。而在对刀盘优化设计的过程中，往往是将材料性能、承受载荷等以确定值进行加载分析，没有考虑其波动情况下的结构可靠性。对优化后的高强钢刀盘结构进行模态分析和谐响应分析，验证其动态特性，然后计算在材料性能、承受载荷具有一定波动范围条件下的刀盘可靠度，以验证优化后的高强钢盾构刀盘在不确定因素下的可靠性。

4.3.1　高强钢刀盘结构的模态分析

在实际盾构施工过程中，盾构机刀盘旋转并与掌子面土石发生作用时，在巨大载荷的作用下其结构会出现一定频率的振动。当刀盘结构的固有频率与振动频率接近时就会发生共振现象，共振会导致结构出现变形甚至断裂。因此有必要对优化后的高强钢刀盘结构的受迫振动问题进行研究。分别对刀盘无预应力条件下和正常工况下进行模态分析。

1. 无预应力条件下结构的模态分析

本次研究采用 Ansys Workbench 软件，利用其模态分析模块对优化后的刀盘在无预应力条件下进行模态分析，并取前 6 阶频率状态下的振型情况，如图 4-20 所示。

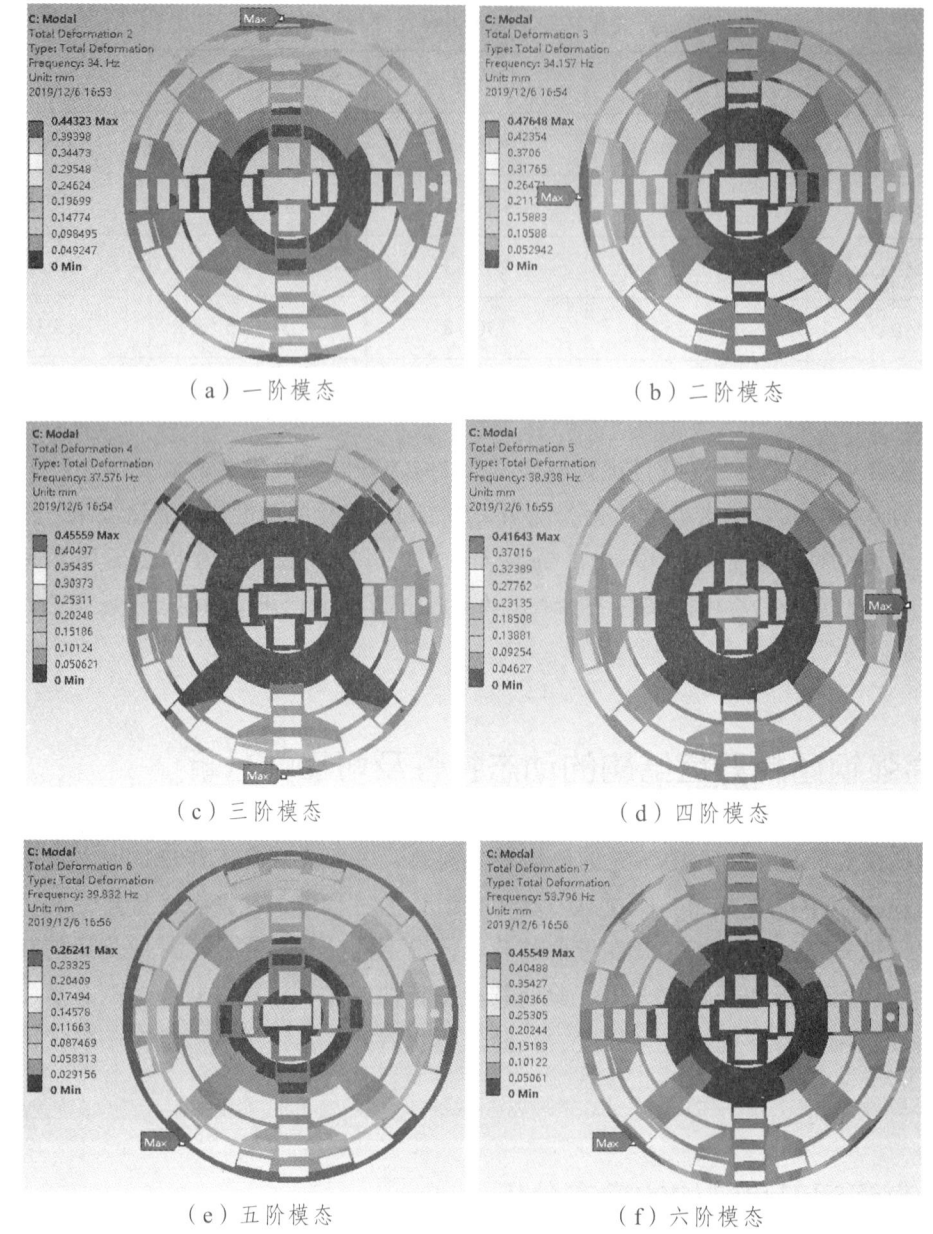

(a) 一阶模态　　　　　　　　(b) 二阶模态

(c) 三阶模态　　　　　　　　(d) 四阶模态

(e) 五阶模态　　　　　　　　(f) 六阶模态

图 4-20　刀盘前六阶振型情况

根据图 4-20（a）~（f）的仿真结果，刀盘的前 6 阶频率下的振型情况如表 4-10 所示。

表 4-10　前 6 阶频率下的振型情况

阶数	一阶	二阶	三阶	四阶	五阶	六阶
频率/Hz	34	34.15 7	37.576	38.938	39.832	53.796
变形/mm	0.443 23	0.476 48	0.455 59	0.416 43	0.262 41	0.455 49
振型	绕 X 轴的前后摆振	绕 Y 轴的前后摆振	绕 Y 轴的同向摆振，垂直竖平面向里	绕 Y 轴的同向摆振，垂直竖平面向外	绕 Z 轴竖直平面内的摆振	绕 Z 轴竖直平面内的前后摆振

由表 4-10 可知，刀盘结构的最小固有频率为 34 Hz，该频率下刀盘出现的最大变形量为 0.443 23 mm，位置位于 Y 轴方向圆环和边缘刀箱连接处，且通过观察可知，在前六阶频率下刀盘的最大变形位置都位于刀盘边缘的圆环处，即在前 6 阶频率下，刀盘的外圆环处受振动影响较大。

2. 正常工况下结构的模态分析

盾构机在整个隧道掘进过程中大部分时间处于正常工作状态，对优化后的刀盘在正常工况下进行模态分析，取前 6 阶频率状态下的振型情况，如图 4-21 所示。

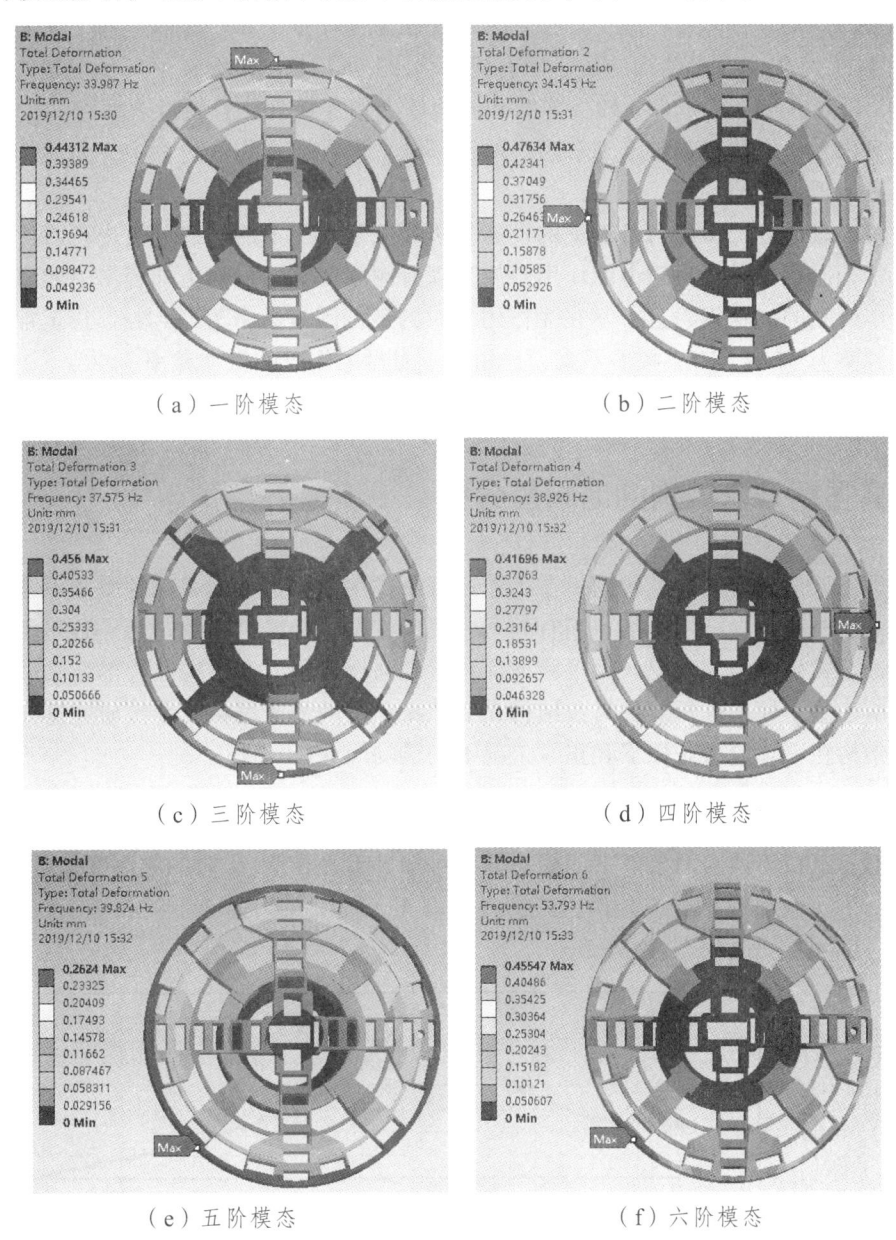

（a）一阶模态　　　　　　　　　　（b）二阶模态

（c）三阶模态　　　　　　　　　　（d）四阶模态

（e）五阶模态　　　　　　　　　　（f）六阶模态

图 4-21　刀盘前六阶振型情况

由图 4-21 可知，在正常工况下高强钢刀盘结构的前 6 阶频率下的振型情况如表 4-11 所示。

表 4-11 正常工况下前 6 阶频率下的振型情况

阶数	一阶	二阶	三阶	四阶	五阶	六阶
频率/Hz	33.987	34.145	37.575	38.926	39.824	53.793
变形/mm	0.443 12	0.476 34	0.456	0.416 96	0.262 4	0.455 47
振型	绕 X 轴的前后摆振	绕 Y 轴的前后摆振	绕 Y 轴的同向摆振，垂直竖平面向里	绕 Y 轴的同向摆振，垂直竖平面向外	绕 Z 轴竖直平面内摆振	绕 Z 轴竖直平面内的前后摆振

由表 4-11 可知，刀盘结构的最小固有频率为 33.987 Hz，该频率下刀盘出现的最大变形量为 0.443 12 mm，位置位于 Y 轴方向圆环和边缘刀箱连接处，且通过观察可知，在前 6 阶频率下刀盘最大变形位置都位于刀盘边缘的圆环处，即在盾构作业过程中，刀盘的外圆环处是受振动影响较大的位置。

通过对刀盘进行无预应力条件下的模态分析和正常工况下的模态分析进行对比可知，刀盘处于正常工作状态时，由于力的作用会使其固有频率变低，从而更加容易引起刀盘发生共振。对于本研究的高强钢刀盘，其在无作用力时的最低固有频率为 34 Hz，在正常工况下的最低固有频率为 33.987 Hz，相差不大，且相对于刀盘工作时的振动频率（约为 1.2 Hz）还有较大余量，因此满足结构振动特性要求。

4.3.2 高强钢刀盘结构的谐响应分析

由于地质条件的复杂性，盾构机在工作过程中作用在刀盘上的载荷频率是不断变化的，当载荷激励频率与刀盘结构的某一固有频率一致时将发生共振，严重时会导致刀盘焊接部位出现裂纹甚至发生断裂等现象。为了验证优化后高强钢盾构刀盘结构在外部激励载荷作用下的动态响应，基于模态分析寻找刀盘结构在受迫振动时的最大振幅，本次研究进行了高强钢盾构刀盘结构在无预应力条件下和正常工况下的谐响应分析。

1. 无预应力条件下结构的谐响应分析

根据对刀盘在无预应力条件下的模态分析可知，刀盘在前 6 阶的频率变化范围为 34 ~ 53.796 Hz，对刀盘进行谐响应分析，分别得到沿 X、Y、Z 轴刀盘在不同频率下的振幅情况，如图 4-22 ~ 图 4-24 所示。

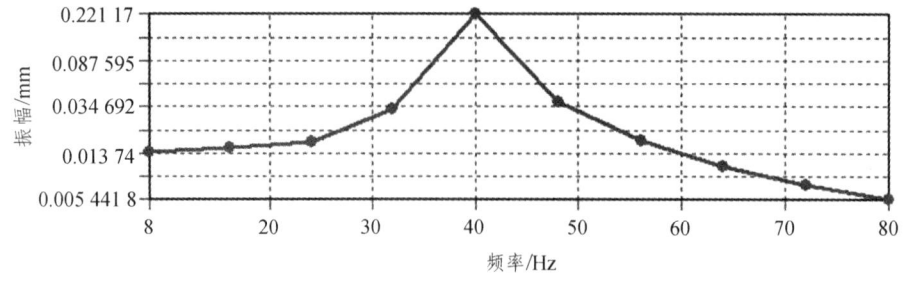

图 4-22 X 轴频率-振幅

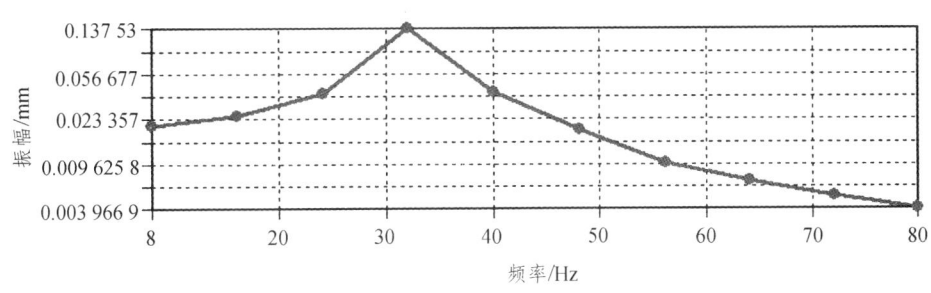

图 4-23　Y 轴频率-振幅

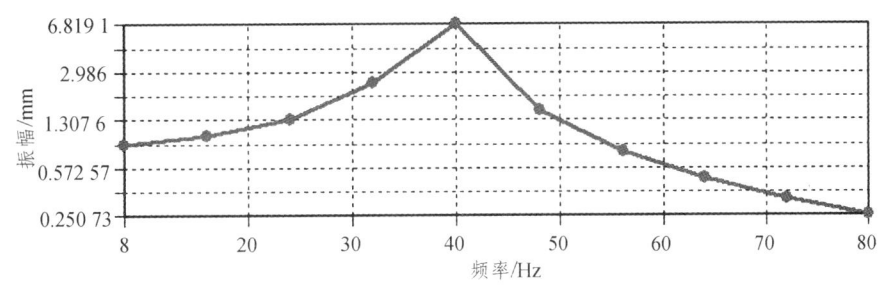

图 4-24　Z 轴频率-振幅

分别对刀盘在不同频率下 X、Y、Z 轴的振幅最大值进行统计，如表 4-12 所示。

表 4-12　无预应力条件下刀盘谐响应情况

项目	最大振幅/mm	频率/Hz
X 轴	0.221 17	40
Y 轴	0.137 53	32
Z 轴	6.819 1	40

由表 4-12 可知，在无预应力条件下，刀盘沿 X、Z 轴方向出现最大振幅的频率为 40 Hz，与第五阶频率较为接近，Y 轴方向出现最大振幅的频率为 32 Hz，与第一阶频率较接近。其中沿 Z 轴有最大振幅达到了 6.819 1 mm。

2. 正常工况下结构的谐响应分析

为了验证刀盘在工作时的谐响应情况，基于正常工况下的模态分析，对刀盘进行谐响应分析，并得到沿 X、Y、Z 轴在不同频率下的振幅情况，如图 4-25～图 4-27 所示。

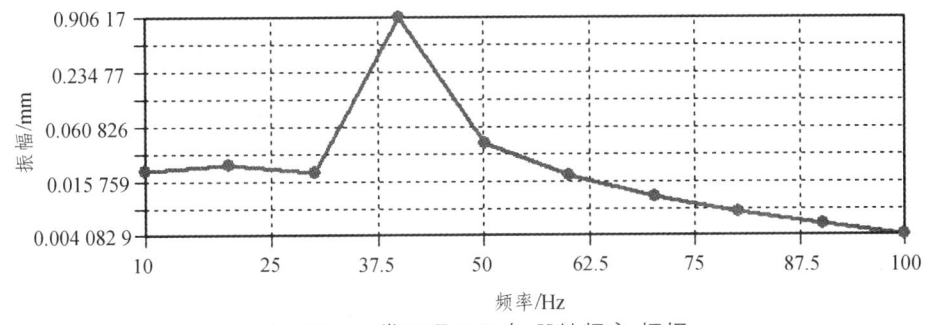

图 4-25　正常工况下刀盘 X 轴频率-振幅

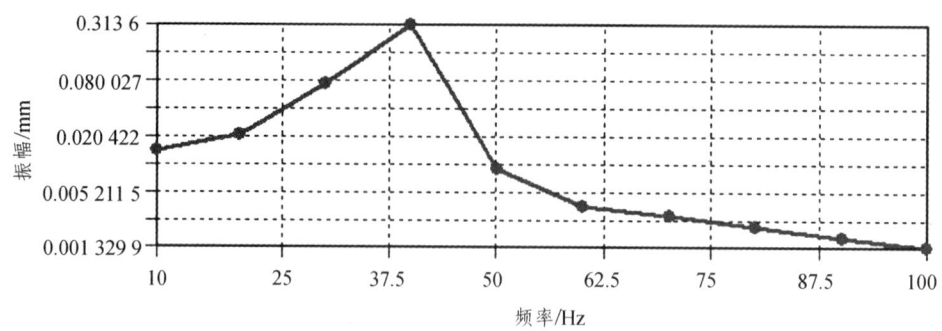

图 4-26　正常工况下刀盘 Y 轴频率-振幅

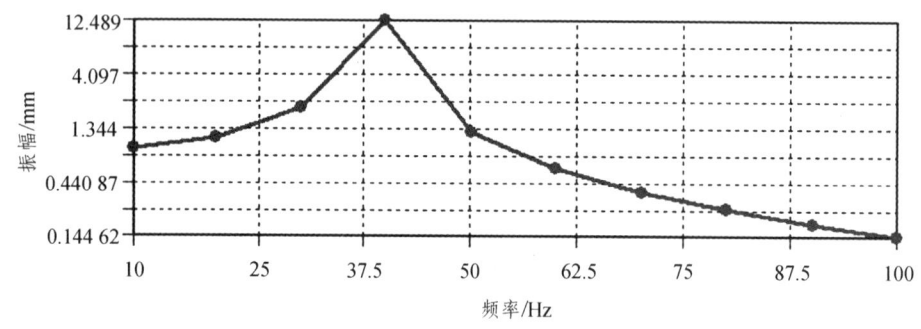

图 4-27　正常工况下刀盘 Z 轴频率-振幅

分别对刀盘在正常工况不同频率下 X、Y、Z 轴的振幅最大值进行统计，如表 4-13 所示。

表 4-13　正常工况下刀盘的谐响应情况

项目	最大变形量/mm	频率/Hz
X 轴	0.906 17	40
Y 轴	0.313 6	40
Z 轴	12.489	40

由表 4-13 可知，在正常工况下，刀盘沿 X、Y、Z 轴方向出现最大振幅的频率均为 40 Hz，与第五阶频率较为接近，且沿 Z 轴方向有最大振幅为 12.489 mm，约为无预应力条件下最大振幅值的两倍。即当刀盘在正常工作时，由于受到外载荷的作用其迫振更加强烈，容易造成刀盘的变形，因此盾构掘进过程中应尽量避免频率达到 40 Hz。

4.3.3　高强钢刀盘结构的可靠性分析

为了使分析结果具有更高的可信度，本书基于 Isight 软件提供的可靠性模块，分别对高强钢盾构刀盘进行一阶可靠性方法、二阶可靠性方法、蒙特卡洛方法三种不同可靠性分析方法进行可靠度计算。

1. 基于一阶可靠性方法的可靠性结果

在 Isight 中拖拽可靠性分析组件到精确度达到要求的径向基神经网络近似模型上与之建立联系，进入分析模块选择一阶可靠性方法，设置一阶泰勒公式展开点的迭代次数、有限差分步长、最小有限差分步长、绝对收敛以及相对收敛等，选择随机变量并赋予分布形式、均值、标准差，设置输出响应的极限值，运行模块得到采用一阶可靠性分析方法高强钢盾构刀盘的可靠度结果，如表 4-14 所示。

表 4-14　一阶可靠性方法分析结果

输出响应	可靠度
Q345_（TD）	1
Q690_（TD）	1
Q345_（ES）	0.999 83
Q690_（ES）	0.999 86

2. 基于二阶可靠性方法的可靠性结果

二阶可靠性分析方法的步骤和一阶可靠性分析方法相同，当设置好各项参数后运行分析模块得到高强钢盾构刀盘的可靠度结果，如表 4-15 所示。

表 4-15　二阶可靠性方法分析结果

输出响应	可靠度
Q345_（TD）	1
Q690_（TD）	1
Q345_（ES）	0.999 9
Q690_（ES）	0.999 9

3. 基于蒙特卡洛方法的可靠性结果

在 Isight 中拖拽蒙特卡洛组件到精确度达到要求的径向基神经网络近似模型上与之建立联系，设置抽样次数为 2 000 次，默认收敛值和检查收敛的间隔值，选择随机变量并赋予分布形式、均值、标准差，设置输出响应的极限值，得到采用蒙特卡洛方法高强钢盾构刀盘的可靠度结果，如表 4-16 所示，同时得到 2 000 次抽样后各输出响应的分布，如图 4-28 所示。

表 4-16　蒙特卡洛方法分析结果

输出响应	可靠度
Q345_（TD）	1
Q690_（TD）	1
Q345_（ES）	0.999 5
Q690_（ES）	1

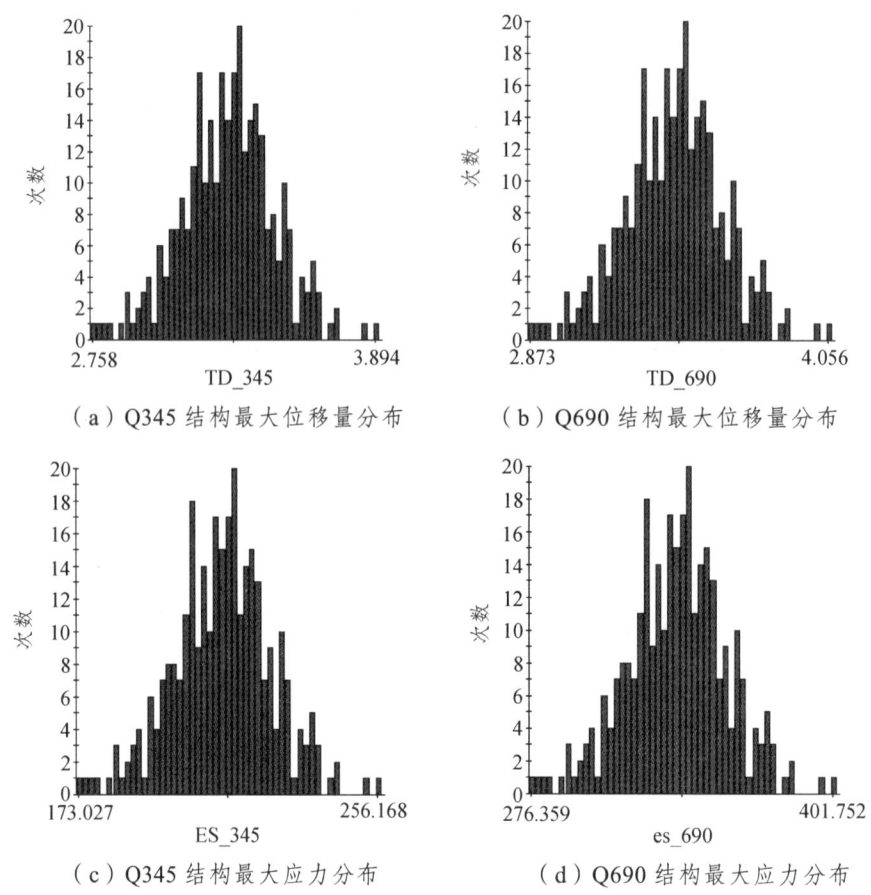

图 4-28　各输出响应的分布情况

通过上述三种不同可靠性分析方法得到的可靠度结果可知，优化后的高强钢盾构刀盘 Q690 和 Q345 结构部分在最大推力工况下，需考虑载荷波动和材料弹性模量波动的各项输出响应的可靠度值，并且可靠值均要达到 0.999 以上，才能够满足可靠性要求。综上可知，本次研究运用近似模型技术优化得到的高强钢盾构刀盘的可靠性能够满足要求。

第 5 章　盾构掘进过程仿真及关键掘进参数研究

成都砂卵石地层的特殊复杂性给盾构施工带来巨大难题，盾构掘进过程中易发生刀盘卡停、中心结泥饼、刀盘过度磨损以及螺旋机断轴等问题，主要原因是施工人员对刀盘掘进过程中土体运动规律认识不足和对盾构掘进参数的设置不够合理。基于此，针对成都特殊地层，以成都地铁 6 号线一、二期工程 3 标尚红区间为工程背景，通过模拟砂卵石地层盾构掘进过程，得到掘进过程中土体运动规律，为施工单位提供一定的参考；同时分析不同盾构掘进参数之间的影响关系，建立掘进参数预测模型，并基于刀盘扭矩小、盾构推力小及土体流动性好对盾构主动调整参数进行优化设计，用于指导掘进参数的设置。

5.1　离散元原理与参数确定

成都砂卵石地层盾构掘进过程中卵石表现为离散状态，使用离散元理论模拟盾构掘进过程更能反映土体运动的真实状况。由于实际工程勘测的土体参数为宏观参数，而离散元仿真软件需要输入的参数为土体微观参数，为了实现两者的相互转化，本节运用离散元仿真软件 EDEM 对土体参数进行标定，实现宏观参数向微观参数的转化。

5.1.1　离散元原理及分析过程

1. 基本原理

离散单元法是将散体颗粒当成一个个离散单元，单元间存在一定的相互接触作用。在离散单元法迭代计算的每一步中，根据牛顿第二定律和力与位移的相互关系计算每一个单元的受力和位移情况，并实时更新颗粒在系统中的位置，通过跟踪计算每个单元的受力和位移信息，得出整个系统颗粒的运动状态，并根据颗粒单元受力得出单元的接触力、位移、速度和加速度等信息。

2. 颗粒接触模型

离散单元法将颗粒与颗粒之间的接触模型简化为振动模型（见图 5-1），该振动模型分为三部分：法向接触振动模型、切向接触振动模型以及相对运动模型。

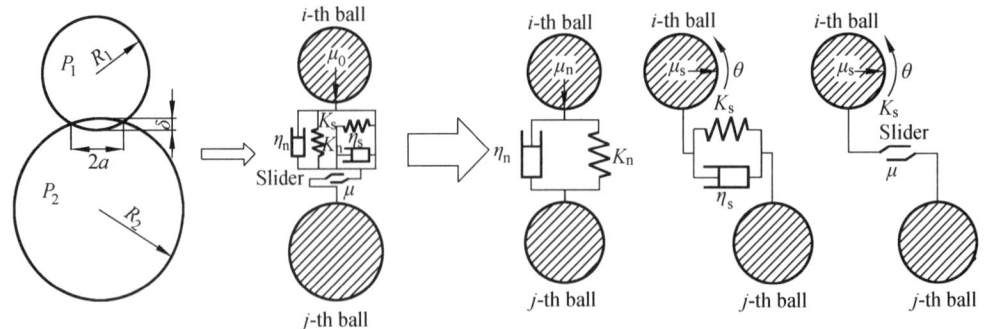

图 5-1 离散单元法颗粒与颗粒之间的接触模型

法向接触振动方程为

$$m_{1,2}\mathrm{d}^2u_n/\mathrm{d}t^2 + c_n\mathrm{d}u_n/\mathrm{d}t + K_nu_n = F_n \tag{5-1}$$

切向接触振动方程和相对运动方程为

$$m_{1,2}\mathrm{d}^2u_s/\mathrm{d}t^2 + c_s\mathrm{d}u_s/\mathrm{d}t + K_su_s = F_s \tag{5-2}$$

$$I_{1,2}\mathrm{d}^2\theta/\mathrm{d}t^2 + (c_s\mathrm{d}u_s/\mathrm{d}t + K_su_s)s = M \tag{5-3}$$

式中：$m_{1,2}$ 为两个颗粒的质量；$I_{1,2}$ 为颗粒之间的转动惯量；s 为转动半径；u_n、u_s 为颗粒之间的法向、切向位移；θ 为旋转角度；F_n、F_s 为法向、切向外力；M 为外力矩；K_n、K_s 为法向、切向弹性系数；c_n、c_s 为法向、切向阻尼系数。

3. 离散元方法求解过程

离散单元法求解过程大致分为两步：一是根据颗粒接触模型求得颗粒之间的相互作用力，然后通过牛顿第二定律求得颗粒的相对位移；二是根据颗粒间相对位移反过来求解颗粒间的不平衡力，如此一直循环反复计算，直至整个离散元系统保持平衡状态。

4. 迭代时间步长确定

单自由度无阻尼质量弹簧振动系统的运动方程为

$$m\ddot{u}(t) + ku(t) = 0 \tag{5-4}$$

式中：m 为单元体的质量；k 为弹簧振子的刚度；$u(t)$ 为单元体的位移。
其中：

$$\begin{aligned}\ddot{u}(t) &= \{[u(t+\Delta t/2) - u(t-\Delta t/2)]/\Delta t\}' \\ &= [u(t+\Delta t) - 2u(t) + u(t-\Delta t)]/(\Delta t)^2\end{aligned} \tag{5-5}$$

合并式（5-4）和式（5-5）得

$$u(t) = \left[2 - \frac{k}{m}(\Delta t)^2 \pm \sqrt{\left(\frac{k}{m}\right)^2(\Delta t)^2 - 4\frac{k}{m}(\Delta t)^2}\right]/2 \tag{5-6}$$

根据弹簧振子的振动特性,需满足下列条件:

$$\left(\frac{k}{m}\right)^2 (\Delta t)^2 - 4\frac{k}{m}(\Delta t)^2 < 0 \tag{5-7}$$

解得

$$\Delta t < 2\sqrt{\frac{k}{m}} = \frac{2}{\omega_n} \tag{5-8}$$

其中,ω_n 为固有频率。

以上计算的时间步长是在颗粒稳定状态下计算得出的,具体步长应根据实际情况进行适当修改。

5.1.2 土体参数标定过程及参数确定

1. 土体参数标定

堆积角通常叫作休止角,有时也叫安息角,是散体物料在自身内力作用下自然下滑,达到稳定状态后,自由表面与水平面之间的夹角,如图 5-2 所示。实验所形成的堆积角大小与颗粒物料的含水率、密度、形状以及摩擦系数有紧密关系。

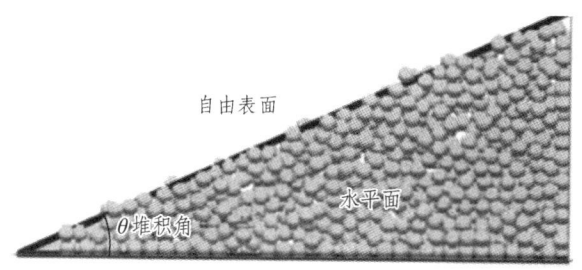

图 5-2 堆积角示意图

根据堆积角定义、堆积角影响因素以及堆积角实验方法,建立堆积角仿真实验,采用的方法为堆积法。为了使仿真结果更贴近于实际情况,颗粒形状模仿实际颗粒建立,如图 5-3 所示。颗粒物料密度根据地勘报告获取,由于颗粒含水率在软件中无法直接实现,但含水率与颗粒表面能量值有较强的联系,通过标定颗粒表面的能量值,反映颗粒含水率的大小。

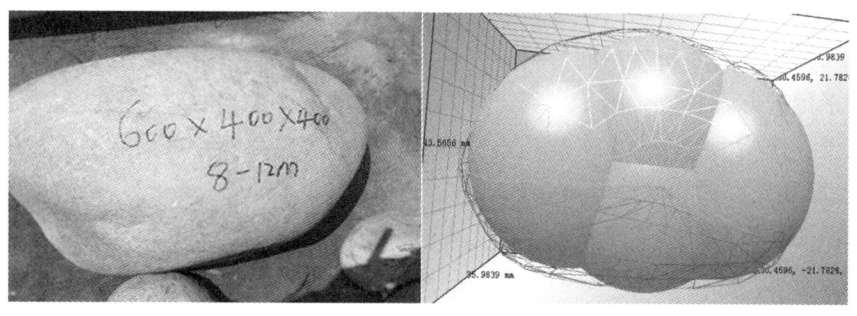

图 5-3 实际颗粒形状与仿真颗粒形状

采用堆积法进行堆积角仿真实验过程,如图 5-4 所示,实验过程分为 4 部分:① 建立一长方体(Box),该模型长 500 mm、宽 500 mm、高 700 mm,并删除 Box 的顶面;② 按照砂卵石颗粒模板建立与实际砂卵石形状近似的颗粒模型,在 Box 上方建立颗粒工厂,并开始形成颗粒;③ 当颗粒添加到一定量时,停止生成颗粒,并使其静态堆积一段时长;④ 增加模型计算域,并扩展底面范围,撤掉长方体某一侧面,使砂卵石颗粒在自身内力的作用下沿长方体侧面自由下滑,当整个模型处于平衡状态时,测定物料自由表面与水平面的夹角,该夹角便为土体堆积角。

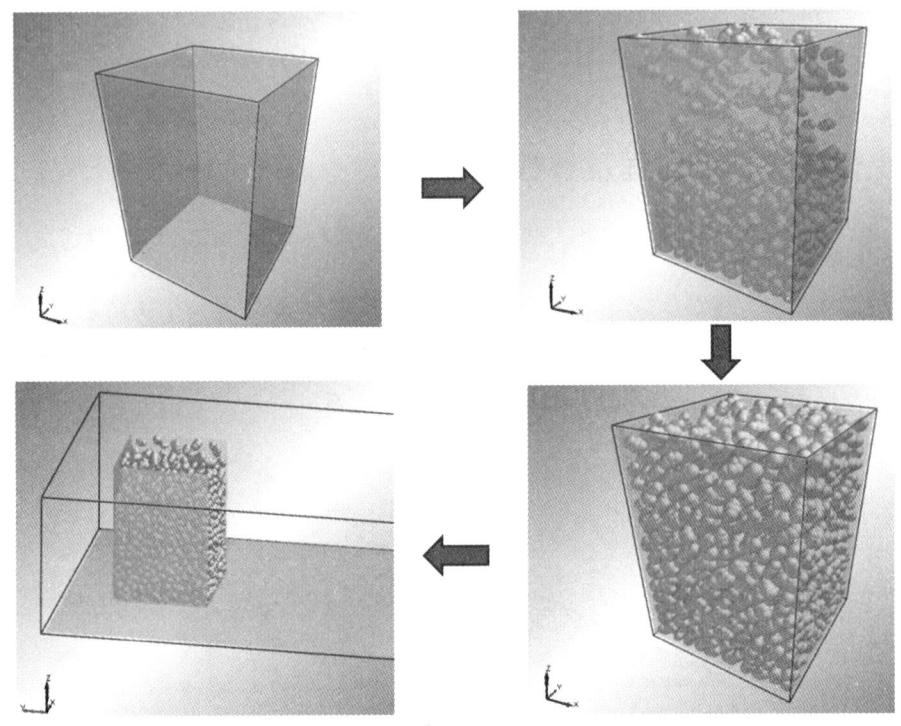

图 5-4 堆积角仿真实验步骤

2. 参数确定

根据已确定的堆积角仿真实验过程,下一步需要对每组实验的参数进行取值,EDEM 软件的参数设置包括材料自身属性参数和材料之间的接触参数。材料自身属性参数包括泊松比、剪切模量和密度,接触参数包括恢复系数、静摩擦系数和滚动摩擦系数。

本书堆积角仿真实验所使用的材料有两种:一是物料颗粒材料,二是 Box 材料。颗粒材料自身参数采用砂卵石参数,Box 材料自身参数采用盾构材料参数,这些参数可通过地勘报告以及刀盘设计说明书获取。本次堆积角实验标定的参数包括颗粒表面能量值(用于反映颗粒含水率)、静摩擦系数和滚动摩擦系数三种。

设置表面能量值分别为 4 J、8 J、12 J、16 J,静摩擦系数分别为 0.2、0.4、0.6、0.8,滚动摩擦系数分别为 0.01、0.02、0.03、0.04。采用正交试验设计方法进行试验设计,共进行 16 组实验,试验结果如表 5-1 所示。

表 5-1 正交试验设计的 16 组仿真实验样本

实验号	能量值	静摩擦系数	滚动摩擦系数	堆积角
1	4 J	0.2	0.01	19°
2	4 J	0.4	0.02	25°
3	4 J	0.6	0.03	23°
4	4 J	0.8	0.04	30°
5	8 J	0.2	0.02	30°
6	8 J	0.4	0.01	33°
7	8 J	0.6	0.04	35°
8	8 J	0.8	0.03	37°
9	12 J	0.2	0.03	32°
10	12 J	0.4	0.04	33°
11	12 J	0.6	0.01	31°
12	12 J	0.8	0.02	32°
13	16 J	0.2	0.04	31°
14	16 J	0.4	0.03	33°
15	16 J	0.6	0.02	未形成堆积角
16	16 J	0.8	0.01	32°

由表 5-1 可知，当能量值小于 20 J 时，有 15 组试验成功形成堆积角，1 组试验未能形成堆积角，成功率较高；当能量值达到 8 J 时，继续增大能量值，堆积角变化不明显，静摩擦系数和滚动摩擦系数共同影响堆积角的大小。

对于本次所需标定的 3-9-3 卵石层，其稳定堆积角为 36°，上述试验中第七组和第八组所形成的堆积角与实际值较为接近，因此取第七组或第八组试验参数更符合实际情况。通过本次试验结果及文献资料，最终确定本次仿真土体参数如表 5-2 所示。

表 5-2 土体标定参数

对 象	参 数	数 值
土体	剪切模量/Pa	1.12×10^7
	密度/（kg/m³）	2 200
	泊松比	0.27
盾构	剪切模量/Pa	7.9×10^{10}
	密度/（kg/m³）	7 800
	泊松比	0.25
土体-土体	恢复系数	0.75
	静摩擦系数	0.8
	滚动摩擦系数	0.04
土体-盾构	恢复系数	0.25
	静摩擦系数	0.7
	滚动摩擦系数	0.001

5.1.3 仿真模型建立及参数确定

为了模拟刀盘掘进过程,根据刀盘掘进系统组成分别建立掌子面土体、刀盘、土舱及螺旋输送机三维模型,综合四部分模型并形成刀盘掘进仿真模型,如图 5-5 所示。

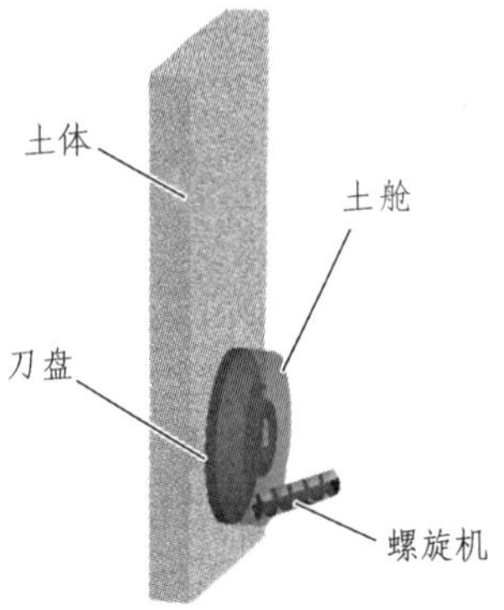

1. 土体参数取值

建立土体三维模型尺寸:长为 10 m,约为两倍刀盘直径;宽为 1.6 m,为刀盘厚度的四倍;高为 20 m,刀盘顶端覆土厚度为 11 m 左右,与尚红区间盾构埋深接近。

2. 刀盘参数取值

本项目采用 DZ356 盾构机,具体刀盘参数如表 5-3 所示。

图 5-5 刀盘掘进整体仿真模型

表 5-3 刀盘相关参数

刀盘类型	复合式
刀盘直径	6 290 mm
刀盘厚度	40 mm
刀盘开口率	35%
驱动形式	液压驱动
转速	0~3.18 r/min
脱困扭矩	8 691 kN·m
主动搅拌棒数量	4 个

3. 土舱及螺旋机参数取值

土舱位于盾构前盾,前盾壳体厚度取 50 mm,土舱深度实际上略高于刀盘背面到法兰盘的距离,为了简化法兰连接处的复杂结构,将土舱深度取为刀盘背面到法兰盘背面之间的距离,其值为 1 030 mm,土舱大径与刀盘直径相同,取为 6 290 mm。

螺旋输送机采用有轴式螺旋、双渣门结构形式。螺旋输送机安装角度为 22°,固定在前盾底部套筒法兰上。由于该标段地层大粒径卵石含量高,卵砾石含量大,采用大直径螺旋输送机以便卵石顺利通过,其内径为 920 mm,螺旋输送机具体参数如表 5-4 所示。

表 5-4 螺旋输送机相关参数

驱动方式	后部中心驱动
扭矩	0~178 kN·m
转速	0~19 r/min
内径	920 mm
螺旋叶片节距	630 mm
最大通过粒径	350 mm×590 mm
排渣能力	0~450 m³/h

5.2 基于离散元的刀盘开挖掘进过程仿真分析

砂卵石地层盾构掘进过程中易发生各种问题，而大部分的问题发生在盾构刀盘-土舱-螺旋机形成的输送系统中。由于这个过程在盾构掘进时无法直观观察，对问题发生根源及处理方法也往往通过人为猜测及试探进行总结。本节基于成都砂卵石地层地质条件，通过离散元软件 EDEM 建立仿真模型，对刀盘掘进过程进行仿真模拟，在仿真过程中可以直观观察土体在整个系统的运动过程，并可分析该过程中的一些规律，为盾构施工提供参考。

5.2.1 刀盘掘进仿真分析

1. 土体输送过程分析

如图 5-6 所示为土压平衡盾构刀盘在掘进过程中土体的输送过程，整个过程分为四部分。

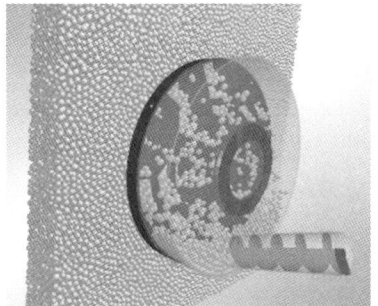
（a）掌子面土体涌入土舱

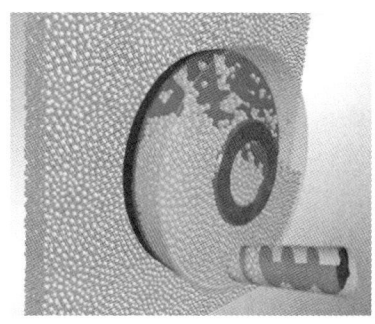
（b）土体在土舱内堆积

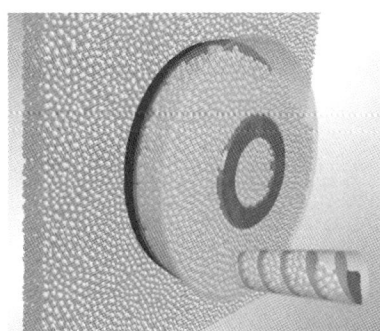
（c）螺旋机输送土舱内渣土

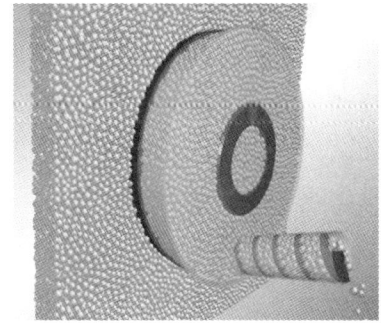
（d）整个输送系统保持平衡

图 5-6　土体输送过程

（1）在掌子面水土压力及刀盘推进作用下，松散的砂卵石颗粒以一定速度涌入土舱。
（2）在渣土重力作用下，渣土在土舱内堆积，并逐渐填充土舱。
（3）在螺旋机作用下，土舱内渣土通过螺旋机输送并排出土舱。
（4）经过一段时间，刀盘开口处压力差保持平衡，掌子面土体进入土舱的速度趋于稳定，螺旋输送机输送土体速度与土舱中土体进入的速度保持平衡，土舱压力也保持平衡，整个输送系统处于一种相对稳定的状态。

2. 地表沉降过程分析

如图 5-7 所示为刀盘掘进过程中地表沉降过程。

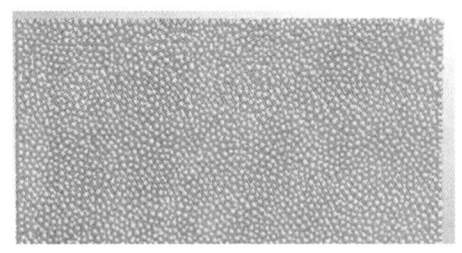

（a）地表初始状态

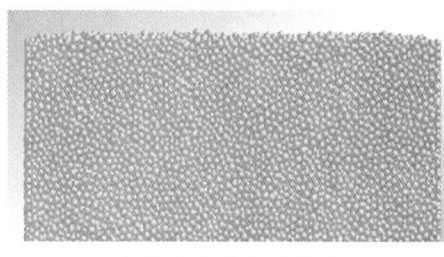

（b）地表发生略微隆起

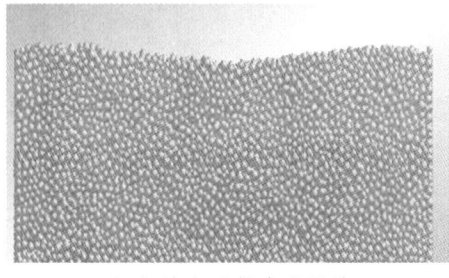

（c）地表开始发生沉降

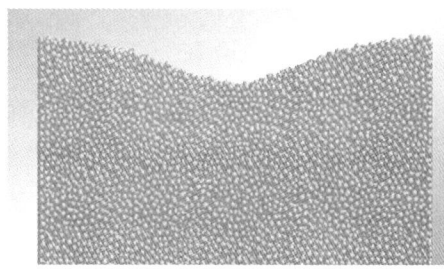

（d）地表沉降逐渐稳定

图 5-7　地表沉降过程

（1）地表处于初始平衡状态，地表沉降量为零。
（2）在盾构掘进扰动作用下，地表在初期发生略微隆起。
（3）由于掌子面土体在压力差作用下大量涌入土舱，地层土体发生较大损失，地表发生沉降，且沉降速率较大。
（4）随着土舱渣土的填充，土舱压力逐渐与掌子面水土压力平衡，土体损失由于盾构推进得以补充，地表沉降逐渐稳定下来，地表沉降量在中间明显高于两侧，沉降槽曲线大体上呈"V"形。

3. 参数变化过程分析

（1）刀盘扭矩变化

如图 5-8 所示为刀盘扭矩在整个仿真过程的一个变化趋势，整段曲线大致可分为三段：① 仿真时间 0～80 s，在掌子面与土舱的压力差作用下，土体迅速涌入土舱，土舱压力也以较快速度增长，刀盘背面、刀盘开口以及搅拌棒云腿处扭矩急剧增大，扭矩增长速率较快；② 仿真时间 80～350 s，随着土舱压力不断增大，刀盘前后压力差逐渐趋于平衡，并且随着土舱内土体填充，上述三类扭矩也逐渐趋于稳定，但随着刀盘推进，刀盘侧面与土体接触面积不断增大，刀盘扭矩缓慢增长；③ 仿真时间 350 s 以后，当刀盘全部进入土体以及掌子面与土舱压力保持平衡后，刀盘扭矩趋于稳定，稳定扭矩值约为 3 800 kN·m。

如图 5-9 所示为成都地铁 6 号线尚红区间左线某 100 环的刀盘实际扭矩数值，其扭矩值大致分布在 3 000 kN·m 到 4 500 kN·m 之间。刀盘掘进仿真实验刀盘扭矩稳定值大约为 3 800 kN·m，其值与实际值较为接近，此次仿真实验结果较为可靠。

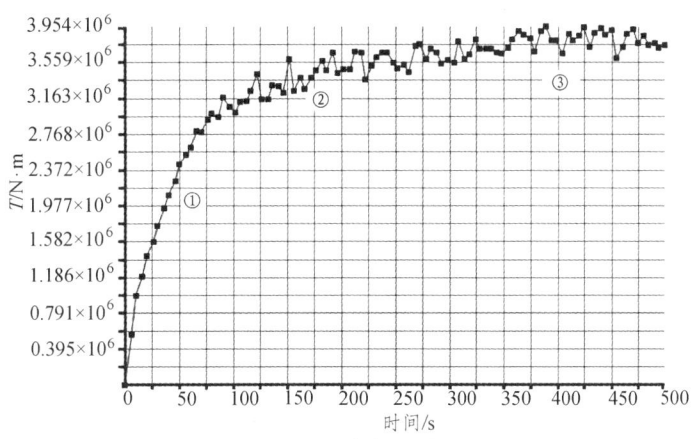

图 5-8 刀盘扭矩变化

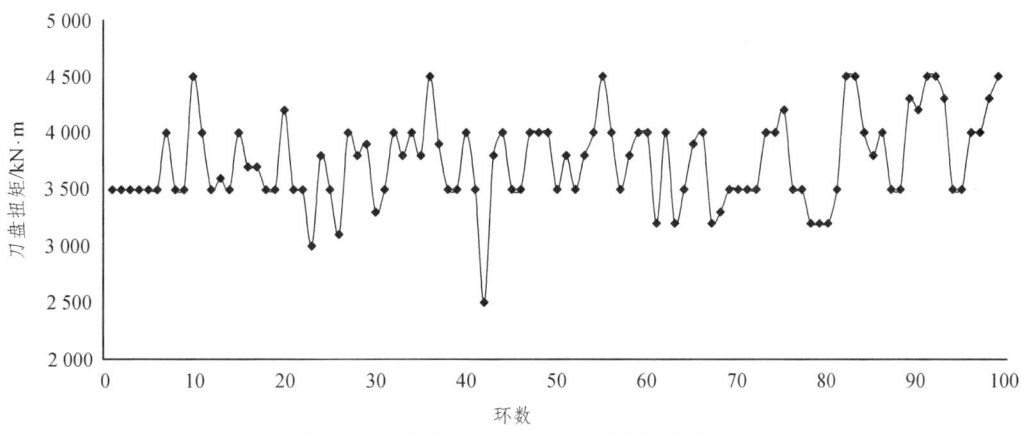

图 5-9 尚红区间某 100 环实际扭矩值

（2）土舱压力变化

如图 5-10 所示为土舱背板总力变化与土舱压力变化曲线，由于 EDEM 软件无法直接导出土舱压力，所以本次研究采用土舱背板总力除以背板面积求得土舱压力，如图 5-10（b）所示。在 0～100 s 时，土舱压力随时间变化速率较大；在 100～300 s 时，土舱压力随时间的变化速率越来越小；在 300 s 之后，土舱压力逐渐趋于平衡，平衡值约为 62 000 Pa。

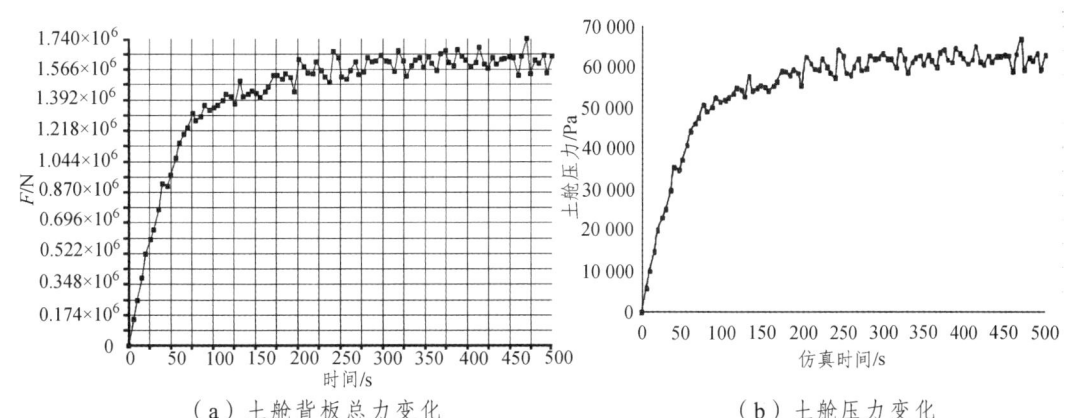

（a）土舱背板总力变化　　　　　　　（b）土舱压力变化

图 5-10 土舱背板总力及土舱压力变化曲线

如图 5-11 所示为成都地铁 6 号线尚红区间 150~200 环实际测量的土舱压力数据，土舱压力大致维持在 60~120 kPa，刀盘掘进仿真实验得出的平衡土舱压力值为 62 kPa 左右，总体上该值在实际土舱压力值的范围之内，土舱压力仿真结果同样较为可靠。

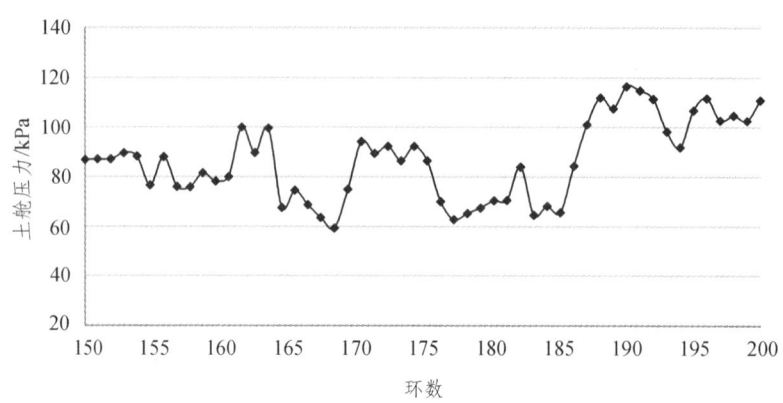

图 5-11　尚红区间 150~200 环土舱压力变化曲线

（3）刀盘正面推力变化

由图 5-12 可知，刀盘正面推力在整个刀盘掘进过程中存在一定波动，但其数值稳定在一定的范围之内，在 0~100 s 时刀盘正面推力的平均值约为 600 kN，100 s 之后其平均值约为 700 kN。

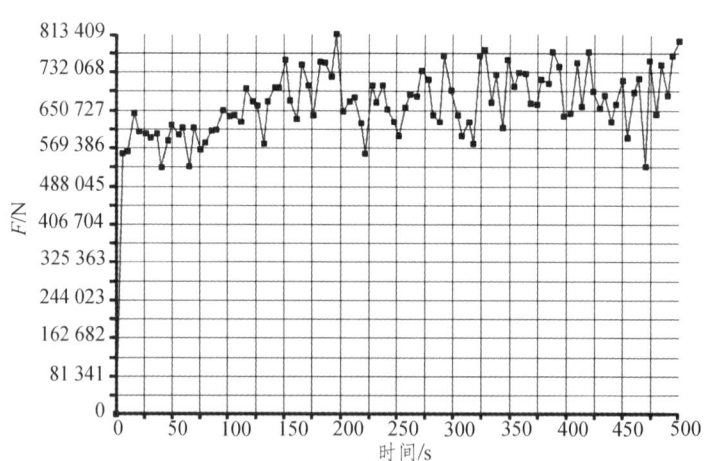

图 5-12　刀盘正面推力变化曲线

（4）土舱土体流动性

本次研究将土舱内土体平均速度作为土体流动性的一个指标，即平均速度越大，土舱土体流动性越好。

如图 5-13 所示为刀盘掘进过程中土舱内土体平均速度随时间变化的曲线，由图可知，在刀盘掘进仿真初期，土舱内土体平均速度较大，这是由于掌子面土体在水土压力及推进力作

· 124 ·

用下涌入土舱，获得较大速度，并在重力作用下颗粒落入土舱底部；当颗粒落入土舱底部之后，在土舱底部进行堆积，颗粒速度迅速减小，并最终趋于平衡（图中平均速度平衡值约为 0.23 m/s），平衡后的土舱平均速度即可用于描述土舱内土体的流动性。

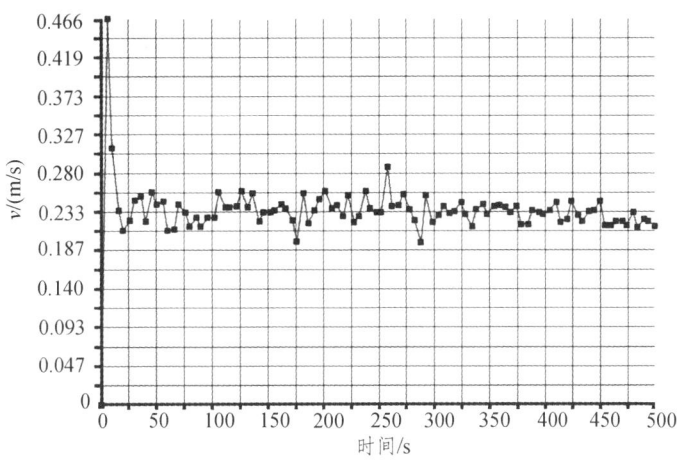

图 5-13　土舱内土体平均速度变化曲线

5.2.2　土体颗粒运动及受力分析

1. 土体颗粒运动分析

如图 5-14 所示为刀盘掘进仿真过程中各阶段土体运动状态云图，其中红色颗粒代表速度较大的颗粒，蓝色颗粒表示速度很小的颗粒，而绿色颗粒速度则位于两者之间。在刀盘掘进仿真初期，掌子面土体以较快速度涌入土舱，随着仿真的进行，高速颗粒在土舱底部撞击作用下发生沉积，颗粒速度在短时间迅速减小，低速的土体颗粒在螺旋输送机作用下以一定的速度输送出螺旋机。由上述可知，土体颗粒在土舱底部发生较大幅度的速度变化，对位于土舱底部的螺旋输送机产生较大冲击，因此在刀盘开挖前期应尽量对土舱底部的螺旋输送机采取一定的保护措施，以防止伸入土舱部分的螺旋输送机轴的损坏。

（a）土体刚涌入土舱时颗粒运动状态

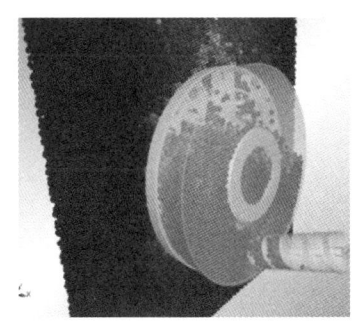

（b）土体填充半舱时颗粒运动状态

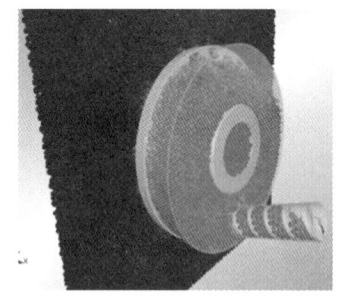 

（c）土体即将填满土舱时颗粒运动状态　　　（d）土体填满土舱时颗粒运动状态

图 5-14　各阶段土体颗粒运动状态

在此次刀盘掘进仿真中，土体颗粒运动主要可分为三部分：① 刀盘前端土体的运动；② 土舱内土体的运动；③ 螺旋机内土体的运动。下面分别对这三部分土体颗粒的运动状态进行分析。

（1）刀盘前端土体的运动状态分析

如图 5-15 所示为刀盘前端土体颗粒在仿真前期和仿真后期的运动状态。在刀盘掘进仿真前期，掌子面土体颗粒整体上运动速度较快，颗粒运动的范围也较大，且刀盘外围土体颗粒速度明显高于刀盘中心土体颗粒速度，刀盘上端土体颗粒存在一定的速度；在刀盘掘进仿真后期，刀盘掌子面土体颗粒整体上较前期运动速度有所减慢，颗粒运动范围随之有所减小，刀盘外围土体颗粒速度同样要高于刀盘中心土体颗粒，但刀盘上端土体颗粒速度较前期显著减慢，土体流动过程趋于稳定。

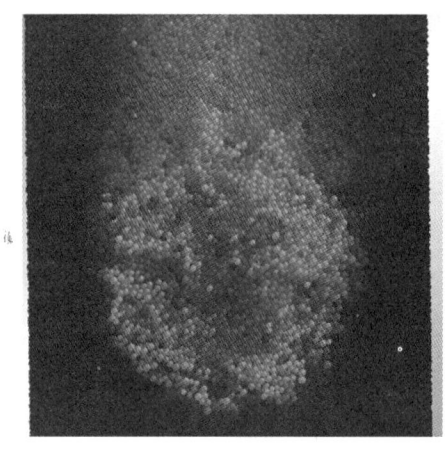 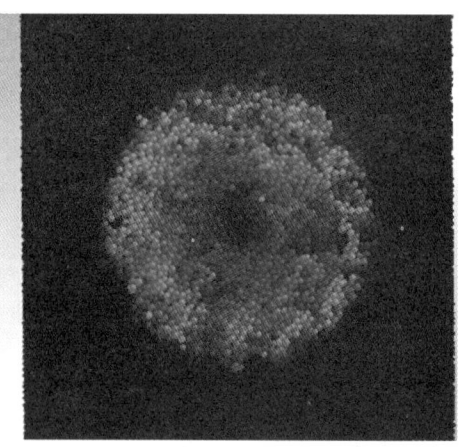

（a）仿真前期掌子面颗粒运动状态　　　（b）仿真后期掌子面颗粒运动状态

图 5-15　掌子面颗粒运动状态

由上述可知，刀盘掘进前期掌子面土体运动速度较快，掌子面稳定性较差，且掌子面上端土体颗粒运动速度过快，容易使地表发生过大沉降，危害地表构筑物安全。造成上述情况的原因是此时的土舱压力小于掌子面的水土压力，在较大压力差的作用下，松散的砂卵石颗粒获得较快速度，掌子面土体颗粒稳定性变差，且由于掘进前期土舱需要不断填充土体颗粒来提高土舱压力以取得平衡,造成掌子面的土体损失,在上端土体压力作用下,刀盘上端土体运动速度较快,刀盘上端土体稳定性也较差,最终会形成较大沉降。刀盘外围土体颗粒运动速度大于中心土体颗粒运动速度一方面是由于刀盘外围开口较多,另一方面是由于刀盘外围线速度较大,刀盘掌子面中心土体颗粒运动速度过小,引起刀盘中心结泥饼等一系列问题。因此,在刀盘掘进前期,为了避免上述情况的发生,需要保证土舱内存在一定压力和填充物(膨润土)。对于中心结泥饼,由于刀盘各部分运动状态难以改变,可采用改变刀盘结构形式得以解决。

（2）土舱内土体的运动状态分析

如图 5-16 所示为土舱正面、侧面以及剖面土体运动状态云图。由土舱正面云图可知,土舱内存在两个部位土体颗粒运动速度较慢,一是土舱中心部位,二是螺旋输送机左右两侧。由土舱侧面云图可知,土舱靠近刀盘侧土体颗粒运动速度要高于土舱背板侧土体颗粒运动速度。由土舱剖面云图可知,土舱外围土体颗粒速度明显大于土舱中心土体颗粒速度,且螺旋输送机深处部位土体运动速度较大。

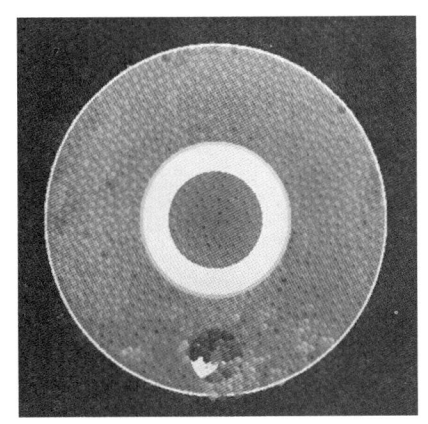  

（a）土舱正面　　　　　（b）土舱侧面　　　　　（c）土舱剖面

图 5-16　土舱土体运动状态云图

土舱中心部位土体颗粒运动速度过慢,土体易在土舱中心即刀盘云腿内部互相黏结,形成结块或泥饼,会一直占用此部分空间,这既增加了驱动功率,也对土体在土舱内的流动和输送不利。螺旋输送机两侧土体运动速度慢说明此处土体易形成堆积,尤其是那些不容易排除的较大颗粒,此部分土体颗粒运动不畅,易引起刀盘卡停和螺旋输送机断轴。因此土舱内部结构设计应充分考虑土舱内这两部分土体的流动性问题,可适当添加搅拌棒等结构,使土体流动性更好,更有利于土体颗粒输送。

（3）螺旋机内土体的运动状态分析

如图 5-17 所示为螺旋机内土体运动状态云图。螺旋输送机伸入土舱部分土体颗粒运动速度明显大于螺旋输送机内部土体颗粒运动速度,土体颗粒运动速度损失会造成能量损失,其损失能量由螺旋轴及螺旋叶片承担,这会增加螺旋轴和螺旋叶片的磨损并减少其寿命。

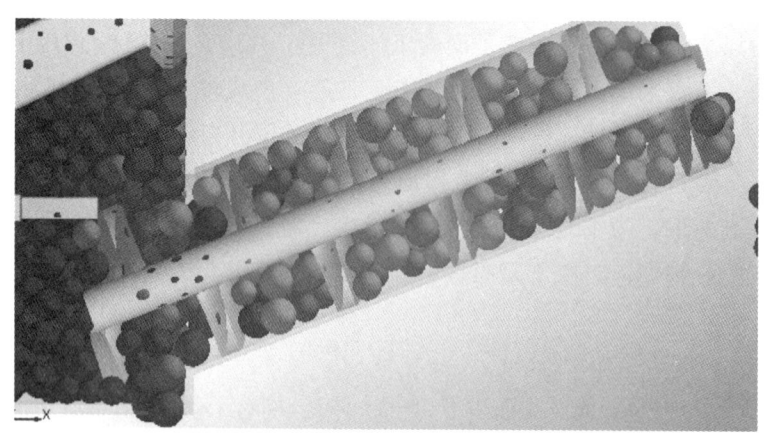

图 5-17 螺旋机内土体运动状态云图

2. 土体颗粒受力分析

刀盘在掘进过程中土体颗粒受力状态可以在一定程度上反映刀盘掘进对土体颗粒的影响。反之，土体颗粒受力状态可以反过来影响刀盘、土舱以及螺旋输送机的各种性能。

如图 5-18 所示为刀盘掌子面土体地层在初始重力作用下达到受力平衡后地层颗粒所受的压缩力云图。地层在初始平衡状态下，土体颗粒所受压缩力总体上随着土体深度的增加而增大，但随着深度进一步加深，土体颗粒所受的压缩力变化数值减小。

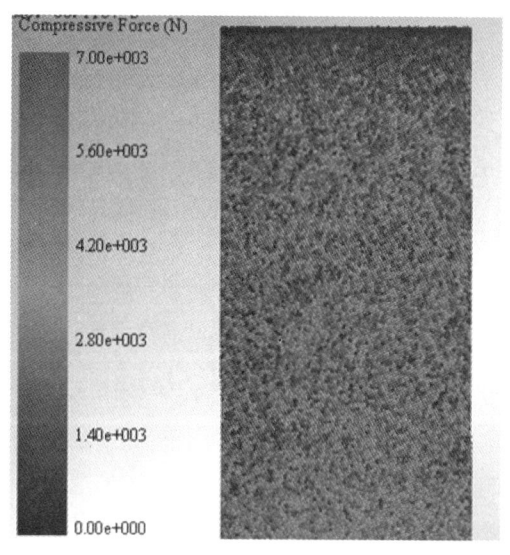

图 5-18 初始平衡状态下地层颗粒所受的压缩力

（1）刀盘掘进过程中地层颗粒受力状态

如图 5-19 所示为刀盘掘进过程中刀盘掌子面颗粒受力状态云图，刀盘旋转方向为顺时针方向。由图可知，相比于地层初始受力状态，在刀盘扰动作用下刀盘掌子面受力状态明显发生变化，刀盘掌子面以及周围土体所受的压缩力明显增大，且刀盘右边和下方周围土体所受的压缩力要高于刀盘左上方周围土体所受的压缩力。

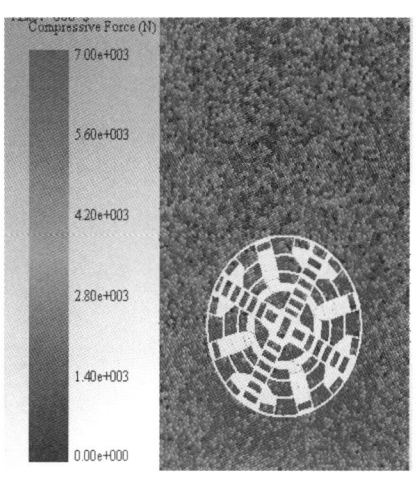

图 5-19　刀盘掘进过程中刀盘掌子面颗粒所受的压缩力

土体颗粒在刀盘掘进过程中的受力一方面反映刀盘对掌子面土体的扰动作用，另一方面可以反映刀盘的受力和磨损状态。刀盘掌子面土体颗粒在刀盘掘进作用下所受的压缩力明显增大，说明刀盘对砂卵石土体扰动作用明显，掌子面稳定性较差，同时刀盘磨损也是刀盘设计者需要考虑的重要因素；刀盘右下侧土体颗粒受力较大，刀盘所受载荷不均匀且随时间变化，在交变载荷作用下的刀盘寿命同样在设计刀盘时需要考虑；由于刀盘右下侧受力较大，刀盘在旋转过程中在该部位受阻较大，因此该部位是刀盘卡停问题中需要着重考虑的位置之一，可以对渣土改良喷口布置进行优化，着重对右下侧土体注入泡沫或膨润土。

（2）刀盘掘进过程中土舱土体颗粒受力状态

如图 5-20 所示为刀盘掘进过程中土舱内土体颗粒受力状态云图，刀盘旋转方向为顺时针方向。由图 5-20（a）可知，土舱内土体颗粒所受的压缩力大小总体上呈现的规律为左低右高，土体颗粒所受的压缩力最大值大致分布在土舱右下角处，最小值大致分布在土舱最上方处；由图 5-20（b）可知，土舱内土体颗粒所受的压缩力大小呈现的规律还有上低下高，土体颗粒所受的压缩力最大值大致分布在螺旋输送机上端，最小值分布在土舱最上方处。

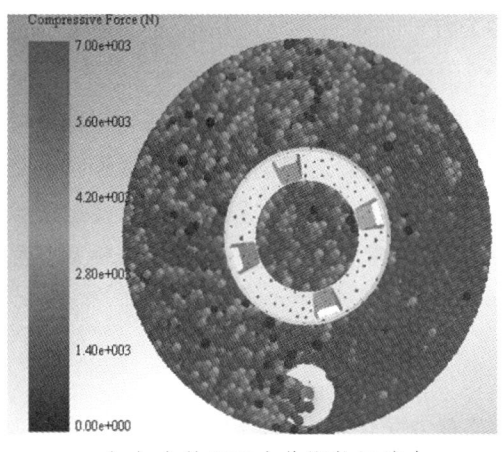 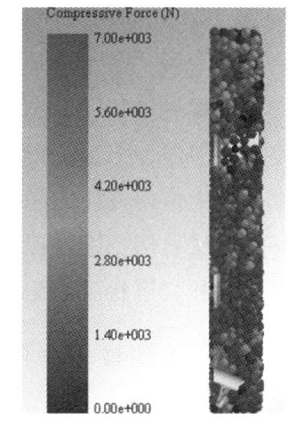

（a）土舱正面土体颗粒压缩力　　　　　　（b）土舱侧剖面土体颗粒压缩力

图 5-20　刀盘掘进过程中土舱土体颗粒所受压缩力

土舱内土体颗粒所受的压缩力与刀盘旋转方向有关，图中为顺时针旋转，土舱右下方土体颗粒所受的压缩力大，当刀盘逆时针旋转时，土舱左下方土体颗粒所受的压缩力大。土体所受的压缩力大说明此处渣土更加密实，颗粒间接触应力更大，此处渣土运动需要克服更大的力。在实际工程中，常采用刀盘正反转的方法来解决刀盘卡停问题，其目的也是使土舱左右两端土体颗粒的压缩力发生变化，从而有利于松动土体。同时，螺旋机深入土舱段左右两侧受力不平衡，对螺旋机的设计提出了一定的要求。

（3）刀盘掘进过程中螺旋机土体颗粒受力状态

如图 5-21 所示为刀盘掘进过程中螺旋输送机内土体颗粒受力状态云图。由图可知，在螺旋输送机前端的土体颗粒所受的压缩力较大，螺旋输送机中部土体颗粒所受的压缩力较前端有所减小，在土体颗粒即将离开螺旋输送机时，土体颗粒几乎不受压缩力影响。螺旋输送机深入土舱段通常是悬在土舱内部，缺少支撑，在土体压缩力的作用下会产生较大的应力，因此土舱部位螺旋输送机易发生断轴风险。

图 5-21　刀盘掘进过程中螺旋机土体颗粒所受压缩力

5.2.3　刀盘和螺旋输送机有限元分析

刀盘在盾构掘进过程中承担着开挖土体的作用，在实际砂卵石地层盾构掘进过程中，刀盘常常发生刀盘卡停、刀盘磨损及刀盘变形等各种问题，刀盘的受力和变形状况是刀盘设计及盾构施工过程中值得关注的问题。螺旋输送机在盾构掘进过程中承担着输送土舱土体的作用，在砂卵石地层盾构掘进过程中，螺旋输送机最常见的问题是螺旋机断轴及变形问题，螺旋输送机的受力和变形状况也是需要关注的问题之一。

1. 刀盘有限元分析

如图 5-22 所示为刀盘在掘进过程中所受总力变化曲线，导出刀盘的受力数据，结合刀盘模型，运用 EDEM 与 workbench 耦合接口传输数据，进行刀盘有限元分析，得出刀盘应力和变形状况，如图 5-23 所示。

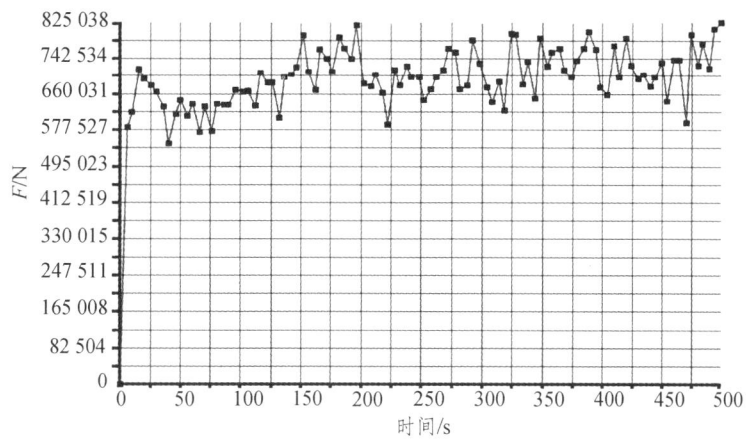

图 5-22　刀盘在掘进过程中所受的总力变化曲线

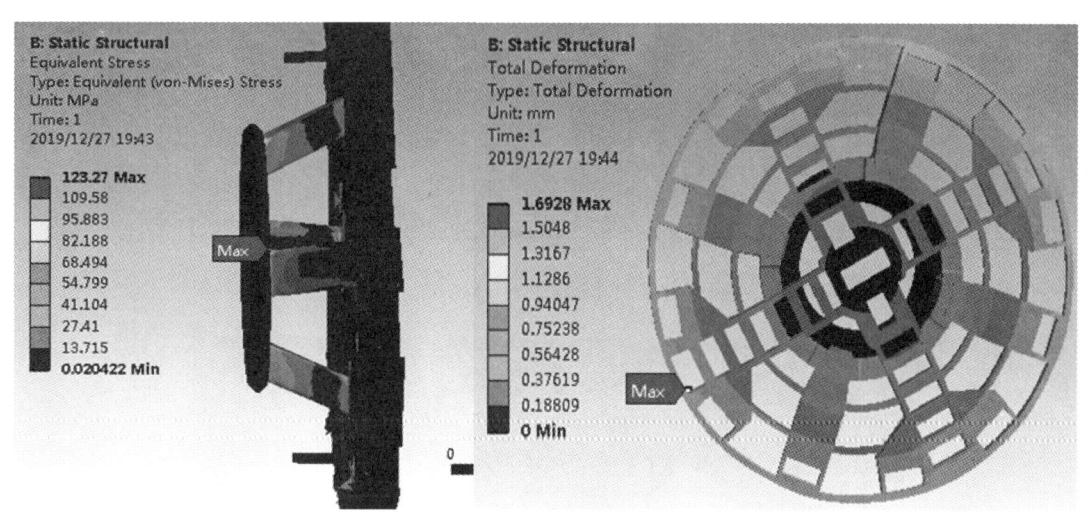

图 5-23　刀盘应力与变形云图

由图 5-23 可知刀盘面板处应力较小，应力较大处基本集中于刀盘云腿、云腿与面板连接处及云腿与法兰盘连接处，最大应力位于云腿与法兰盘连接处，最大值为 123.27 MPa；从刀盘变形云图可以看出，变形量与刀盘半径有关，随着刀盘半径增大，刀盘面板变形增大，刀盘变形最大值位于刀盘最外围环形梁，最大变形量为 1.692 8 mm。

2. 螺旋输送机有限元分析

如图 5-24 所示为螺旋输送机在掘进过程中所受的总力变化曲线，导出螺旋输送机受力信息，运用 workbench 有限元软件对螺旋输送机进行有限元分析，螺旋输送机的应力状态和变形状态如图 5-25 和图 5-26 所示，图中视角方向为螺旋机俯视方向。

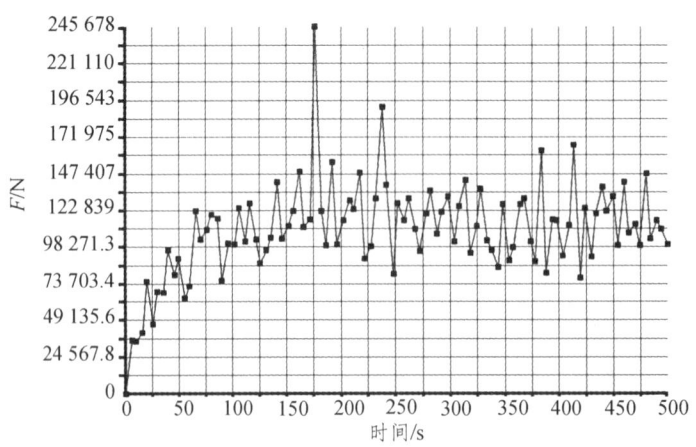

图 5-24　螺旋输送机在掘进过程中所受的总力变化曲线

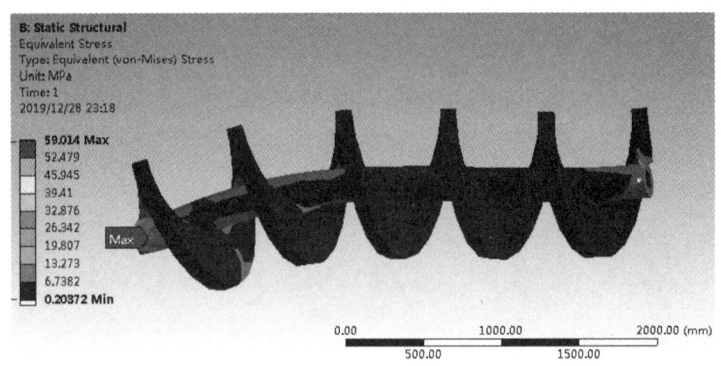

图 5-25　螺旋输送机应力分布云图

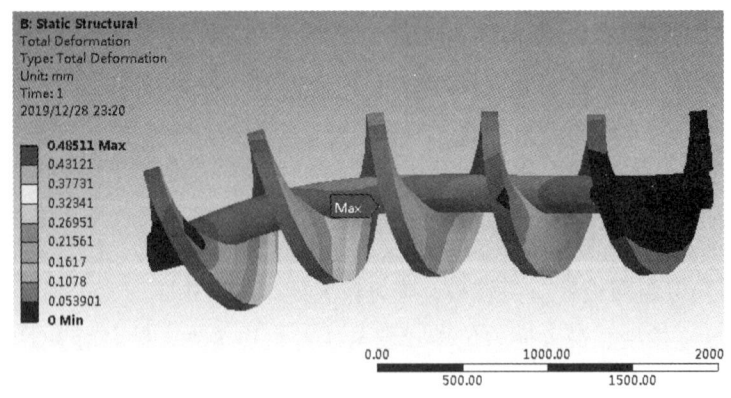

图 5-26　螺旋输送机变形分布云图

由图 5-25 和图 5-26 可知，螺旋输送机靠近土舱段的应力和变形均要大于远离土舱段的应力和变形值，螺旋叶片和螺旋轴大约在土舱和螺旋机筒连接处有较大的应力和变形，最大变形量位于土舱和螺旋机筒连接处的螺旋叶片外圈，最大应力除螺旋轴端面约束处外，大致位于土舱和螺旋机筒连接处，螺旋输送机伸入土舱段存在较大的断轴风险。由图中放大变形量可知，螺旋轴在外力作用下向一侧弯曲，由土舱正面观看，其弯曲方向为土舱左侧，土舱右侧颗粒所受的压缩力大于左侧,螺旋输送机伸入土舱段受到不平衡外力,因此螺旋输送机易朝土舱左侧发生弯曲,这与此处所得结论相互验证。

5.3 关键掘进参数相关性分析

5.3.1 关键掘进参数分析

1. 盾构掘进速度

盾构掘进速度是指盾构在单位时间内掘进的距离,通常用单位 mm/min 来度量。盾构掘进速度是衡量盾构施工效率的重要指标,提高盾构施工速度可以缩短工期,节约施工成本。然而,盾构掘进速度限制因素众多,一方面掘进速度受盾构本身推进系统的限制,推进系统由多组推进油缸构成,推进油缸的伸出速度决定了盾构掘进速度的大小。

以成都地铁 6 号线 3 标工程的盾构机为例,该型号盾构机推进油缸的最大伸出速度为 80 mm/min,因此理论上的最大掘进速度 $v_{max} \leqslant 80$ mm/min;另一方面掘进速度受盾构掘进性能和地质条件的限制,盾构设备配置如刀具布置和刀盘结构等决定了盾构的开挖能力,若掘进速度与盾构开挖能力不匹配,会引起诸如掘进不稳定等工程问题;地质条件同样会限制掘进速度的大小,在恶劣的地质条件下掘进时,过大的掘进速度会增加对地层的扰动,从而引起掌子面土体坍塌、地表沉降等一系列盾构施工问题。

如图 5-27 所示为成都地铁 6 号线尚红区间左线 150~200 环掘进速度数据,表 5-5 为掘进速度统计表。由上述图表可知,在该 50 环掘进区段,前 30 环的掘进速度约为 60 mm/min,后 20 环的掘进速度较前 30 环掘进速度有所减少,约为 35 mm/min。该段区间盾构掘进速度均值为 47.75 mm/min,最大值为 80 mm/min,为最大极限推进速度,最小值为 30.2 mm/min,掘进速度均分布在 30~80 mm/min。

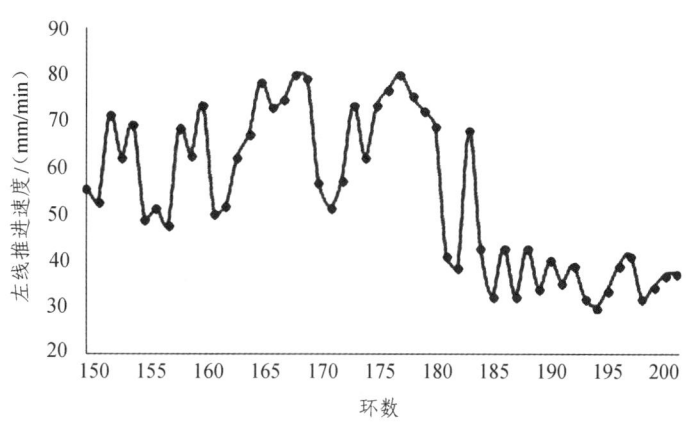

图 5-27 尚红区间左线 150~200 环掘进速度

表 5-5　掘进速度统计表

v /（mm/min）	均值	最大值	最小值	极差	标准差	变异系数
	47.75	80	30.2	36.09	50	1.095

2. 刀盘转速

刀盘转速是盾构掘进过程中影响刀盘开挖效率的重要参数，刀盘转速越大，刀盘开挖能力越强，但随着刀盘转速增大，刀盘磨损量也随之快速增长，刀盘对地层的扰动也越大；同时刀盘转速受刀盘驱动功率限制，而刀盘驱动功率的设计主要取决于工程地质条件。因此，刀盘转速的设定应充分考虑刀盘开挖效率、刀盘磨损量、地质条件及刀盘驱动功率等因素的影响。

如图 5-28 所示为成都地铁 6 号线 3 标尚红区间左线 150~200 环刀盘转速数据，表 5-6 为刀盘转速统计表。由上述图表可知，在该 50 环掘进区间，刀盘转速的大小总体上较为平稳，在 190 环附近处出现一些波动。该段区间刀盘转速均值为 1.75 r/min，最大值为 1.78 r/min，最小值为 1.68 r/min，极差和标准差较小，刀盘转速较为稳定。

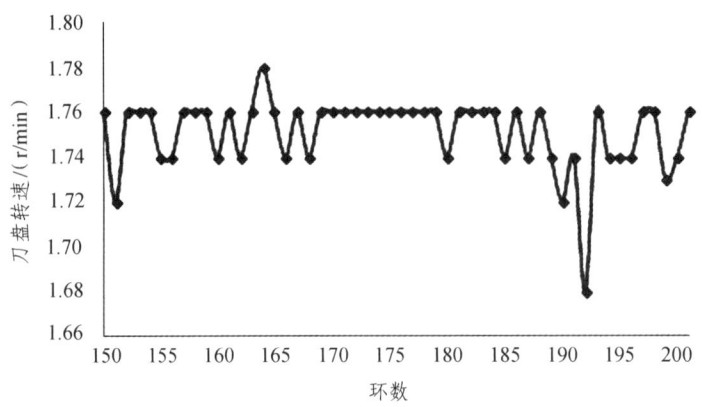

图 5-28　尚红区间左线 150~200 环间刀盘转速

表 5-6　刀盘转速统计表

n_D /（r/min）	均值	最大值	最小值	极差	标准差	变异系数
	1.75	1.78	1.68	0.10	0.015 8	0.009

3. 螺旋输送机转速

螺旋输送机转速是指螺旋轴每分钟转动的圈数，单位为 r/min。螺旋输送机作为输送土舱渣土的关键部件，其输送渣土的效率及输送速度对整个盾构掘进过程影响极大。在富含大漂石的砂卵石地层施工时，螺旋输送机的结构设计应考虑大粒径卵石的通过性，而螺旋机转速对整个土体输送过程极为重要，增大螺旋机转速可以提高排渣效率，但会降低土舱压力，影响掌子面的压力平衡；降低螺旋机转速可以起到一定的保压作用，但随着土舱压力的增大会使刀盘扭矩增大，甚至堵转。因此，螺旋机转速应与刀盘掘进速度相匹配，刀盘切削进土量与螺旋输送机的排土量应保持为动态平衡状态。

将刀盘开口处进土速率设为 Q_{in}，螺旋输送机排土速率设为 Q_{out}，建立平衡方程：

$$Q_{in} = Q_{out} \tag{5-9}$$

其中，进土速率与出土速率的计算公式为

$$Q_{in} = \frac{\pi}{4} D^2 v K_0 \tag{5-10}$$

$$Q_{out} = \frac{\pi}{4}(D_1^2 - d_1^2) n_L l_1 \varphi_1 \tag{5-11}$$

式中　D——盾构开挖直径；

v——盾构掘进速度；

K_0——土体松散系数；

D_1——螺旋机筒内径；

d_1——螺旋机轴径；

n_L——螺旋机转速；

l_1——螺旋机螺旋叶片节距；

φ_1——螺旋机内土体填充系数。

由式（5-10）和式（5-11）可知，螺旋输送机转速 n_L 的数量值与盾构掘进速度 v 的数量值理论上呈比例关系，该比值体现了螺旋输送机转速与盾构掘进速度之间的匹配关系。当螺旋输送机转速与盾构掘进速度之比过大或过小时，进、排土平衡状态将被打破，开挖面土体会变得不够稳定，地表也会因此发生隆起或沉降，因此合理的螺旋输送机转速对整个掘进过程的顺利进行非常重要。

如图 5-29 所示为尚红区间左线某 130 环螺旋输送机转速数据，表 5-7 为螺旋输送机转速统计表。由上述图表可知，在该 130 环掘进区间，螺旋输送机转速呈现一定的波动，说明砂卵石地层出土连续性较差，螺旋机转速需要不断调整适应，但螺旋机转速整体上维持在一定的范围之内。该段区间螺旋输送机转速均值为 8.36 r/min，最大值为 11.673 r/min，最小值为 4.681 r/min，变异系数较小，螺旋机转速离散程度较小。

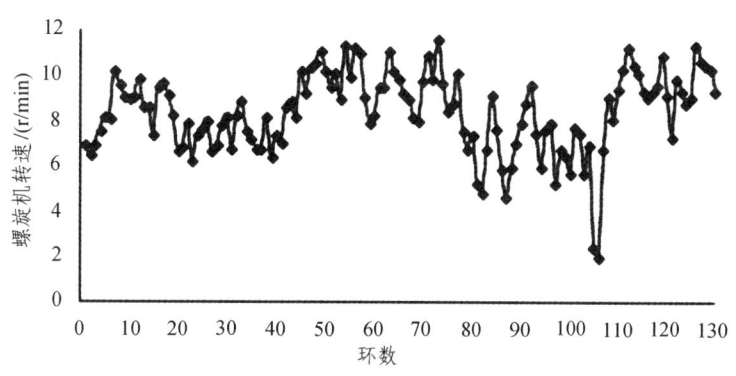

图 5-29　尚红区间左线某 130 环的螺旋机转速

表 5-7　螺旋机转速统计表

n_L/(r/min)	均值	最大值	最小值	标准差	极差	变异系数
	8.36	11.673	4.681	1.564	6.992	0.187

4. 刀盘扭矩和盾构推力

刀盘扭矩和盾构推力是指刀盘旋转运动过程中的阻力矩和盾构推进的阻力,其单位分别为 kN·m 和 kN。刀盘扭矩和盾构推力作为评价盾构掘进状态的重要参数,其值可反映盾构机械设备在掘进过程中运转的难易程度,是盾构掘进过程中需要密切关注的重要指标。刀盘扭矩和盾构推力过大,说明盾构在此段区间掘进困难,如不及时采取措施减少刀盘扭矩和盾构推力,会引发如刀盘变形磨损、刀具损坏以及刀盘卡停等一系列工程问题。因此,在盾构掘进过程中,在保证其他参数正常的情况下,应尽量使刀盘扭矩和盾构推力维持在一个较小值状态。刀盘扭矩和盾构推力也是参数优化的两个重要目标。

如图 5-30 和图 5-31 所示为尚红区间左线某 100 环刀盘扭矩和盾构推力数据变化曲线。由图可知,刀盘扭矩在该 100 环区间内数据存在一定波动,最小值约为 2 500 kN·m,最大值约为 4 500 kN·m,但绝大多数扭矩值保持在 3 500~4 000 kN·m;盾构推力在该区间同样存在波动,最大值约为 13 000 kN,最小值约为 65 000 kN,平均值约为 9 000 kN。砂卵石地层下盾构掘进,刀盘扭矩和盾构推力总体上均控制在一个较为稳定的范围之内,但刀盘扭矩和盾构推力均存在数值较大的峰值点,该峰值点对盾构驱动系统提出较大考验。

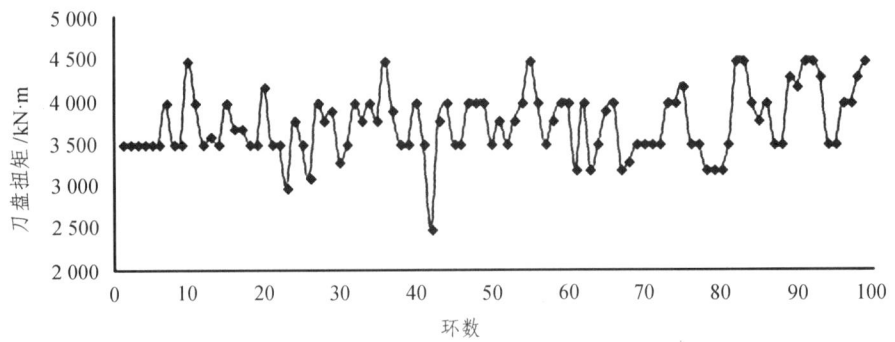

图 5-30　尚红区间左线某 100 环的刀盘扭矩

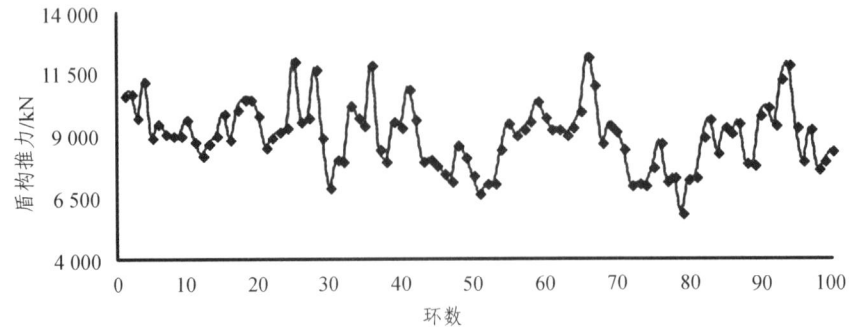

图 5-31　尚红区间左线某 100 环的盾构推力

5. 土舱压力和土体流动性

土舱压力是指盾构为稳定开挖面而在其土舱内形成的渣土压力，土体流动性反映的是渣土在输送过程中的运动性能。土舱压力对盾构机械设备的寿命和盾构开挖面的稳定具有较大影响，过大的土舱压力一方面会对机械设备产生较大压力，从而引起刀盘扭矩过大和机械结构的过度磨损等问题，另一方面会对开挖面平衡造成影响，引起地表隆起等问题；过小的土舱压力会致使掌子面土体坍塌，从而引起过大的地表沉降。土体流动性也是工程施工中重点关注的对象，土体流动性对盾构掘进有非常重大的影响，除了设置合理的掘进参数来提高土体流动性能外，实际工程中也常常使用土体改良材料提高渣土的流动性能。

如图5-32所示为尚红区间左线某100环土舱压力数据变化曲线。由图可知，土舱压力在该区间前期基本维持在0.06~0.09 MPa，在区间后期土舱压力发生较大波动，土舱压力值也有所上升，土舱压力值超过0.1 MPa，该段区间地层稳定性较差。

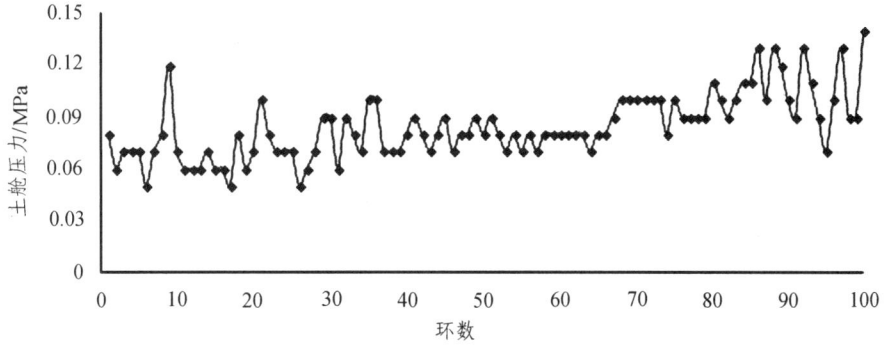

图5-32 尚红区间左线某100环的土舱压力

在实际工程中通常通过皮带输送机运出的渣土性质判断渣土流动性的好坏，而渣土的物理性质并不能直接反映渣土在土舱内部的流动性能，其判断结果与实际情况往往存在一定的差距，目前对土舱内渣土流动性的定义尚不明确。为了更加直接反映土舱土体流动性能，本次研究通过仿真监测土舱土体的运动速度，将土舱土体的平均速度定义为土舱土体流动性参数，土舱土体平均速度大则土体流动性好，反之则差。由上节模型仿真得出的反映土舱土体流动性的移动平均速度曲线如图5-33所示。

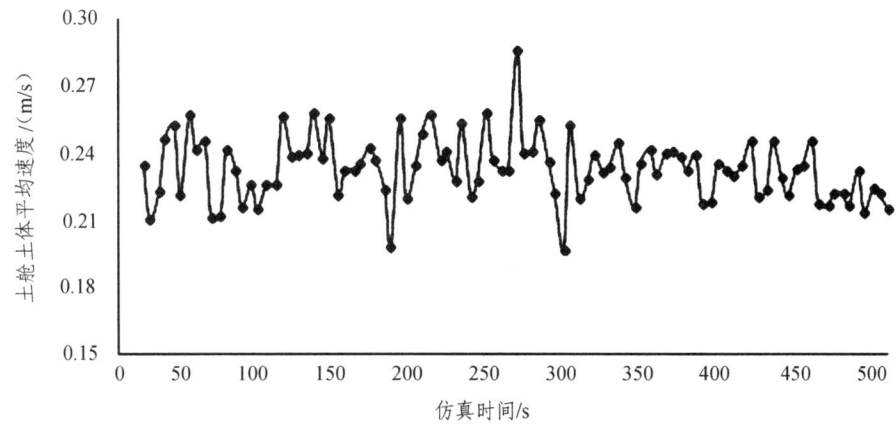

图5-33 仿真过程中的土舱土体移动平均速度变化曲线

由图 5-33 可知，土舱土体移动平均速度在整个仿真过程均在一定范围内波动，平均速度为 0.21～0.24 m/s，在仿真初期波动范围较大，随着仿真的进行，波动范围逐渐减小，最后基本趋于稳定。

5.3.2 关键掘进参数相关性分析

由上节可知，盾构掘进速度 v、刀盘转速 n_D 及螺旋机转速 n_L 为盾构掘进过程中的主动调节参数，刀盘扭矩 T、盾构推力 F、土舱压力 P_c 及土舱内土体流动性 L_v 等均为被动反馈参数。当改变主动调节参数时，被动反馈参数会随之发生改变，主动调节参数与被动反馈参数之间存在着某种联系，研究参数之间的关系对盾构施工中掘进参数的调整有着重要意义。

由于仿真模型的限制，盾构推力这一项参数无法通过仿真结果得出，只能得到刀盘正面推力 F_D，由于引起盾构推力变化的主要原因是刀盘正面推进阻力的变化，所以可用刀盘正面推力 F_D 代替盾构总推力 F 来分析掘进参数之间的影响关系。

螺旋输送机转速往往不单独对盾构掘进造成影响，而螺旋机转速和盾构掘进速度之间的匹配关系对盾构掘进造成非常大的影响，两者之间的匹配关系可以通过螺旋输送机转速与盾构掘进速度之比来体现。本次研究假设在盾构掘进过程中开挖下来的渣土在不超挖的情况下被螺旋输送机及时运走，且保持土舱压力与开挖面土压力平衡，引入转进比这一概念，即螺旋输送机转速和盾构掘进速度之比，用符号 τ 表示，其中螺旋机转速单位为 r/min，盾构掘进速度单位为 mm/s。

因此，本书确定的主动调整参数有三个，分别为盾构掘进速度 v、刀盘转速 n_D 和转进比 τ，被动反馈参数有四个，分别为刀盘扭矩 T、刀盘正面推力 F_D、土舱压力 P_c 及土舱土体流动性 L_v。

为了研究主动调整参数与被动反馈参数之间的影响关系，基于上一章的刀盘掘进仿真模型，通过改变其中一个主动调整参数，保持其他两个参数不变，得出不同的反馈参数结果，并通过仿真结果对比分析主动调整参数与被动反馈参数之间的影响关系。

1. 盾构掘进速度与掘进参数的相关性

（1）盾构掘进速度与刀盘扭矩的关系

图 5-34 为在刀盘转速和转进比保持不变，掘进速度分别为 0.5 mm/s、0.7 mm/s、0.9 mm/s、1.1 mm/s 以及 1.3 mm/s 下的刀盘扭矩变化曲线。由图可知，刀盘扭矩随着仿真的进行逐渐趋于稳定，在 5 种不同掘进速度下的刀盘扭矩稳定值差距较小，稳定值约为 3 900 kN·m。说明盾构掘进速度对刀盘扭矩影响较小，二者影响关系较弱。

理论上掘进速度与贯入度具有很强的线性关系，在刀盘转速不变的情况下，掘进速度越大，贯入度也就越大，因此通常认为"v 越大，T 越大"。但是由于砂卵石地层非常特殊复杂，开挖面土体通常在盾构扰动作用下呈松散状态，刀具往往不像普通软硬土地层那样深入地层切削土体，因此贯入度概念在复杂砂卵石地层中可能并不适用。由于砂卵石地层本身的特点，刀盘扭矩随掘进速度的变化情况规律性较弱，说明通常认为的"v 越大，T 越大"的规律对特殊地层并不一定适用。

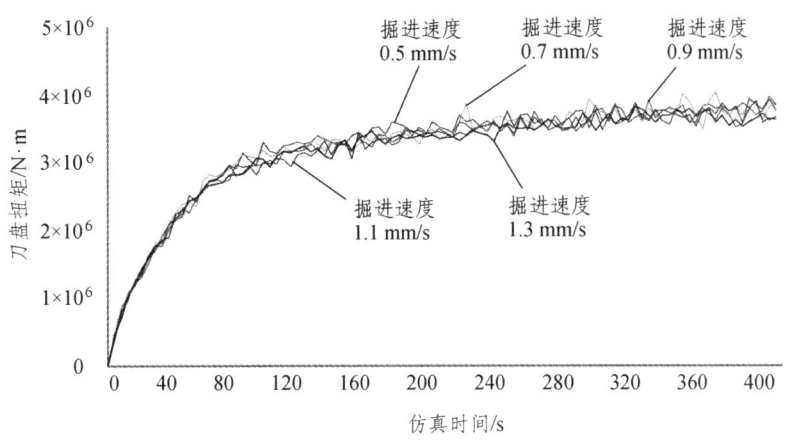

图 5-34 不同掘进速度下的刀盘扭矩变化曲线

（2）盾构掘进速度与刀盘正面推力的关系

由图 5-35 不同掘进速度下的刀盘正面推力变化曲线可知，刀盘正面推力在仿真过程中存在一定的波动，但整体上维持在一定范围之内。在 5 种不同掘进速度下的刀盘正面推力存在明显的差距，随着掘进速度的增大，刀盘正面推力也随之增大。当掘进速度在最小值 0.5 mm/s 时，刀盘正面推力平均值约为 500 kN，在掘进速度在最大值 1.3 mm/s 时，刀盘正面推力平均值接近 700 kN，说明盾构掘进速度对刀盘正面推力影响较为可观，二者具有一定的影响关系。

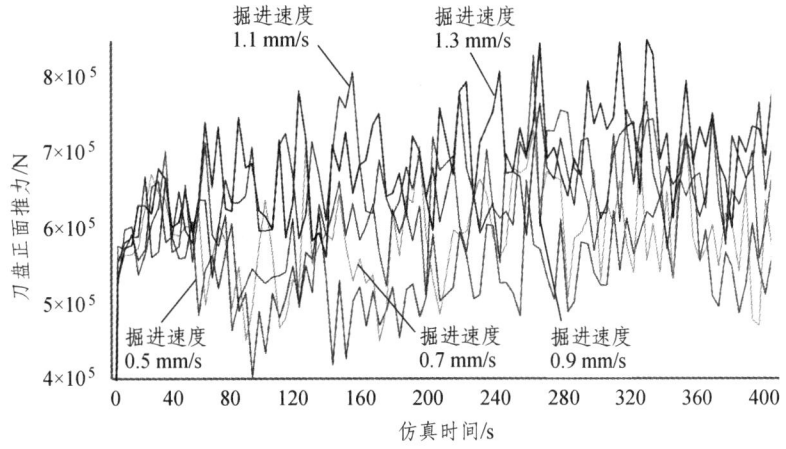

图 5-35 不同掘进速度下的刀盘正面推力变化曲线

（3）盾构掘进速度与土舱压力的关系

由图 5-36 不同掘进速度下的土舱压力变化曲线可知，土舱压力随着仿真的进行逐渐趋于稳定，在不同掘进速度下的土舱压力存在一定的差距，随着盾构掘进速度的增大，土舱压力有一定的减小。当掘进速度在最小值 0.5 mm/s 时，土舱压力稳定值约为 64 000 Pa，掘进速度在最大值 1.3 mm/s 时，土舱压力稳定值约为 58 000 Pa，其变化率约为 10%，说明盾构掘进速度对土舱压力具有一定的影响，二者具有一定的相关性。

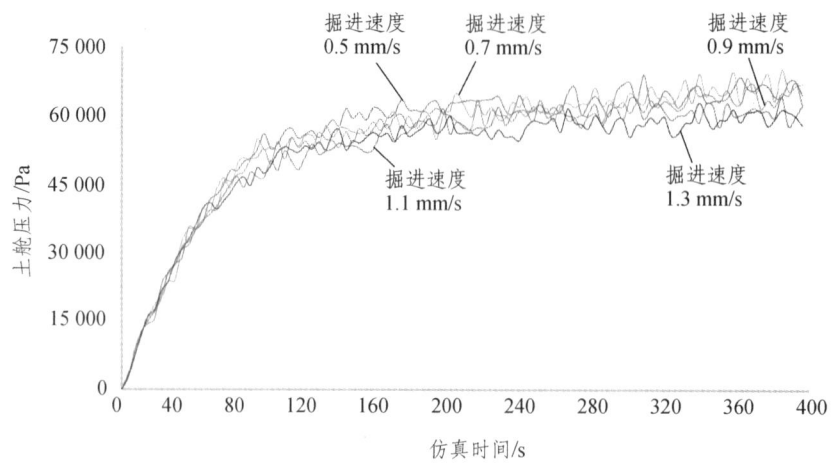

图 5-36　不同掘进速度下的土舱压力变化曲线

（4）盾构掘进速度与土舱土体流动性的关系

图 5-37 为不同掘进速度下的土舱土体平均速度变化曲线。由图可知，在 5 种不同掘进速度下的土舱土体平均速度存在较小的差距，随着盾构掘进速度的增大，土舱土体平均速度也随之有所增大。当掘进速度在最小值 0.5 m/s 时，土舱土体平均速度约为 0.23 m/s，掘进速度在最大值 1.3 m/s 时，土舱土体平均速度约为 0.26 m/s，说明盾构掘进速度对土舱土体流动性具有一定的影响，二者具有一定的相关性。

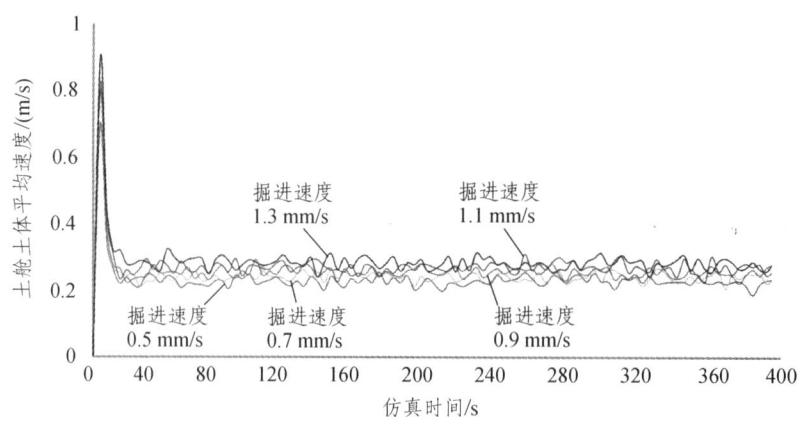

图 5-37　不同掘进速度下的土舱土体平均速度变化曲线

2. 刀盘转速与掘进参数的相关性

（1）刀盘转速与刀盘扭矩的关系

图 5-38 为在不同刀盘转速下的刀盘扭矩变化曲线。由图可知，刀盘扭矩随着仿真的进行逐渐趋于平衡，在不同刀盘转速下的刀盘扭矩平衡值存在一定的差距，随着刀盘转速的增大，刀盘扭矩平衡值也随之增大。当刀盘转速在最小值 0.5 r/min 时，平衡值约为 2 700 kN·m，刀盘转速在最大值 2.5 r/min 时，平衡值约为 4 000 kN·m。但随着刀盘转速增加，刀盘扭矩增速明显有所下降，刀盘转速为 0.5 r/min 时和刀盘转速为 1.5 r/min 时，刀盘扭矩差距较大，

而刀盘转速为 1.5 r/min 时和刀盘转速为 2.5 r/min 时，刀盘扭矩差距较前者有明显的减小。刀盘转速对刀盘扭矩具有一定规律的影响，二者具有较强的影响关系。

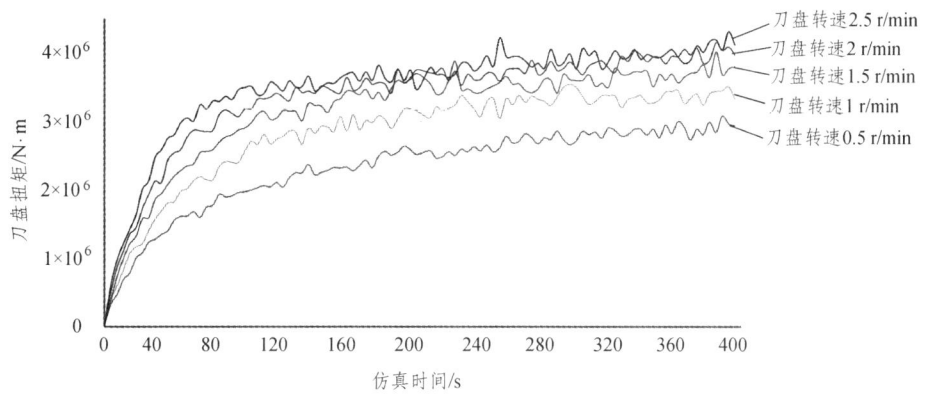

图 5-38　不同刀盘转速下的刀盘扭矩变化曲线

由刀盘调速特性可知，刀盘驱动系统的调速模式通常有恒扭矩调速和恒功率调速。对于恒功率调速，刀盘扭矩与刀盘转速通常呈负相关，即刀盘转速越大，刀盘扭矩越小，但该规律只能表示两者之间的限制关系，并说明两者之间不具有影响关系。刀盘扭矩主要由盾构掘进状态和地层因素决定，反映的是刀盘负载情况，当刀盘转速发生变化时，由上述研究得出刀盘扭矩也会发生变化，且两者呈正相关，说明盾构掘进状态发生改变时，外界对刀盘的负载也会发生变化。所以上述规律反映的是刀盘转速对刀盘负载的影响，对刀盘扭矩与刀盘转速的实际数据呈负相关的规律而言，并不矛盾。

（2）刀盘转速与刀盘正面推力的关系

图 5-39 为在不同刀盘转速下的刀盘正面推力变化曲线。由图可知，除刀盘转速为 0.5 r/min 时刀盘正面推力不断增长，其他 4 种刀盘转速下的刀盘正面推力在仿真过程中存在一定的波动，但整体上维持在一定范围之内。5 种不同刀盘转速下的刀盘正面推力存在明显的差距，且随着刀盘转速的增大，刀盘正面推力随之减小。当刀盘转速在最小值 0.5 r/min 时，刀盘正面推力在仿真时段内不断增大，未能保持平衡，其值在 400 s 时接近 1 000 kN，当刀盘转速在最大值 2.5 r/min 时，刀盘正面推力平均值大约为 550 kN，说明盾构刀盘转速对刀盘正面推力影响较为可观，二者具有较强的影响关系。

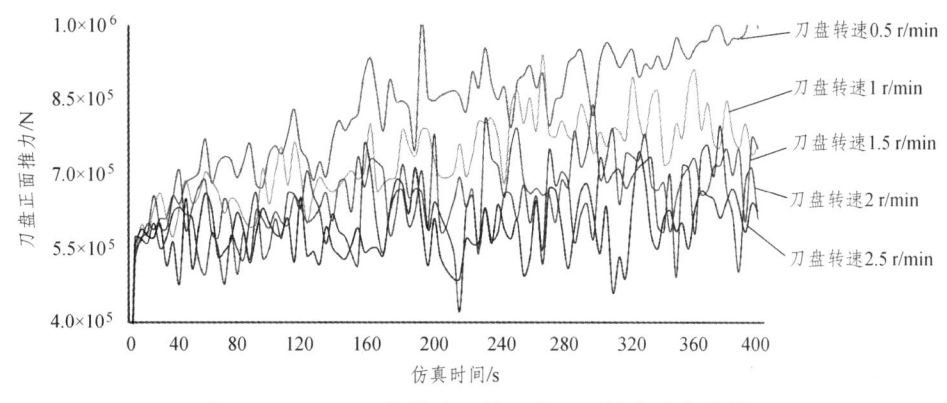

图 5-39　不同刀盘转速下的刀盘正面推力变化曲线

（3）刀盘转速与土舱压力的关系

图 5-40 为在不同刀盘转速下的土舱压力变化曲线。由图可知，土舱压力随着仿真的进行逐渐趋于平衡，在 5 种不同刀盘转速下的土舱压力存在一定的差距，随着刀盘转速的增大，土舱压力也随之增大。当刀盘转速在最小值 0.5 r/min 时，土舱压力平衡值约为 40 000 Pa，转速在最大值 2.5 r/min 时，土舱压力平衡值约为 64 000 Pa，其变化率约为 50%，说明刀盘转速对土舱压力具有较强的影响，二者具有较强的影响关系。

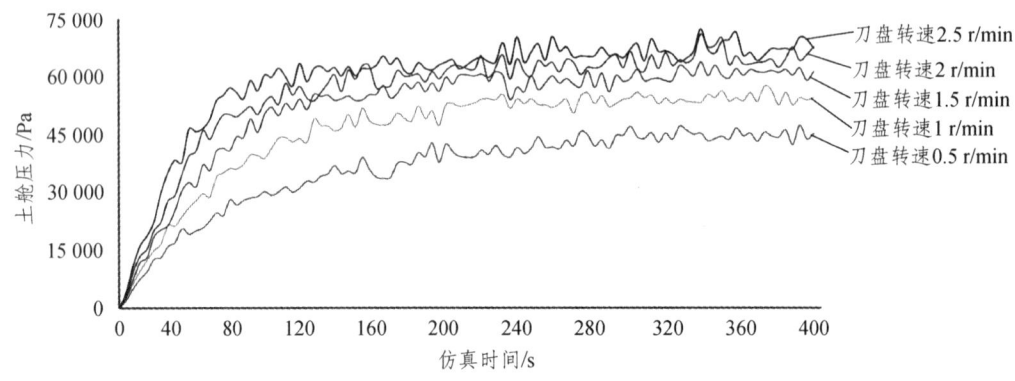

图 5-40 不同刀盘转速下的土舱压力变化曲线

（4）刀盘转速与土舱土体流动性的关系

图 5-41 为不同刀盘转速下的土舱土体平均速度变化曲线。由图可知，土舱土体平均速度随着仿真的进行逐渐趋于平衡，在 5 种不同刀盘转速下的土舱土体平均速度存在明显的差距，随着盾构刀盘转速的增大，土舱土体平均速度也随之有所增大。当刀盘转速在最小值 0.5 r/min 时，土舱土体平均速度约为 0.1 m/s，刀盘转速在最大值 2.5 r/min 时，土舱土体平均速度约为 0.35 m/s，说明刀盘转速对土舱土体流动性具有较大的影响，二者具有较强的影响关系。

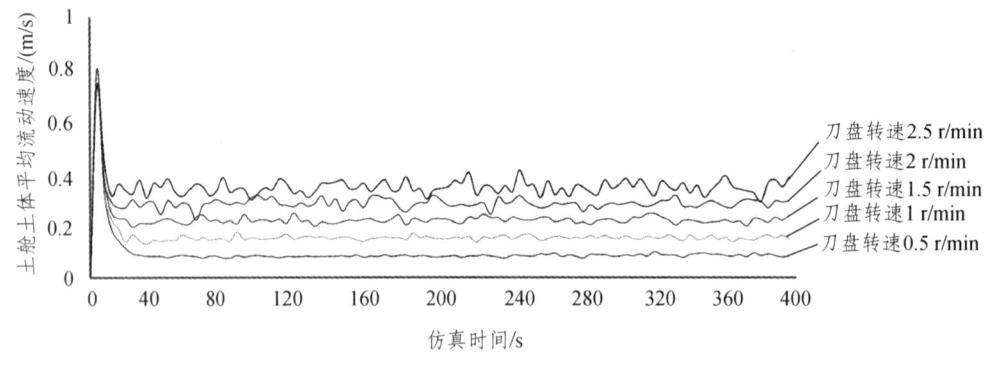

图 5-41 不同刀盘转速下的土舱土体平均速度变化曲线

3. 转进比与掘进参数之间的关系

（1）转进比与刀盘扭矩的关系

图 5-42 为在刀盘掘进速度和刀盘转速保持不变，转进比分别为 5~12 时的刀盘扭矩变化曲线。由图可知，当转进比为 5 和 6 时，刀盘扭矩在仿真时间内未能达到平衡状态，且不断

增大，刀盘扭矩在仿真后期达到 4 500 kN·m，平衡值更会高于此值，会不利于盾构的开挖掘进；当转进比为 7~12 时，刀盘扭矩随着仿真的进行逐渐趋于平衡，6 种不同转进比下的刀盘扭矩平衡值存在一定的差距，随着转进比的增大，刀盘扭矩平衡值会随之减小，当转进比在最小值 7 时，平衡值约为 4 200 kN·m，转进比在最大值 12 时，平衡值约为 3 100 kN·m。转进比对刀盘扭矩具有一定的影响，二者具有一定的影响关系。

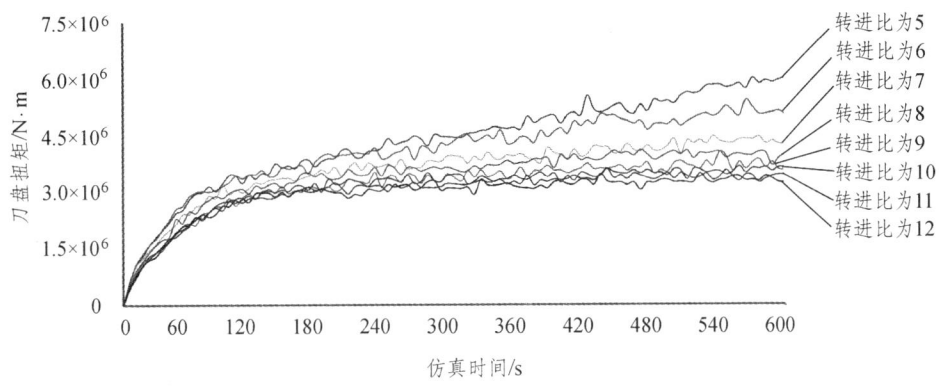

图 5-42　不同转进比下的刀盘扭矩变化曲线

（2）转进比与刀盘正面推力的关系

图 5-43 为在刀盘掘进速度和刀盘转速保持不变，转进比分别为 5~12 时的刀盘正面推力变化曲线。

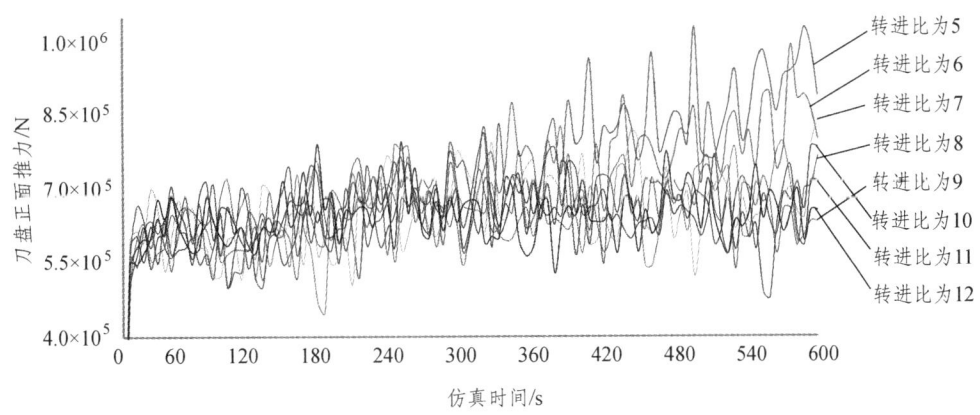

图 5-43　不同转进比下的刀盘正面推力变化曲线

由图可知，除转进比为 5 和 6 时刀盘正面推力不断增长，且其推力值明显大于其他 6 组数据外，其他 6 种转进比下的刀盘正面推力在仿真过程中存在一定的波动，但整体上维持在一定范围之内，6 种转进比下的刀盘正面推力存在一定的差距，其变化规律不够明显，保持在 6 000~7 000 kN。转进比对刀盘正面推力存在一定影响，当转进比小于 7 时，刀盘正面推力具有较大值，且不断增大，不利于刀盘掘进；当转进比大于 7 时，刀盘正面推力同样会随着转进比的变化而变化，但变化规律较为模糊，二者具有一定的影响关系。

（3）转进比与土舱压力的关系

图 5-44 为在刀盘掘进速度和刀盘转速保持不变，转进比分别为 5~12 时的土舱压力变化曲线。由图可知，土舱压力变化曲线和刀盘扭矩变化曲线非常类似，当转进比为 5 和 6 时，土舱压力在仿真时间内未能达到平衡状态，不断增大处于较大值，会不利于盾构的开挖掘进；当转进比为 7~12 时，土舱压力随着仿真的进行逐渐趋于平衡，6 种不同转进比下的土舱压力平衡值存在一定的差距，随着转进比的增大，土舱压力平衡值会随之减小，当转进比在最小值 7 时，平衡值约为 70 kPa，转进比在最大值 12 时，平衡值约为 50 kPa。转进比的变化对土舱压力具有一定的影响，二者具有一定的影响关系。

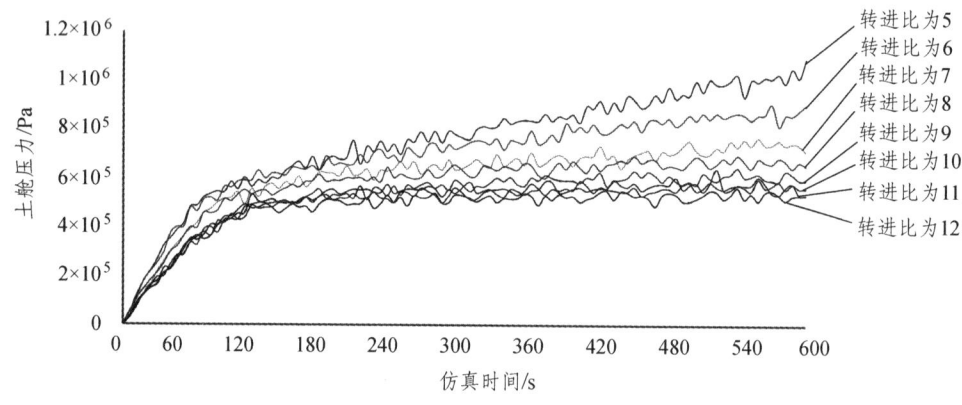

图 5-44 不同转进比下的土舱压力变化曲线

（4）转进比与土舱土体流动性的关系

图 5-45 为在刀盘掘进速度和刀盘转速保持不变，转进比分别为 5~12 时的土舱土体平均速度变化曲线。由图可知，土舱土体平均速度随着仿真的进行逐渐趋于平衡，在 8 种不同转进比下的土舱土体平均速度存在较小的差距，随着转进比的增大，土舱土体平均速度也随之有所增大，当转进比为最小值 5 时，土舱土体平均速度约为 0.22 m/s，当转进比为最小值 12 时，土舱土体平均速度约为 0.3 m/s，说明转进比对土舱土体流动性具有一定的影响，二者具有一定的影响关系。

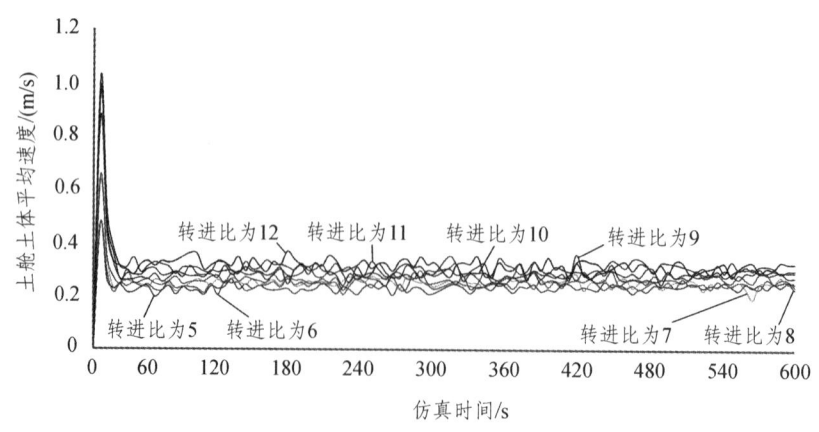

图 5-45 不同转进比下的土舱土体平均速度变化曲线

综合上述关键掘进参数影响关系分析可知，主动调整参数与被动反馈参数有着非常紧密的联系，主动调整参数的变化会引起被动反馈参数以不同的规律发生变化。对上述掘进参数进行 Pearson 相关性分析，得出掘进参数间的相关系数结果如表 5-8 所示，其中，相关性系数位于-1 到 1 之间，相关性越强则相关系数绝对值越大，反之相关系数绝对值越小，相关系数为正数表示正相关，反之为负相关。

表 5-8 Pearson 相关性分析结果

掘进参数	刀盘扭矩	刀盘正面推力	土舱压力	土舱土体流动性
掘进速度	−0.364	0.991	−0.944	0.982
刀盘转速	0.974	−0.922	0.965	0.999
转进比	0.930	−0.862	−0.940	0.956

由表可知，除了刀盘扭矩与盾构掘进速度影响关系较小外，其他掘进参数间均存在较强的影响关系，被动反馈参数受多种主动调整参数的影响，任何反馈参数都是各种主动调整参数综合作用的结果。

5.4 关键掘进参数预测及优化配置

5.4.1 基于 BP 神经网络的掘进参数预测分析

主动调整参数的改变会对被动反馈参数产生一定的影响，且被动反馈参数受主动调整参数的交叉相互作用，其参数之间的具体关系不够明确，是一个复杂的模糊非线性系统，无法用显式函数建立关键掘进参数的预测模型。而人工神经网络具有强大的非线性映射能力，因此，本书研究采用该方法建立关键掘进参数预测模型。

将盾构掘进速度 v、刀盘转速 n_D 及转进比 τ 作为系统输入变量，将刀盘扭矩 T、刀盘正面推力 F_D、土舱压力 P_c 及土舱土体流动性 L_v 作为系统响应输出变量。确定输入输出数据样本后，采用神经网络预测模型程序，确定学习参数并进行参数训练，从而建立输入与输出之间的复杂映射关系，实现输出参数的预测。

1. BP 神经网络设计

（1）隐含层节点数的确定

对于 BP 神经网络隐含层节点数，一般通过估算的方法来确定，首先需要根据输入及输出数量确定一个初始值，初始隐含层节点数的方法如下式所示：

$$N_m = \sqrt{0.43mn + 0.12n^2 + 2.54m + 0.77n + 0.35} + 0.51 \quad (5\text{-}12)$$

式中：N_m 为初始隐含层节点数；m 为输入层节点数；n 为输出层节点数。

本次训练数据样本中的输入层节点数为 3，输出层节点数为 4，代入式（5-12）得出初始隐含层节点数为 5。在初始隐含层训练结果达不到要求精度时，需要不断对隐含层节点数进行调整，直到达到精度为止。

（2）传递函数与训练算法的选择

常用的传递函数有 tansig 函数、logsig 函数以及 purelin 函数，传递函数的选择方案有多种，选取不同传递函数进行神经网络训练会取得不同的结果。本次研究最终选取的传递函数为 tansig 函数和 purelin 函数；训练算法采用标准的梯度下降算法 traingd；其他训练参数设置如下：学习速率为 0.1，训练次数为 1 000，精度目标为 0.01，其余设置均设为默认值。

2. 初始权值和阈值优化

由于 BP 神经网络算法稳定性较差，容易出现局部最优的现象，在运用 BP 神经网络进行运算时，通常需要对初始权值和阈值进行优化，以提高 BP 神经网络的稳定性。可以通过 MATLAB 调用 GAOT 工具箱，利用 GA 算法来优化 BP 神经网络的权值和阈值。其优化过程如图 5-46 所示。

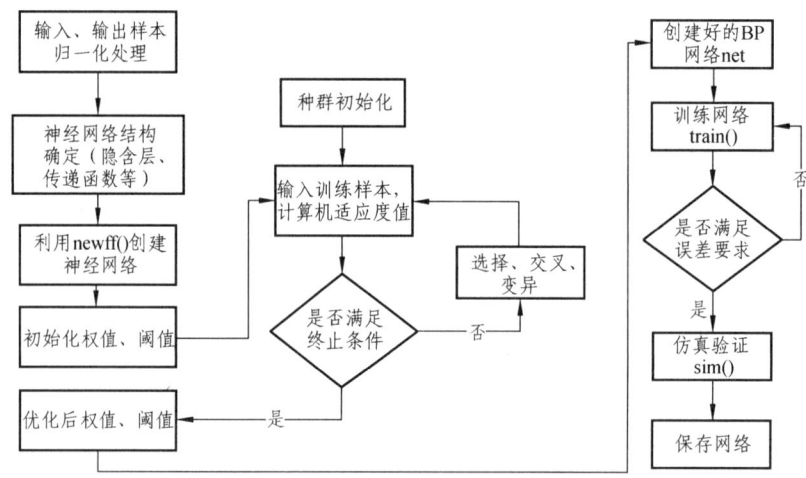

图 5-46　GA 算法优化 BP 神经网络的权值和阈值步骤

3. 神经网络训练结果分析

图 5-47 为仿真过程中的适应度函数进化曲线。由图可知，当进化代数达到 80 代时，适应度函数基本保持平稳，此时 GA 算法完成了 BP 神经网络权值和阈值的优化，网络误差达到了最小。

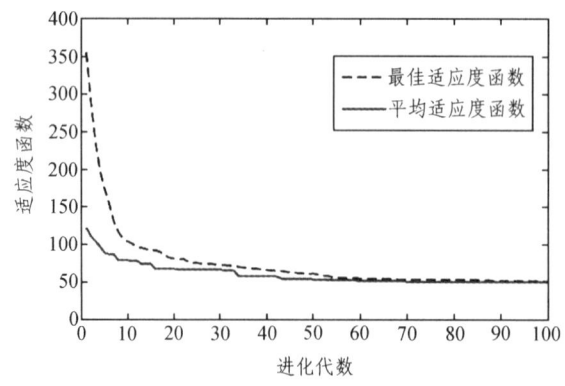

图 5-47　适应度函数进化曲线

为了验证所建立的神经网络预测模型的准确度，用神经网络预测值与预测样本数据进行对比，对比结果如图 5-48 所示，模型测试结果误差如表 5-9 所示。

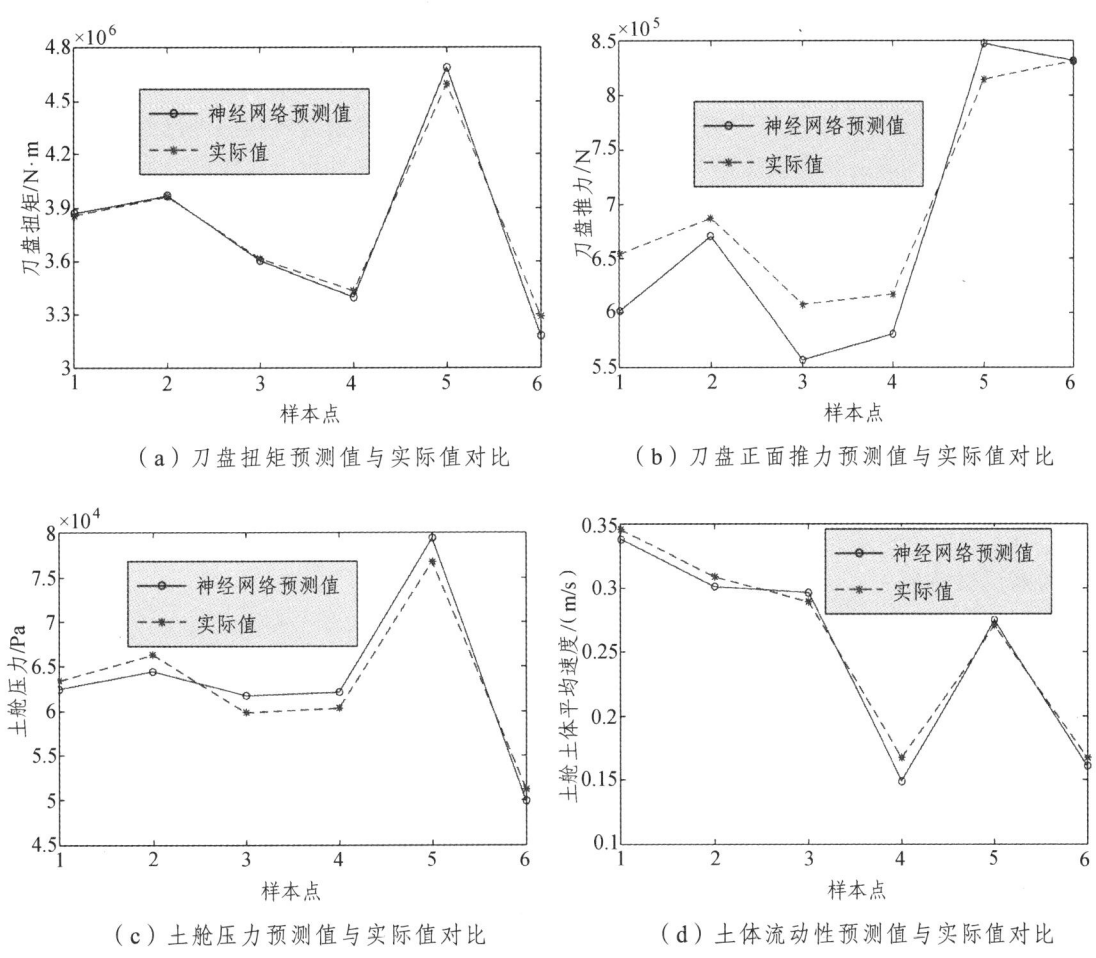

图 5-48 优化 BP 神经网络模型测试结果

表 5-9 优化 BP 神经网络模型测试结果误差

参　　数	最大相对误差	最小相对误差	平均相对误差	方　　差
刀盘扭矩	3.35%	0.11%	1.20%	0.013 5
刀盘正面推力	8.44%	0.02%	4.83%	0.089 7
土舱压力	3.41%	1.43%	2.75%	0.041 0
土体流动性	10.78%	1.53%	3.91%	0.096 5

由图 5-48 可知，输出参数预测值与实际值拟合较好，刀盘正面推力预测值与实际相比有较小差距，但整体变化趋势保持一致。通过直观观察及误差结果可知，此次训练的神经网络模型具有较强的可信度，测试结果误差很小，该神经网络模型可用于掘进参数预测。

5.4.2 掘进参数优化设计模型建立

由上述内容分析得知,盾构掘进参数主要有盾构掘进速度 v、刀盘转速 n_D 及螺旋机转速 n_L、刀盘扭矩 T、盾构推力 F、土舱压力 P_c 及土舱土体流动性 L_v 七个参数。其中盾构掘进速度 v、刀盘转速 n_D 及螺旋机转速 n_L 三个参数在盾构掘进过程中可由盾构司机进行调整,刀盘扭矩 T、盾构推力 F、土舱压力 P_c 及土舱土体流动性 L_v 四个参数为盾构掘进过程中表现出来的参数。因此,前三种参数应作为优化设计变量,代表着掘进过程中参数设置的方案;土舱压力 P_c 作为输出参数,在实际工程中不存在一个最优目标值,其值应保持在一个合理范围之内,该范围反过来对设计变量进行约束,应作为约束条件;刀盘扭矩 T、盾构推力 F 及土舱土体流动性 L_v 在实际工程中存在最优目标值,刀盘扭矩和盾构推力代表着盾构掘进状态,刀盘扭矩和盾构推力越小,盾构掘进更为顺畅,出现施工问题的概率也就越小,因此两者的最优目标值应为最小值,而土舱土体流动性代表着土体运动状态,土体流动性好,土体输送更为顺畅,同样出现施工问题的概率也会越小,因此土体流动性最优目标值为最大值。

1. 设计变量

由上述分析可知,该优化设计模型的优化设计变量有 3 个:盾构掘进速度 v、刀盘转速 n_D 及螺旋机转速 n_L。

2. 约束条件

(1) 盾构掘进速度约束

盾构掘进速度一方面受盾构机推进油缸的最大伸出速度限制;另一方面掘进受盾构掘进性能和地质条件的限制。除盾构掘进特殊情况外,如盾构始发和出洞,盾构掘进速度应约束在 0.5 ~ 1.3 mm/s。

(2) 刀盘转速约束

借鉴成都砂卵石地层盾构施工经验以及对研究地层进行充分对比分析的基础上,约束研究区间刀盘转速的最大值不宜高于 2.5 r/min。

(3) 土舱压力约束

对于土压平衡盾构来说,土舱压力对盾构掘进有着至关重要的作用,过小的土舱压力会引起地表沉降,造成一系列不利影响;过大的土舱压力会引起盾构掘进困难,同样不利于盾构掘进。本次研究根据土舱压力设置方法并结合实际土舱压力,对土舱压力进行约束,土舱压力约束范围为 55 ~ 80 kPa。

3. 目标函数

根据上述内容分析,此次优化设计的目标函数应为:① 刀盘扭矩最小;② 刀盘正面推力最小;③ 土舱土体流动性最好。其优化目标有三个,为多目标优化。

5.4.3 优化设计结果分析

在近似模型确定的情况下,根据优化数学模型对设计变量、约束条件和目标函数进行设置,并选用适合于多目标优化设计的优化方法,本书选用的多目标优化算法为 NSGA-Ⅱ。

图 5-49 为优化过程中的迭代过程，横坐标为迭代次数。由图可知，优化求解程序共进行 240 次迭代计算，其全局最优解在大约迭代次数为 20 次时取到。其优化结果如表 5-10 所示。

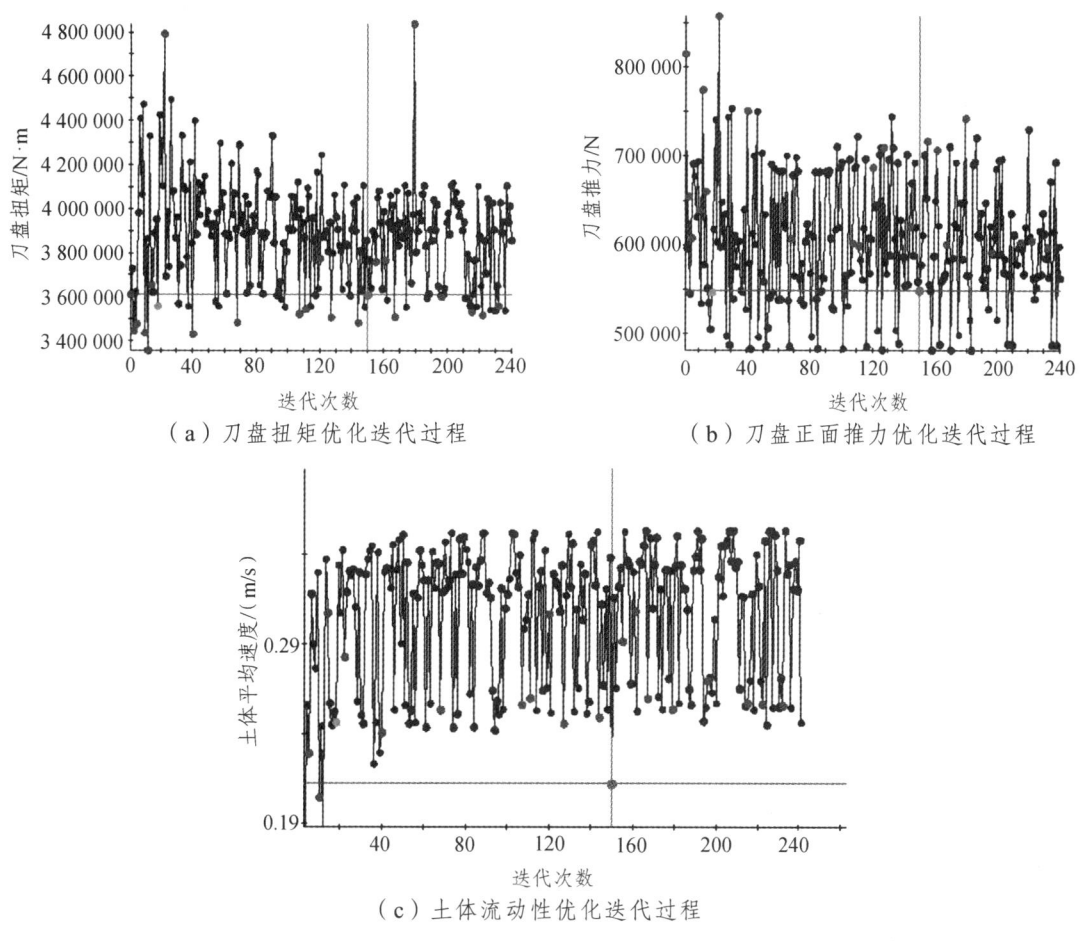

（a）刀盘扭矩优化迭代过程　　　　（b）刀盘正面推力优化迭代过程

（c）土体流动性优化迭代过程

图 5-49　优化目标函数的迭代过程

表 5-10　多目标优化结果

参数	掘进速度 /（mm/s）	刀盘转速 /（r/min）	螺旋机转速 /（r/min）	刀盘扭矩 /N·m	刀盘正面推力 /N	土舱压力 /Pa	土体平均速度 /（m/s）
初始值	1.00	1.60	8.68	3 854 104	686 634	62 195	0.224
优化后	0.61	1.69	6.14	3 560 200	547 060	62 234	0.247

由表 5-10 优化结果与初始值对比可知，利用 NSGA-Ⅱ优化算法得到的优化结果在每个目标函数值上均有所提升，优化方案与初始方案相比更为合理。其中，优化后的刀盘扭矩与初始值相比减小 293 904 N·m，减少比率为 7.63%；优化后的刀盘正面推力与初始值相比减小 139 574 N，减少比率为 20.33%；土舱土体平均速度与初始值相比增大 0.023 m/s，增大比率为 10.27%；优化后的土舱压力与初始值变化不大，均在约束条件范围之内。因此，此次优化设计整体上是成功的，优化方案得出的优化结果更有利于盾构掘进的进行，优化设计方案可作为盾构掘进过程中参数调整的一个参考方案。

第 6 章　主减速机齿轮热分析及接触疲劳寿命研究

现代隧道盾构施工对盾构机的寿命要求越来越高，盾构刀盘主驱动减速机作为刀盘驱动系统的核心部件，满足一定的设计寿命要求是盾构顺利掘进的保障。随着盾构市场的日益增长，主减速机国产化势在必行，而国产主减速机发热严重这一问题必须得到解决。齿轮受到疲劳损伤是主减速机不可避免的现象，而齿轮发热又与其接触疲劳寿命息息相关，因此有必要对主减速机齿轮的发热及接触疲劳寿命开展研究。本章以设计用于成都某地铁盾构施工的主减速机为研究对象，研究主减速机齿轮在工作中的发热以及温升对齿轮的啮合和接触疲劳寿命带来的影响。

6.1　盾构主驱动系统结构原理及受力分析

盾构机刀盘主驱动减速机的负载是导致其发热和影响使用寿命的主要因素之一。主减速机工况与盾构的工作模式、刀盘转速、刀盘转矩及电动机输出的动力等有关，电动机输出的动力经主减速机及大齿圈减速增扭后驱动刀盘转动，刀盘在转动过程中的阻力矩通过大齿圈传递给主减速机。研究盾构刀盘在掘进中的阻力矩，结合盾构刀盘主驱动及主减速机结构原理，对主减速机各级齿轮进行理论受力分析，可为主减速机齿轮的热分析及接触疲劳寿命分析提供基础。

6.1.1　盾构刀盘驱动系统及主减速机基本结构

1. EPB 盾构刀盘驱动系统

刀盘驱动系统是 EPB 盾构的重要组成部分，负责驱动刀盘转动，并与盾构推进系统协同工作使刀盘完成掘进工作。虽然盾构的刀盘工作转速不高，但由于地质构造复杂、刀盘作业直径较大，刀盘驱动系统需具备大功率、大转矩、抗冲击及转速双向连续可调等特点。刀盘驱动系统主要由主轴承、驱动小齿轮、刀盘主减速机、驱动电机（或液压马达）等组成，刀盘通过刀盘连接法兰安装在主轴承上，如图 6-1 所示。

刀盘驱动主要有电机驱动与液压驱动两种形式。液压驱动形式中，由液压马达带动主减速机；而在电机驱动形式中，由电机直接带动主减速机，电机驱动较之于液压驱动更加高效。主减速机将获得的动力减速增扭后传递给驱动小齿轮，驱动小齿轮带动主轴承上的大齿圈，从而驱动刀盘转动。

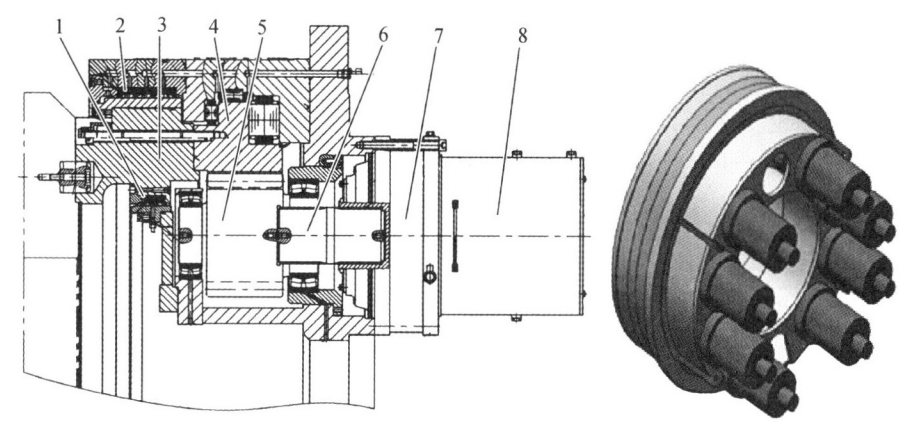

1—内密封；2—外密封；3—刀盘连接法兰；4—主轴承；5—驱动小齿轮；
6—花键轴；7—主减速机；8—驱动电机。

图 6-1 刀盘驱动系统结构

为保证大扭矩、大功率的输出，盾构刀盘驱动系统一般配有多台电机或液压马达，直径 6.28 m 左右的盾构机一般配有 8 台电机，而直径 8.6 m 左右的盾构则一般配备 12 台电机。另一方面，过大的扭矩容易损坏主减速机、驱动小齿轮等关键部件，所以，每台电机配有扭矩限制器以保护主驱动系统。在多台主减速机中，有一组对称布置的主减速机配有制动器，在刀盘需要减速或突然停车时制动刀盘。

2. 主减速机

一台盾构机配有多台主减速机，主减速机的数量取决于驱动电机（或液压马达）的数量，多台主减速机并联对称分布于刀盘主轴承的大齿圈间。单台主减速机串联一台电机，多台主减速机并联将多台电机输出的动力减速增扭后传递给大齿圈驱动刀盘。在刀盘掘进时，刀盘的冲击和主驱动系统的制造安装误差可能引起主减速机载荷的不均匀分配，从而导致某个或多个主减速机过载。可见，主减速机各部件必须满足一定的制造、安装精度要求，且必须保证齿轮、轴承等重要部件的强度和刚度。

目前，盾构刀盘主减速机较多地采用按基本构件分类的 2K-H 负号机构传统传动形式，若按啮合方式分类，则为 NGW 传送形式，且一般为三级行星齿轮传动，如图 6-2 所示。

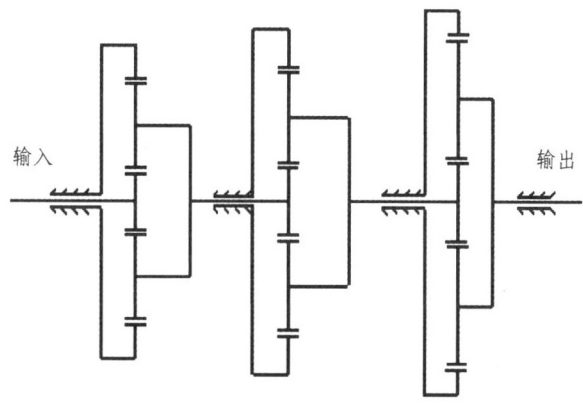

图 6-2 三级 NGW 型行星传动图

主减速机 NGW 行星齿轮系统由太阳轮、行星架、行星轮、内齿圈组成。其中，内齿圈固定不动，它通过螺栓和销钉与箱体连接。主减速机的输入端与电机连接，电机输出的动力通过与第一级太阳轮相连接的齿轮轴传递给主减速机。在主减速机的每一级行星轮齿轮系统中，行星轮为动力输入轮，行星架为动力输出轮，且该级行星轮与下一级太阳轮相连，最后一级行星轮与驱动小齿轮相连。

6.1.2 主减速机受力分析

为了分析主减速机的发热、计算减速机齿轮的热流密度，首先要对主减速机内部各零部件的受力情况进行分析，掌握各齿轮的受力情况是分析齿轮工作发热的基础。

盾构主减速机为三级 NGW 行星齿轮传动，依靠上一级的行星架与下一级的太阳轮相连完成不同等级齿轮间的动力传递。NGW 型行星齿轮减速机内部主要的受力构件有太阳轮、行星轮、内齿圈、行星架、轴及轴承等。各构件在输入转矩作用下受力平衡，忽略各构件之间的摩擦力和各构件重力的影响，当太阳轮 a 作为输入轮时，且当行星轮 c 个数不小于 2 时，在忽略传动误差的情况下，可认为作用在各个行星轮上的载荷相同，因此只需要分析 NGW 型行星传动中的一组啮合齿轮副即可，其受力分析如图 6-3 所示。

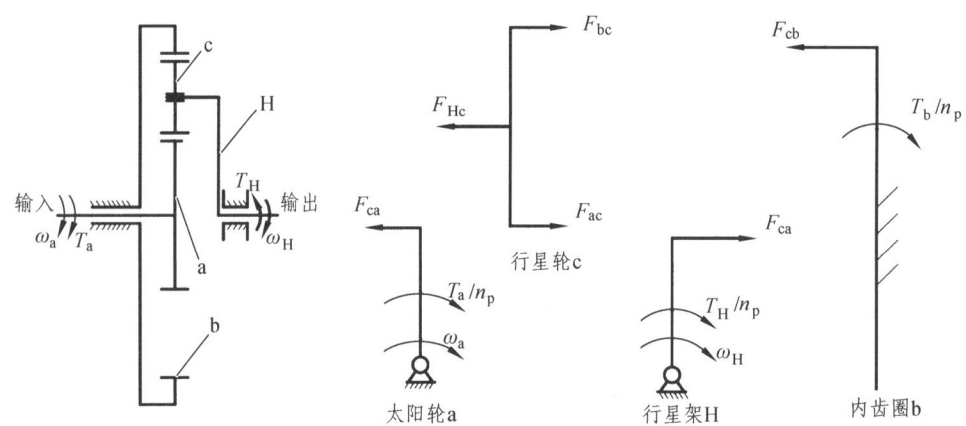

图 6-3 NGW 行星齿轮传动受力分析简图

当太阳轮输入功率为 P_1 时，太阳轮每个分流上承受的转矩 T_1 为

$$T_1 = \frac{T_a}{n_p} = 9\,549\frac{P_1}{n_p n_1} \tag{6-1}$$

式中 T_a——太阳轮转矩；

n_p——行星轮数目。

其中，行星轮 c 与太阳轮 a 之间的切向力为

$$F_{ca} = \frac{1\,000 T_a}{n_p r_a'} \tag{6-2}$$

式中 r_a'——太阳轮 a 的节圆半径。

内齿圈 b 与行星轮 c 之间的切向力为

$$F_{bc} = F_{ac} = -\frac{1000T_a}{n_p r_a'} \qquad (6-3)$$

行星架 H 与行星轮 c 之间的切向力为

$$F_{Hc} = -2F_{ac} = -\frac{2000T_a}{n_p r_a'} \qquad (6-4)$$

行星架 H 所受的转矩为

$$T_H = n_p F_{Hc} r_H = -\frac{2000T_a}{r_a'} r_H \qquad (6-5)$$

式中 r_H——行星架的回转半径。

内齿轮 b 所受的转矩为

$$T_b = n_p F_{cb} \frac{r_b'}{1000} = \frac{T_a r_b'}{r_a'} \qquad (6-6)$$

式中 r_b'——内齿轮 b 的节圆半径。

在同一级 NGW 行星齿轮传动中,各部件的受载情况及其相互之间的作用力整理得到表 6-1。

表 6-1 NGW 行星传动各部件间作用力

项 目	太阳轮 a	行星轮 c	行星架 H	内齿轮 b
圆周力	F_{ca}	$F_{ac} = F_{ca} = F_{bc}$	$F_{Hc} = 2F_{ac}$	$F_{cb} = F_{bc} = F_{ca}$
径向力	$F_{rca} = F_{ca}\tan\alpha_n$	$F_{rac} = F_{ca}\tan\alpha$	$R_{YH} \approx 0$	$F_{rcb} = F_{rbc}$
各级齿轮作用在轴上的总力	$\sum R_{Xa} = 0$ $\sum R_{Ya} = 0$	$\sum R_{Xc} = 0$ $\sum R_{Yc} = 0$	$\sum R_{XH} = 0$ $\sum R_{YH} = 0$	$\sum R_{Xb} = 0$ $\sum R_{Yb} = 0$
总力矩	$T_a = \dfrac{F_{ca} r_a' n_p}{1000}$	$T_c = 0$	$T_H = -\dfrac{2000T_a}{r_a'} r_H$	$T_b = -T_a \dfrac{r_b'}{r_a'}$

6.2 主减速机齿轮本体温度场研究

在盾构掘进过程中,由于刀盘开挖阻力很大,时常伴有冲击和波动载荷,它们通过主驱动系统传递给主减速机,这些负荷工况引起主减速机内部传动件之间的相互作用,产生热量,引起温升,过高的温度对主减速机内齿轮及轴承等主要零件都有不同程度的影响。

本节基于齿轮啮合原理、赫兹接触理论、摩擦学及传热学建立盾构机主减速机齿轮摩擦热流密度计算模型,并以设计用于成都某地铁盾构施工的主减速机为分析对象,结合 ANSYS 有限元软件,分析其齿轮本体温度场及其影响因素。

6.2.1 热量传递方式

在盾构主减速机工作的过程中,齿轮的啮合摩擦、轴承中滚动体与内外圈的摩擦、齿轮和行星架搅拌齿轮油、密封件和运动表面的摩擦等都会产生热量,能够产热的部件与环境之间及自身相互之间都会有热量的传递,其传递方式有三种:热传导、热对流及热辐射。

1. 热传导

热传导又称导热,是一种靠物质的微观粒子通过热运动而传递热量的一种热传递方式。热传导的整个过程不伴随物体之间或者物体各部分之间的位移,也没有热量形式的变化,它是物质的物理属性。理论上讲,单一的热传导可发生在固体、液体及气体中,但实际上,不同温度的液体或者气体在引力场的作用下会有对流,从而会伴随着热对流,所以,一般认为单纯的热传导只发生在密实的固体中。

将热传导作为宏观现象处理,可用傅里叶公式表示热传导所遵循的规律。法国数理学家傅里叶提出:热传导中传递的热流与引起导热的温差ΔT成正比,与导热表面积A成正比,而与导热面之间的距离δ成反比,见式(6-7)。

$$\varphi = \lambda A \frac{\Delta t}{\delta} \text{ 或 } q = \frac{\varphi}{A} = \lambda \frac{\Delta t}{\delta} \tag{6-7}$$

式中 φ——热流量,W;
λ——导热系数,是物质的物性参数,表征物质的导热性能,W/(m·℃)。

2. 热对流

热对流又称对流传热,是依赖流体质团整体宏观移动和相互混合传输热能的一种热传递方式。对流换热又称放热,一般指流体与固体壁面之间的热量交换。对流换热实际上是一种复合型热量传递方式,这是因为固体与流体之间的温度差存在,在热对流的同时伴随着热传导。1701年,牛顿提出了牛顿冷却公式,该公式被视为计算对流换热的基本公式,见式(6-8)。

$$\varphi = Ah\Delta t = Ah(t_w - t_f) \text{ 或 } q = h\Delta th(t_w - t_f) \tag{6-8}$$

式中 h——对流换热系数,W/(m²·℃);
t_w——固体壁面温度,℃;
t_f——流体温度,℃。

由式(6-8)可知,对流换热量与对流换热面积、对流换热系数及温度差都成正比,计算对流换热的关键取决于对流换热系数的选择,对流换热系数的准确性是研究对流换热的难点与要点。

3. 热辐射

热辐射是一种以电磁波作为载体传输热能的热传递方式。热辐射是物质的固有特性,且传递热量时不需要介质,它在真空中的传递最为有效。热辐射传热的是一个"热能—辐射能—热能"的过程,这一过程伴随着能量形式的变化,高温物体将热能转化为辐射能并向周围散发能量,而环境中的受辐射物质则把辐射能转化为热能。

热辐射传输的热流成为辐射力，物体的辐射力 φ_b 可由黑度 ε 修正式计算：

$$\varphi_b = \varepsilon \sigma_0 A T_f^4 \tag{6-9}$$

式中　ε——黑度；

σ_0——黑体（一种理想的辐射表面）的辐射常数，$\sigma_0 = 5.67 \times 10^{-8} [\text{W}/(\text{m}^2 \cdot \text{K})]$；

T_f——辐射表面的绝对温度，K。

盾构主减速机的齿轮本体温度取决于轮齿啮合产生的热量及齿轮与周围环境的热传递，且是齿轮啮合摩擦产热与热传导、热对流及热辐射综合作用下的结果。主减速机齿轮在啮合处的摩擦产热一部分通过齿轮本体以热传导方式向其他部位传导，一部分通过与齿轮油的对流换热传递给齿轮油，还有极小部分以热辐射的形式传递给周围环境。

6.2.2　导热边界条件

1. 三类边界条件

研究对象总是和周围环境有一定程度的联系，这也是研究对象导热过程发生的原因，反映过程与周围环境相互作用的条件称之为边界条件，常见的导热边界条件有三类。

（1）第一类边界条件

第一类边界条件又称恒壁温边界条件，此条件下已知任何时刻物体边界上面的温度值，该温度可为恒值，也可为变值，即有

$$t|_s = t_0 \text{ 或 } t_s = f(x, y, z, \tau) \tag{6-10}$$

式中　s——边界面；

t_0——边界面 s 上给定的温度值；

$f(x, y, z, \tau)$——边界面上给定的温度函数；

τ——时间。

（2）第二类边界条件

第二类边界条件又称恒热流边界条件，此时已知任何时刻物体边界面上的热流密度，即给出任何时刻物体边界面 s 法线上的温度变化率的值，即有

$$q|_s = q_w \text{ 或 } -\lambda \frac{\partial t}{\partial n}\bigg|_s = q_w \tag{6-11}$$

式中　q_w——给定的边界面的热流密度，可为定值，也可为函数；

n——法线方向上的单位矢量。

（3）第三类边界条件

第三类边界条件又称对流换热边界条件，此时已知边界面周围流体温度 T_f 和边界面与流体之间的对流换热系数 h，即有

$$q|_s = h(t|_s - t_f) \text{ 或 } -\lambda \frac{\partial t}{\partial n}\bigg|_s = h(t|_s - t_f) \tag{6-12}$$

2. 主减速机齿轮边界条件

（1）齿轮热分析数学模型

在主减速机工作中，各齿轮间相互啮合引起齿轮之间以及齿轮与齿轮油之间的高速摩擦，从而导致齿轮及环境的温升。齿轮啮合产热是一个动态的过程，每一时刻的产热量会有不同。此外，齿轮与齿轮油之间的摩擦产热量远远小于齿轮之间的摩擦产热，且齿轮油的作用之一就是给齿轮降温，所以可认为只有处于啮合状态的轮齿在产热，而非啮合的轮齿处于散热状态。

根据 Bloke 理论，齿轮齿面的瞬时表面温度在整个齿轮转动中是变化的，但是瞬时表面温度的变化仅出现在齿轮表面很薄的热表层，所以，可以近似地认为齿轮各点的温度为定值而保持相对稳定，将齿轮的本体温度场视为稳定温度场。此外，当主减速机处于稳定工作状态的时候，齿轮高速旋转，每个轮齿处于啮合的时间非常短，且远比齿轮上的温度场发生变化需要的时间短。因此，可认为同一个齿轮的各轮齿的温度场相同，且保持在一个稳定的值。

综上所述，研究主减速机齿轮的本体温度，引用 Bloke 理论可作如下假设：

① 所研究的齿轮为各向同性的连续介质，其比热容、热导率和密度均为已知；

② 齿轮的热量只传给接触物体，通过热辐射散失的热量很少，可忽略；

③ 单个轮齿啮合的时间远短于热传导的时间，且齿轮转动一周的时间也远短于齿轮本体温度变化所需的时间；

④ 同一齿轮上的单个轮齿每啮合一次输入的热量是相同的。

基于以上假设，利用传热学原理可以建立齿轮在直角坐标系中的稳态温度场导热微分方程：

$$\nabla^2 t = \frac{\partial^2 t}{\partial x^2} + \frac{\partial^2 t}{\partial y^2} + \frac{\partial^2 t}{\partial z^2} = 0 \qquad (6-13)$$

式（6-13）又称拉普拉斯方程，用于求解无内热源的各向同性均匀介质的稳态温度场，其中 ∇^2 称为拉普拉斯运算符（拉普拉斯算子），而 x、y、z 代表坐标。

（2）齿轮边界条件

在主减速机的工作当中，单个齿轮的摩擦产热与散热具有周期性，其中摩擦产热只出现在单个啮合轮齿的工作区，而啮合时轮齿的工作区相对速度较快，故散热可认为处于齿轮旋转的整个周期。

图 6-4 为单个轮齿表面的区域图。轮齿的工作啮合齿面 W 符合第三类边界条件，在此处与齿轮油存在对流换热，但又在啮合时有摩擦热流密度的输入，故其边界条件如下：

$$-\lambda \frac{\partial t}{\partial n} = h_1(t - t_0) - \bar{q} \qquad (6-14)$$

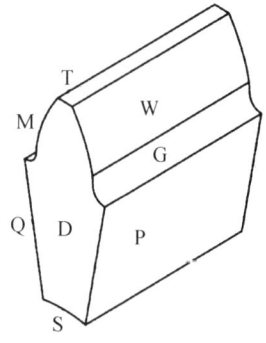

图 6-4 轮齿边界条件区域图

式中 $\bar{q}$——轮齿工作区在齿轮旋转一周内的平均摩擦热流密度。

齿轮端面 D、齿顶 T、齿根 G 及非啮合齿面 M 符合第三类边界条件，且没有摩擦热流密度的输入。对于分齿截面 Q、P，此处符合第二类边界条件，这两个面有一定的热流密度，用于齿轮本体内部的热传导,且理论上这两个面上的温度及热流量相同。而齿轮下部截面 S 离啮合处较远,温度梯度较小,该面上几乎没有热量的传递,可认为此处为绝热表面。

3. 齿轮对流换热系数

分析齿轮的本体温度,齿轮各表面的对流换热系数是确定对流边界条件非常重要的因素,而齿轮各表面的对流换热系数与表面位置、齿轮材料、润滑情况、润滑油物理性质及齿轮转速等都有关系。对流换热系数很难得到精确的计算结果,一般采用理论公式计算得到近似结果。

(1)齿轮端面对流换热系数

齿轮端面处与润滑油的对流可简化为润滑油流过圆盘,当齿轮端面润滑油的流动状态不同时,其对流换热系数也不同,且齿轮润滑油可分为三种流动状态:层流,此时雷诺数(Reynolds 数)$R_e \leqslant 1.95 \times 10^5$;过渡层流,$1.95 \times 10^5 < R_e < 2.5 \times 10^5$;紊流,$R_e > 2.5 \times 10^5$。齿轮端面的对流换热系数可按式(6-15)计算:

$$h_s = \begin{cases} 0.308 \lambda_f (m+2)^{0.5} P_r^{0.5} \left(\dfrac{\omega}{v_f}\right)^{0.5} & R_e \leqslant 1.95 \times 10^5 \\ 10^{-19} \lambda_f \left(\dfrac{\omega}{v_f}\right)^4 r_s^7 & 1.95 \times 10^5 < R_e < 2.5 \times 10^5 \\ 0.0197 \lambda_f (m+2.6)^{0.2} P_r^{0.6} \left(\dfrac{\omega}{v_f}\right)^{0.8} r_s^6 & R_e > 2.5 \times 10^5 \end{cases} \quad (6\text{-}15)$$

式中:λ_f 为齿轮润滑油导热率,W·m^{-1}·K^{-1};m 为指数常数,当温度沿径向分布时,取 2;P_r 为 Prandtl(普朗特)指数;ω 为齿轮转速,rad/s;v_f 为齿轮润滑油运动黏度,m²/s;r_s 为齿轮面回转半径,m。

雷诺数(Reynolds 数)R_e、Prandtl(普朗特)指数 P_r 计算如下:

$$\begin{cases} R_e = \dfrac{\omega r_s^2}{v_f} \\ P_r = \dfrac{\rho_f v_f c_f}{\lambda_f} \end{cases} \quad (6\text{-}16)$$

式中 ρ_f ——齿轮润滑油密度,kg/m³;
c_f ——齿轮润滑油比热容,J·kg^{-1}·K^{-1}。

(2)齿轮齿面对流换热系数

齿轮啮合面对流换热系数与啮合点位置、齿轮速度等有关,其强制对流换热系数计算如下:

$$h_m = \dfrac{\sqrt{\omega}}{2\pi} \sqrt{\lambda_f \rho_f c_f} \left(\dfrac{v_f H_c}{\gamma r_s}\right)^{0.25} q_t \quad (6\text{-}17)$$

式中 γ ——扩散热系数,$\gamma = \dfrac{\lambda_f}{\rho_f c_f}$;

q_{t}——齿轮油标准化总冷却量，$q_{t} = \dfrac{2}{\sqrt{\pi}} \left(\dfrac{v_{f}}{\gamma} \right)^{-0.25} \left(\dfrac{\omega r_{s}^{2}}{H_{c}} t^{2} \right)^{0.25}$，$t$ 为抛射时间，s；

H_{c}——啮合点半径所在齿轮处高度，m。

直齿轮齿面与润滑油的对流换热与锥齿轮相似，因此可以借鉴 Handschuh 计算流体与锥齿轮齿面之间的对流换热系数，可以得到直齿轮齿面与齿轮润滑油的对流换热系数：

$$h_{m} = \dfrac{0.228 R_{e}^{0.731} P_{r}^{\frac{1}{3}} \lambda_{f}}{d} \tag{6-18}$$

式中　d——齿轮节圆半径，m。

此外，一般认为齿轮非工作齿面及齿根的对流换热系数与工作啮合齿面相近，因此可用式（6-18）计算其对流换热系数。

（3）齿顶对流换热系数

齿轮齿顶处与润滑油的对流换热类似于润滑油横向流过细长板，其对流换热系数计算如下：

$$h_{d} = \begin{cases} 0.664 \lambda_{f} P_{r}^{\frac{1}{3}} \left(\dfrac{\omega}{v_{f}} \right)^{0.5} & R_{e} < 5 \times 10^{5} \\ 0.037 \lambda_{f} P_{r}^{\frac{1}{3}} \left(r_{a}^{0.6} - \dfrac{870}{r_{a}} \right) \left(\dfrac{\omega}{v_{f}} \right)^{0.8} & R_{e} > 5 \times 10^{5}, L_{S} > x_{c} \\ 0.037 \lambda_{f} P_{r}^{\frac{1}{3}} r_{a}^{0.6} \left(\dfrac{\omega}{v_{f}} \right)^{0.8} & R_{e} > 5 \times 10^{5}, L_{S} \gg x_{c} \end{cases} \tag{6-19}$$

式中　L_{S}——润滑油流过平壁的长度，此处应为齿顶宽，m；

x_{c}——润滑油沿平壁流动的临界 R_{e} 确定的临界长度，m。

其中，当 $R_{e} < 5 \times 10^{5}$ 时，润滑油流过齿顶为层流；当 $R_{e} > 5 \times 10^{5}$，$L_{S} > x_{c}$ 时，为过渡层流动；当 $R_{e} > 5 \times 10^{5}$，$L_{S} \gg x_{c}$ 时，则为紊流。

6.2.3　齿轮摩擦热流密度计算模型

在盾构机主减速机的工作中，齿轮的产热主要来自啮合摩擦，而两齿轮在啮合过程中存在滑动摩擦、滚动摩擦及由材料弹塑性变形引起的内摩擦，但其热量来源绝大部分来自滑动摩擦。所以，两齿轮啮合产生摩擦热流密度主要与齿面啮合处的相对滑动速度、啮合点接触压力、啮合点摩擦系数等有关，单个齿轮获得的热流密度则与热分配系数有关。

1. 相对滑动速度

（1）单级 NGW 行星传动相对转速分析

盾构刀盘主减速机采用 NGW 行星传动。把行星传动系统转化成定轴传动，假定给行星轮系加上一个与行星架转速大小相等但不同向的公共角速度 ω_{H}，且回转中心位于行星轮系中心轴，此时，各齿轮间的相对运动关系并没有发生变化，且行星架的转速为 $-\omega_H + \omega_H = 0$，即行星架静止，该轮系就可以看作是一定轴传动轮系，如图 6-5 所示，各机构转速变化如表 6-2 所示。

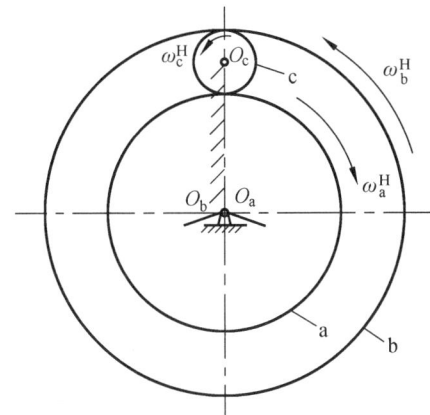

图 6-5 转化定轴传动轮系示意图

表 6-2 各齿轮转速变化

机 构	原有转速	转化定轴传动轮系
行星架	ω_H	$\omega_H^H = 0$
太阳轮	ω_a	$\omega_a^H = \omega_a - \omega_H$
行星轮	ω_c	$\omega_c^H = \omega_c - \omega_H$
内齿圈	$\omega_b = 0$	$\omega_b^H = \omega_b - \omega_H = -\omega_H$

在转化的定轴轮系中，太阳轮与内齿圈的传动比 i_{ab}^H、太阳轮与行星轮的传动比 i_{ac}^H 分别为

$$\begin{cases} i_{ab}^H = \dfrac{\omega_a^H}{\omega_b^H} = \dfrac{\omega_a - \omega_H}{-\omega_H} = (-1)^m \dfrac{z_b}{z_a} \\ i_{ac}^H = \dfrac{\omega_a^H}{\omega_c^H} = \dfrac{\omega_a - \omega_H}{\omega_c - \omega_H} = (-1)^m \dfrac{z_c}{z_a} \end{cases} \quad (6\text{-}20)$$

式中 m——外啮合齿轮的对数。

由式（6-20）及表 6-2 可得太阳轮、行星轮及内齿圈在转化定轴轮系中的转速（下面简称相对转速）与太阳轮输入转速 ω_a 之间的相互关系为

$$\begin{cases} \omega_a^H = \dfrac{z_b}{z_a + z_b} \omega_a \\ \omega_c^H = -\dfrac{z_a z_b}{z_c(z_a + z_b)} \omega_a \\ \omega_b^H = -\omega_H = -\dfrac{z_a}{z_a + z_b} \omega_a \end{cases} \quad (6\text{-}21)$$

式中 z_a、z_b、z_c——太阳轮、内齿圈、行星轮的齿数。

则该周转轮系总传动比为

$$i_p = \frac{\omega_a}{\omega_H} = 1 + \frac{z_b}{z_a} \tag{6-22}$$

(2) 轮齿相对滑动速度分析

在 NGW 行星传动轮系中，各组齿轮传动为圆周切线等速运动，由于齿轮的啮合轮齿在啮合处沿齿廓切线方向上的速度不相同，这个差速度会使得轮齿之间在该方向上有相对滑动而产生摩擦力，从而会有摩擦热的产生。齿轮摩擦热占齿轮总发热量的绝大部分，且轮齿间的相对滑动速度是确定齿轮摩擦热流量的一个非常重要的因素。

内齿圈与行星轮齿啮合示意图如图 6-6 所示，点 O_c 为行星轮的中心，行星轮逆时针转动，线 B_1B_2 为啮合线。

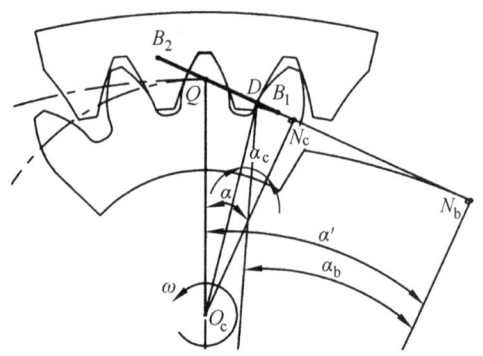

图 6-6 内齿圈与行星轮齿啮合示意图

由渐开线齿轮啮合原理可知，啮合点 D 与节点 Q 在啮合线 L 上的距离 l_{qd} 为

$$l_{qd} = \pm r_c \sin\alpha' \mp \sqrt{R_d^2 - (r_c \times \cos\alpha')^2} \tag{6-23}$$

式中：R_d 为啮合点与行星轮中心之间的距离，m；r_c 为行星轮节圆半径，m；α' 为齿轮啮合角，(°)。

式 (6-23) 中的上层运算符号适用于位于啮合线 QB_1 之间的啮合点，而下层运算符号适用于处于啮合线 QB_2 之间的啮合点，下同。

行星轮啮合点在齿廓切线方向的速度 v_{cd} 计算公式如下所示，其中 α_c 为啮合处的压力角，(°)。

$$v_{cd} = \omega_c^H R_d \sin\alpha_c = \omega_c^H (r_c \sin\alpha' \mp l_{qd}) = \omega_c^H \sqrt{R_d^2 - (r_c \times \cos\alpha')^2} \tag{6-24}$$

内齿圈啮合点在齿廓线切线方向的速度 v_{bd} 为

$$v_{bd} = \omega_b^H R_{dc} \sin\alpha_c = \omega_b^H (r_b \sin\alpha' \mp l_{qd}) \tag{6-25}$$

式中：R_{dc} 为啮合点到内齿圈中心的距离，m；r_b 为内齿圈节圆半径，m。

结合式 (6-24) 和式 (6-25) 可得行星轮与内齿圈啮合时在啮合处的相对滑动速度 v_{d1}：

$$v_{d1} = v_{cd} - v_{bd} = \mp \omega_b^H \left(\frac{r_b}{r_c} - 1\right) l_{qd} \tag{6-26}$$

而太阳轮上的啮合点的切向速度及等效曲率半径计算较之会有不同。太阳轮在啮合点的齿廓切线方向速度 v_{ad} 及行星轮与太阳轮啮合点的相对滑动速度 v_{d2} 计算见式（6-27）。

$$\begin{cases} v_{ad} = \omega_a^H R_{da} \sin\alpha_a = \omega_a^H (r_a \sin\alpha' \pm l_{qd}) \\ v_{d2} = v_{cd} - v_{ad} \end{cases} \quad (6-27)$$

式中：R_{da} 为啮合点到太阳轮中心的距离，m；r_a 为太阳轮节圆半径，m。

啮合点处内齿圈、行星轮、太阳轮等效曲率半径分别为

$$\rho_b' = r_b \sin\alpha' \mp l_{qd} \quad (6-28)$$

$$\rho_c' = r_c \sin\alpha' \mp l_{qd} \quad (6-29)$$

$$\rho_a' = r_a \sin\alpha' \pm l_{qd} \quad (6-30)$$

综合以上分析，可获得每一级行星传动中相互啮合的齿轮之间在各啮合点的相对滑动速度，由图 6-7 可知，当行星轮与不同齿轮啮合时，轮齿齿面上同一点的相对速度不同；但是，齿面上随着啮合点位置的变化，其相对滑动速度变化趋势相同，且在节圆处的相对滑动速度都为 0，最大滑动速度出现在齿顶或齿根处；此外，行星轮与太阳轮之间的相对滑动速度大于行星轮与内齿圈的相对滑动速度，前者较之后者两倍有余，造成这种差异的因素主要是啮合方式的不同，前者为外啮合，后者为内啮合。

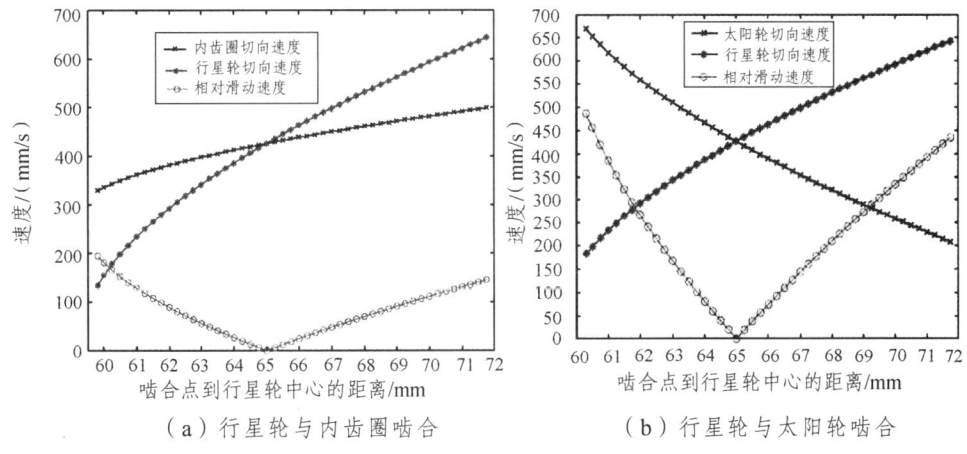

(a) 行星轮与内齿圈啮合　　　　(b) 行星轮与太阳轮啮合

图 6-7　主减速机中速级齿轮啮合相对速度分析

2. 齿轮啮合接触应力

渐开线圆柱直齿轮的啮合接触可看作两圆柱体的线接触，其接触应力可通过建立圆柱线接触模型计算。齿轮接触模型见图 6-8，齿轮啮合处的等效曲率半径即为圆柱体的半径。

齿轮在载荷的作用下，其啮合点处会发生局部弹性变形。若两个物体在某一点或某一条线相互接触，且这两个物体介质均匀且各向同性，当这两个物体之间有相互作用

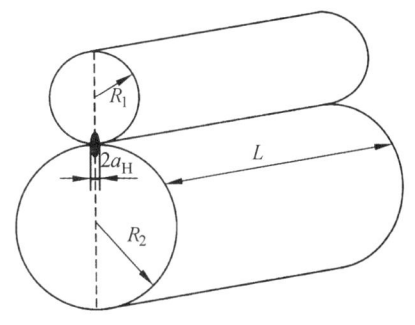

图 6-8　齿轮接触模型

时，在压力的作用下其接触区会产生接触法线方向上的应力及一定宽度的变形，并且该接触面上的应力是不均匀的，最大应力出现在接触面的中线处。

根据弹性赫兹接触理论，两齿轮接触面半宽 a_H 可用式（6-31）计算。

$$a_H = \sqrt{\frac{4F_n \rho'}{\pi b} \cdot \left(\frac{1-\mu_1^2}{E_1} + \frac{1-\mu_2^2}{E_2}\right)} \quad (6\text{-}31)$$

式中：F_n 为齿面的法向载荷，N；b 为轮齿宽度，m；ρ' 为两接触物体的综合曲率半径，$1/\rho' = 1/\rho_1' \pm 1/\rho_2'$，外接触取 +，内接触取 -；$\mu_1$、$\mu_2$ 分别为两齿轮材料的泊松比；E_1、E_2 分别为两齿轮材料的弹性模量，N/m²。

在刀盘扭矩为 19 914.74 kN·m 的掘进工况下，主减速机中速级行星轮的接触半宽计算结果见图 6-9，由图可知，行星轮与内齿圈啮合的接触半宽与太阳轮啮合的接触半宽随着啮合点的不同有着相似的变化规律。此外，当啮合点距离行星轮中心距离相同时，与内齿圈啮合的齿面的接触半宽会明显大于与太阳轮啮合的齿面的接触半宽，造成这种差异的原因是前者啮合与后者啮合的接触方式不同，前者为内接触方式，而后者则为外接触方式。

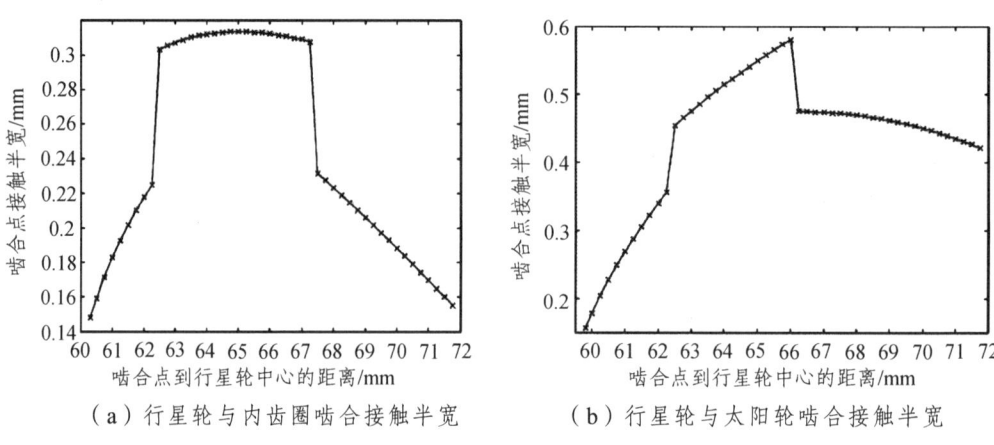

（a）行星轮与内齿圈啮合接触半宽　　（b）行星轮与太阳轮啮合接触半宽

图 6-9　主减速机中速级齿轮接触半宽

齿轮在该接触区域平均接触应力 p_n 为

$$p_n = \frac{F_n}{2a_H b} = \frac{1}{4}\sqrt{\frac{\pi F_n}{b} \cdot \frac{\dfrac{1}{\rho'}}{\dfrac{1-\mu_1^2}{E_1} + \dfrac{1-\mu_2^2}{E_2}}} \quad (6\text{-}32)$$

齿面法向载荷 F_n 计算如下：

$$F_n = \frac{KT}{n_c R_d \cos\alpha_c} \quad (6\text{-}33)$$

式中　n_c ——行星轮的个数；
　　　K ——齿间载荷分配系数；
　　　T ——转矩，N·m。

齿间载荷分配系数与齿轮啮合点位置及重合度有关，齿轮处于单齿啮合区间时，只有一个齿轮受载，反之处于双齿啮合区间时为两个齿轮共同受载。对于不修形、无误差的齿轮传动，齿间载荷分配系数 K 为

$$\begin{cases} K = 1 & (R_\mathrm{d} < r_\mathrm{z}, l < P_\mathrm{n} - l_2 \text{ 或 } R_\mathrm{d} > r_\mathrm{z}, l < P_\mathrm{n} - l_1 \text{ 或 } R_\mathrm{d} = r_\mathrm{z}) \\ K = \dfrac{1}{3}\left(1 + \dfrac{l_1 - l}{l_0}\right) & (R_\mathrm{d} < r_\mathrm{z}, l \geqslant P_\mathrm{n} - l_2) \\ K = \dfrac{1}{3}\left(1 + \dfrac{l_2 - l}{l_0}\right) & (R_\mathrm{d} > r_\mathrm{z}, l \leqslant P_\mathrm{n} - l_1) \\ l_0 = \pi m(\varepsilon - 1)\cos\alpha \end{cases} \quad (6\text{-}34)$$

式中　l——啮合点到节点的距离，m；

　　　l_1——啮入点到节点的距离，m；

　　　l_2——啮出点到节点的距离，m；

　　　r_z——主动轮节圆半径，m；

　　　P_n——法向齿距，$P_\mathrm{n} = \pi m\cos\alpha$；

　　　m——齿轮的模数；

　　　ε——齿轮的重合度；

　　　α——齿轮分度圆压力角，(°)。

同样以主减速机中速级齿轮为例，获得在掘进工况下行星轮不同啮合点平均接触应力的计算结果，如图 6-10 所示。节圆周围的啮合点的接触应力普遍较高，这是因为该区域为单齿啮合区，行星轮与内齿圈啮合的单齿区与太阳轮啮合的单齿啮合区不同，前者落在单齿啮合区的啮合点为"62.5 mm<R_d<66 mm"，后者为"62.5 mm<R_d<67.25 mm"，这与相啮合齿轮的重合度相关，后者的重合度（1.405）要小于前者（1.549），这一特征在这里也得到了验证。在行星轮与内齿圈啮合当中，接近齿根处的平均接触应力很大，是因为该处的接触半宽很小。此外，对比图 6-10（a）与图 6-10（b）可知，行星轮与太阳轮啮合的平均接触应力要大于行星轮与内齿圈啮合的平均接触应力，而造成这一现象的原因是在相同回转半径的啮合点处，行星轮与内齿圈的啮合接触半宽要大于行星轮与太阳轮啮合的接触半宽。

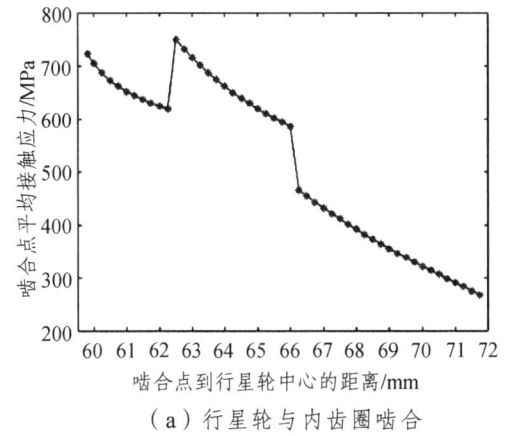
（a）行星轮与内齿圈啮合

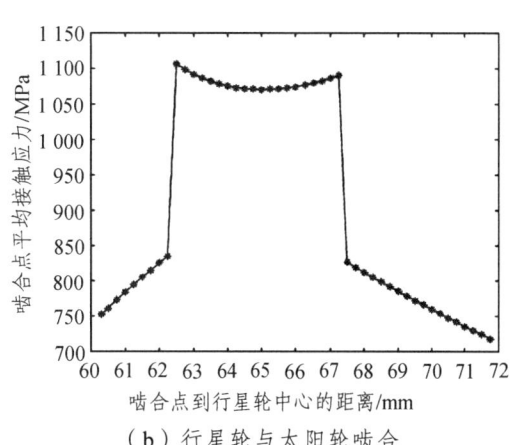
（b）行星轮与太阳轮啮合

图 6-10　主减速机中速级行星齿轮啮合平均接触应力

3. 摩擦系数及热分配系数

齿轮的啮合过程中，不同的啮合点处的摩擦系数不同，且摩擦系数受轮齿表面粗糙度、转速、载荷、润滑情况等诸多因素影响。借鉴前人的研究成果，该齿轮系统不同啮合点的摩擦系数 μ_d 可为

$$\mu_d = 0.048 \left(\frac{\frac{F_n}{b} \cdot \rho'}{(v_{1d}+v_{2d})} \right)^{0.2} \eta^{-0.05} \left(\frac{R_1+R_2}{2} \right)^{0.25} X_L \quad (6\text{-}35)$$

式中：X_L 为润滑剂修正系数，$X_L = \left(\frac{F_n}{b} \right)^{-0.0651}$；$\eta$ 为润滑油的动力黏度，Pa·s；R_1、R_2 分别为主从动轮齿面粗糙度；v_{1d}、v_{2d} 分别为主从动轮在啮合点的切向速度，m/s。

在掘进工况下，由公式（6-35）计算得到主减速机中速级齿轮间的摩擦系数见图 6-11。由图 6-11 可见，单齿啮合区的摩擦系数要大于双齿啮合区的摩擦系数，且在该级齿轮传动系统中行星轮与内齿圈的啮合相比与太阳轮啮合的摩擦系数差距不大，前者稍大于后者。

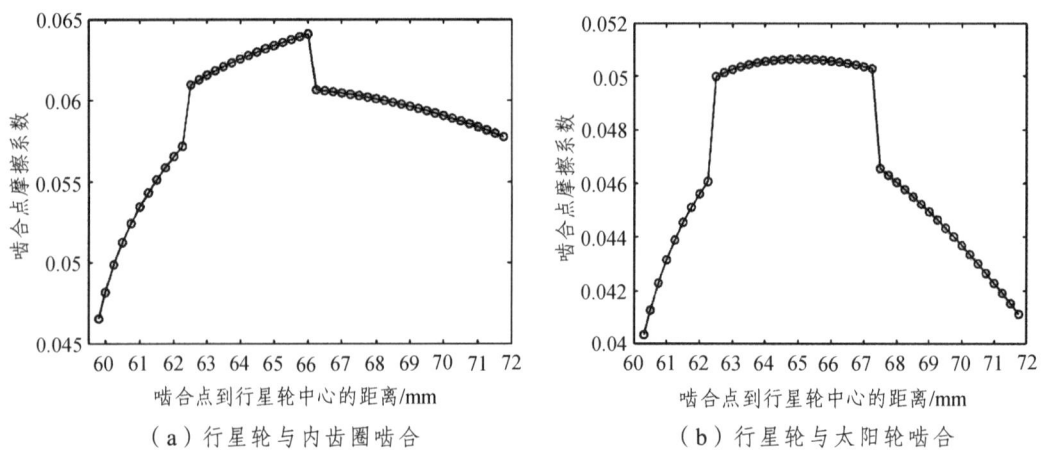

(a) 行星轮与内齿圈啮合   (b) 行星轮与太阳轮啮合

图 6-11 主减速机中速级齿轮啮合摩擦系数

齿轮啮合的摩擦热在两个齿轮上的分配比率用热分配系数表示，两齿轮间的热分配系数 β 为

$$\beta = \frac{\sqrt{\lambda_1 \rho_1 c_1 v_{1d}}}{\sqrt{\lambda_1 \rho_1 c_1 v_{1d}} + \sqrt{\lambda_2 \rho_2 c_2 v_{2d}}} \quad (6\text{-}36)$$

式中 λ_1、λ_2——主从动轮导热系数，W·m^{-1}·K^{-1}；
         ρ_1、ρ_2——主从动轮的密度，kg/m^3；
         c_1、c_2——主从动轮比热容，J·kg^{-1}·K^{-1}。

4. 齿轮摩擦热流密度

两齿轮在啮合过程中的热量来源绝大部分来自滑动摩擦。所以，两齿轮啮合产生摩擦热流量主要与齿面啮合处的相对滑动速度、啮合点接触压力、啮合点摩擦系数等有关，单个齿

轮获得的热流量与热分配系数有关。主、从动轮在啮合点的瞬时摩擦热流密度 q_1、q_2 见式（6-37）。

$$\begin{cases} q_1 = \beta\gamma\mu_d |v_d| p_n \\ q_2 = (1-\beta)\gamma\mu_d |v_d| p_n \end{cases} \quad (6-37)$$

式中：γ 为热能转换系数，一般取 0.9~0.95。

当盾构主减速机运行一段时间后，齿轮本体产热与散热达到一个动态平衡。为分析齿轮的本体温度，需要求取单个齿轮每个啮合点处在一个旋转周期内的平均摩擦热流密度。

在盾构机主减速机中，行星轮的摩擦热流密度 q_c 由两部分组成：一部分来自与内齿圈的啮合，q_{c1}；另一部分来自与太阳轮的啮合，q_{c2}。

$$q_c = q_{c1} + q_{c2} \quad (6-38)$$

（1）内齿圈平均摩擦热流密度

在此行星轮系中，取行星架旋转一周为一个轮系传动周期。在转化轮系中，内齿圈旋转一周为轮系传动周期，则内齿圈的平均热流密度计算公式：

$$q_{bn} = n_c q_b \frac{2a_{Hbc}/v_{bd}}{2\pi/\omega_b^H} \quad (6-39)$$

式中：n_c 为行星轮的个数。

在掘进工况下，该主减速机中速级内齿圈啮合面的平均摩擦热流密度见图 6-12。由该图可知，啮合点到行星轮中心的距离为 65 mm 处，内齿圈的平均摩擦热流密度为零，这是因为在该点处内齿圈与行星轮的相对滑动速度为零；此外，内齿圈接近齿顶处的平均摩擦热流密度明显大于齿根处的热流密度，这是因为内齿圈在接近齿顶处的平均接触应力较大。

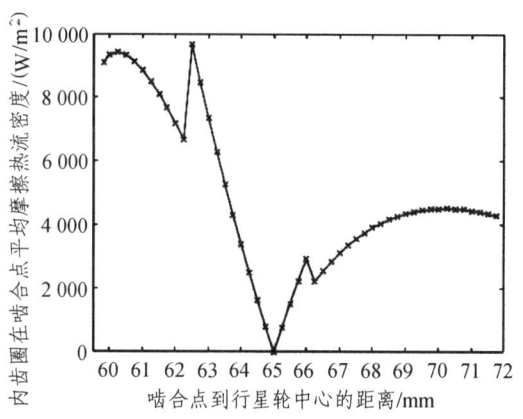

图 6-12 主减速机中速级内齿圈平均摩擦热流密度

（2）太阳轮平均摩擦热流密度

同样，在转化周转轮系中，太阳轮旋转一周每个轮齿会与 n_c 个行星轮相啮合，则太阳轮在啮合点的平均摩擦热流密度 q_{an} 为

$$q_{\mathrm{an}} = n_{\mathrm{c}} q_{\mathrm{a}} \frac{\dfrac{2a_{\mathrm{Hac}}}{v_{\mathrm{ad}}}}{\dfrac{2\pi}{\omega_{\mathrm{a}}^{H}}} \tag{6-40}$$

在掘进工况下，该主减速机中速级太阳轮的平均摩擦热流密度计算结果见图 6-13，对比图 6-12 可知，太阳轮上的平均摩擦热流密度随着啮合点的位置不同而变化的规律与内齿圈相似。但太阳轮齿面的平均摩擦热流密度远远大于内齿圈的平均摩擦热流密度，这一现象的差异来自太阳轮与内齿圈的相对转速不同，该级太阳轮的相对转速（3.56 rad/s）要大于内齿圈的相对速度（-16.24 rad/s），前者相当于后者的 2～3 倍。

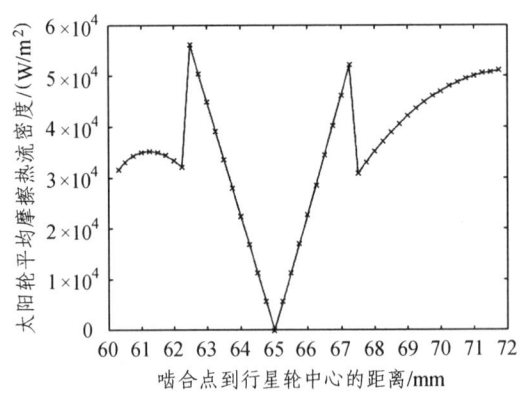

图 6-13　主减速机中速级太阳轮平均摩擦热流密度图

（3）行星轮平均摩擦热流密度

同理，在行星轮旋转周期内，行星轮每个轮齿要与内齿圈、太阳轮分别啮合一次，但是这两次啮合的齿面不是同一面。行星轮与内齿圈在啮合点的平均摩擦热流密度 q_{c1n} 为

$$q_{\mathrm{c1n}} = q_{\mathrm{c1}} \frac{2a_{\mathrm{Hc1}}/v_{\mathrm{c}}}{2\pi/\omega_{\mathrm{c}}^{H}} \tag{6-41}$$

则行星轮与太阳轮在某一啮合点的平均摩擦热流密度 q_{c2n} 为

$$q_{\mathrm{c2n}} = q_{\mathrm{c2}} \frac{2a_{\mathrm{Hc2}}/v_{\mathrm{c}}}{2\pi/\omega_{\mathrm{c}}^{H}} \tag{6-42}$$

在掘进工况下，主减速机中速级行星轮平均摩擦热流密度见图 6-14，行星轮两个不同齿面的平均摩擦热流密度不同，与太阳轮啮合齿面的平均摩擦热流密度大于与内齿圈啮合的齿面的平均热流密度，这源于前者啮合的平均接触应力要大于后者；但随着啮合点位置的变化，两个齿面的平均摩擦热流量有着相似的变化规律。

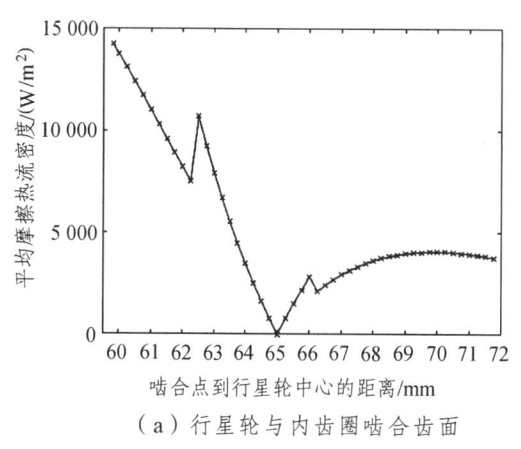 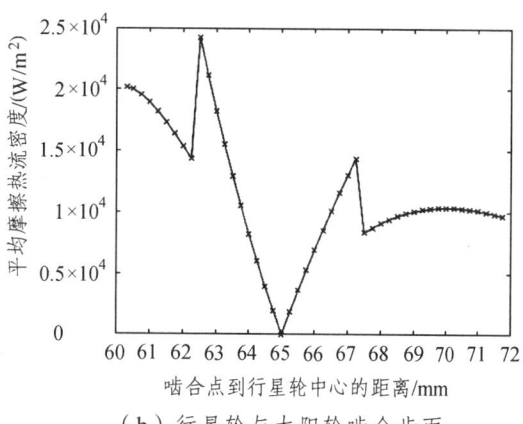

(a)行星轮与内齿圈啮合齿面 (b)行星轮与太阳轮啮合齿面

图 6-14 主减速机中速级行星轮平均摩擦热流密度

6.2.4 齿轮本体温度分析

当盾构机主减速机进入一个稳定的工作状态时,其齿轮会得到一个稳定的温度场,且单个齿轮上的各个轮齿受载相同,可认为单个齿轮上的各个轮齿的温度场分布相同,所以,研究单个轮齿的温度场即可获得相应的齿轮的温度场特征。

1. 齿轮有限元模型

运用 SolidWorks 建立齿轮整体的三维模型,并经过切除获得单个轮齿的三维模型,保存为 x_t 文件格式,导入有限元分析软件 ANSYS,即可获得单个轮齿的三维有限元模型。

ANSYS 提供三种常用三维实体热分析单元:SOLID70、SOLID87、SOLID90。SOLID70 是 8 节点的六面体单元,每个节点有一个温度自由度,可补偿由恒定速度引起的热流损失;SOLID90 是具有 20 个节点的六面体单元,为 SOLID70 的高阶单元,它适用于弯曲的模型;SOLID87 为 10 节点四面体单元,适用于不规则的几何模型。结合盾构主减速机齿轮的实际情况,为保证计算精度,本节稳态热分析选用 SOLID90 单元。

此外,为获得理想的网络划分结果,轮齿三维模型被导入 ANSYS 后,在 ANSYS 前处理模块里面对模型进行相应的切分,然后使用"映射网络划分"法划分网格,得到的单齿有限元网格模型见图 6-15,齿面网格宽度为 0.2 ~ 0.3 mm。

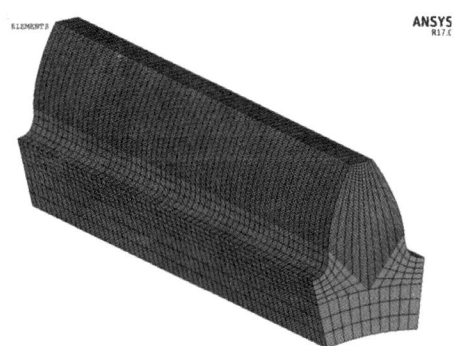

图 6-15 盾构机主减速机中间级行星轮单齿有限元网格模型

2. 边界条件的定义

6.2.2 节分析了盾构机主减速机齿轮的热边界条件，由此得知，齿轮端面、齿顶、齿根及非啮合齿面符合第三类边界条件，没有摩擦热密度的输入，需要在这些面施加对流换热系数。而单个轮齿的工作啮合齿面在实际工作中既有摩擦热密度的输入，又有对流换热的输入，因此，需要在轮齿的工作啮合齿面同时施加对流换热系数及平均热流密度。

在 ANSYS 中，当在模型的同一个位置施加相同类型的载荷时，后施加的载荷会覆盖掉之前施加的载荷，使之无效。因此，若直接在轮齿的工作啮合齿面施加热流密度和对流换热系数，ANSYS 软件只会读取最后加载到该面的载荷进行计算。

ANSYS 针对这一类问题提供了切实有效的解决办法——表面效应单元。表面效应单元是利用实体划分网格后其表面上的节点形成的单元，并且直接覆盖在实体单元的表面，且它只增加单元数量，不会增加节点数量。对于热分析而言，ANSYS 提供了两种热分析单元：SURF151 和 SURF152，SURF151 表面效应单元用于 2 维的热分析，而 SURF152 则用于 3 维的热分析。在轮齿的工作啮合齿面区域建立 SURF152 表面效应单元后，就可以把对流换热系数加载到实体单元表面，而把热流密度加载到表面效应单元 SURF152 上。

在盾构机主减速机中，行星轮比较特殊，它会分别与内齿圈、太阳轮啮合，且单个轮齿两次啮合的齿面不同，因此，需要在行星轮轮齿的两个齿面都建立表面效应单元，其中间级行星轮单个轮齿建立的表面效应单元 SURF152 如图 6-16 所示。

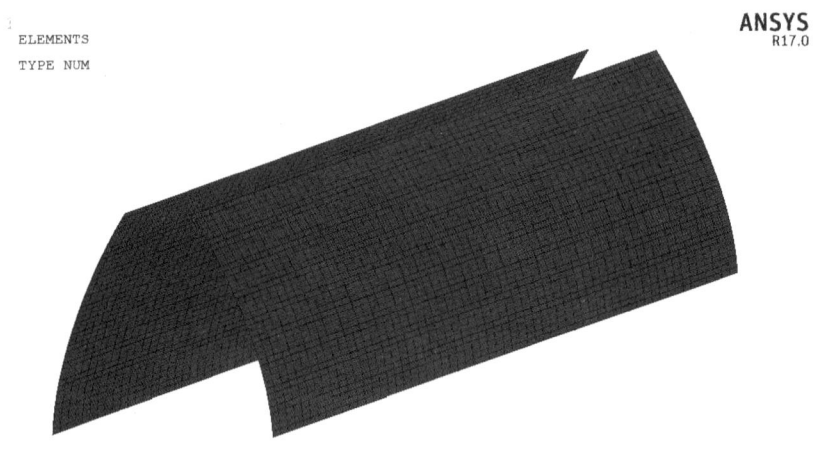

图 6-16　盾构机主减速机中间级行星轮工作啮合齿面表面效应单元 SURF152

此外，轮齿齿面上每处的对流换热系数和平均摩擦热流量与其位置有关，且与其位置（与齿轮回转中心的距离）成函数关系。所以，在齿面上加载对流换热系数或热流量时，需要用到 ANSYS 的函数加载方式——"function"，在 ANSYS 中提前定义好关于加载载荷的函数。

主减速机中间级行星轮齿面对流换热函数的定义如图 6-17 所示，对流换热函数定义后，即可往齿面加载对流换热系数，且直接加载到相应实体模型的"面——areas"上。主减速机中间级行星轮单齿模型对流换热系数加载见图 6-18。图 6-19 表示的是往齿轮工作啮合面上的表面效应单元 SURF152 上加载热流密度。

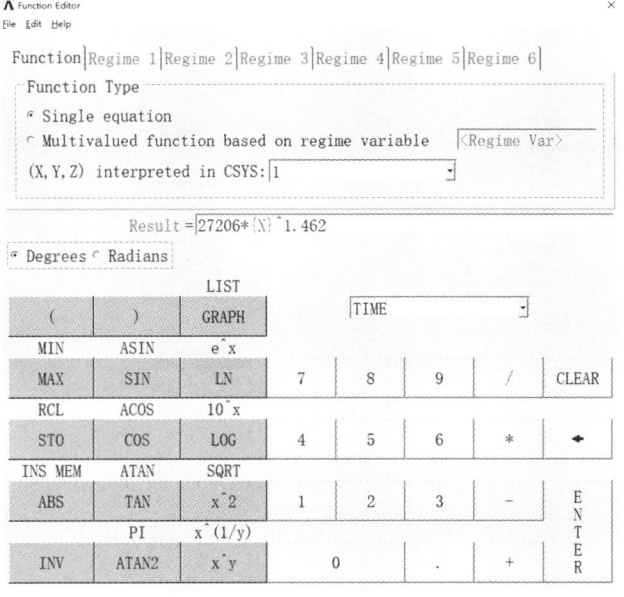

图 6-17 中间级行星轮齿面对流换热系数的函数定义

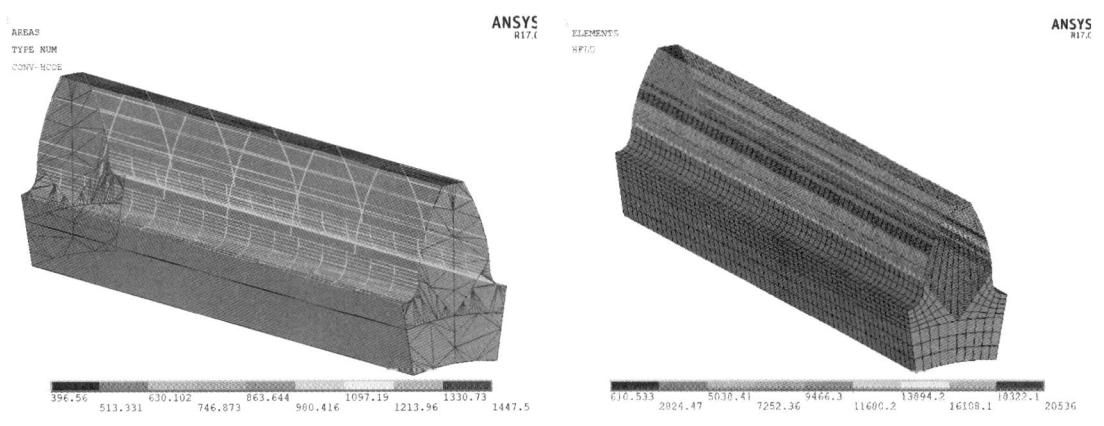

图 6-18 中间级行星轮对流换热系数加载　　图 6-19 中间级行星轮齿面 SURF152 热流量加载

3. 齿轮本体温度场分析

齿轮油使用 Mobil SHC Gear 632，且齿轮油温和环境温度分别为 40 ℃、28 ℃ 时，利用 ANSYS 软件得到主减速机在掘进工况下各级齿轮的稳态温度场仿真结果。

（1）中速级行星轮温度场

中速级行星齿轮的温度场如图 6-20 所示。中速级行星轮与太阳轮啮合齿面的温度要明显高于与内齿圈啮合的齿面，其温度最高为 49.073 1 ℃，且最高温度出现在与太阳轮啮合的齿面中间截面处；最低温度为 44.513 6 ℃，出现在齿轮的端面。此外，啮合齿面中心温度要明显大于啮合面其他部位的温度，这是因为在齿轮的啮合过程中，齿轮齿面、齿顶及端面都有与齿轮油的对流换热，啮合齿面中心部位的热量就会有一部分通过轮齿本体向齿顶及齿轮端面传导形成一定的温度梯度，再者因为齿轮端面的对流换热要远远大于齿顶，以致形成的温度梯度在沿齿宽方向更为明显。

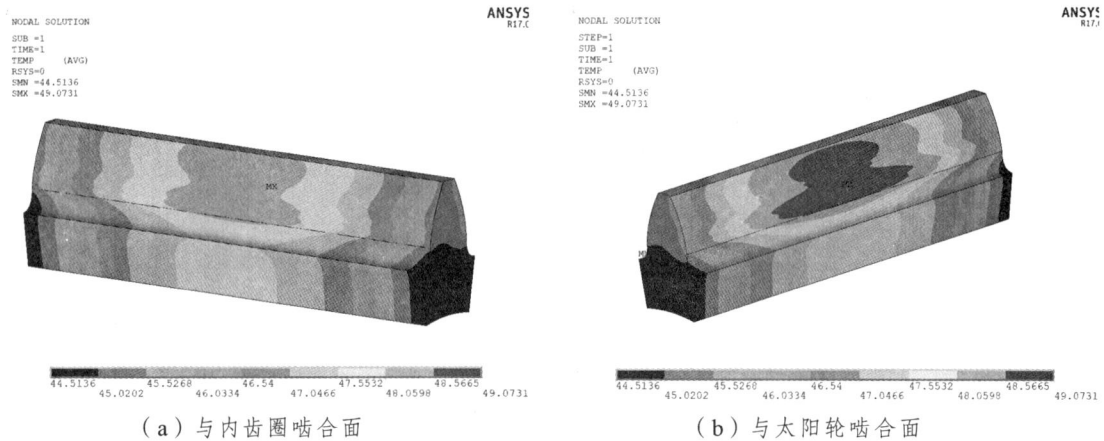

（a）与内齿圈啮合面　　　　　　　　（b）与太阳轮啮合面

图 6-20　中速级行星轮单齿温度场

分别提取中速级行星轮的两个啮合齿面的节点温度，得到轮齿中心横截面处的温度沿齿廓方向的分布情况，如图 6-21 所示。齿面中心的温度在沿齿廓方向上的变化范围很小，以图 6-16（b）为例，与太阳轮啮合的齿面中心沿齿廓方向上的最大温度差为 0.558 1 ℃，其最高温度为 49.073 1 ℃，且最高温度啮合点的回转中心半径为 62.709 mm，最低温度为 48.515 0 ℃，且最低温度出现在齿顶处。此外，在沿齿廓方向上，齿顶、节圆及接近齿根处的温度会小于相邻位置处的温度，这是因为在齿顶和齿根处只存在对流换热，没有摩擦热流密度的流入，而节圆附近则是因为流入的摩擦热流密度很小。对比图 6-21（a）与图 6-21（b）可知，行星轮的两个齿面中心横截面处沿齿廓方向有相似的变化趋势，且该变化趋势与齿面的输入摩擦热流密度相同，可见摩擦热流密度是决定齿轮温度分布的一个重要的因素。

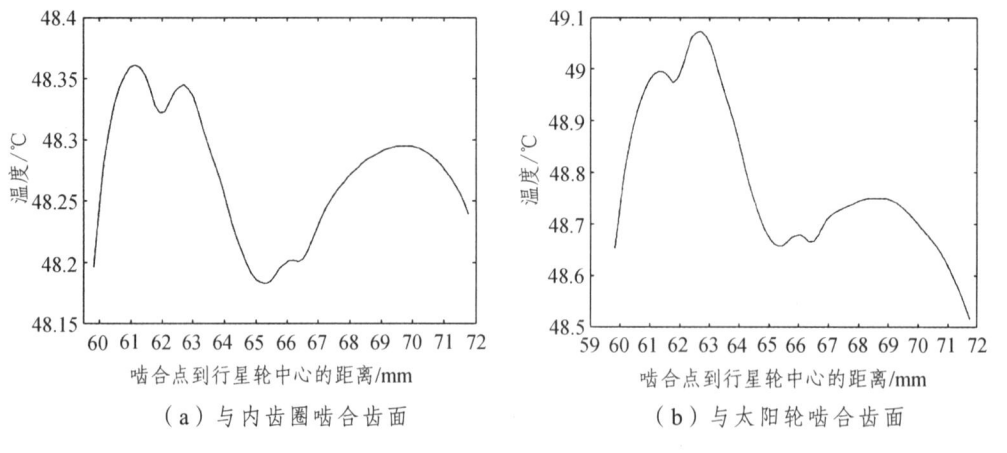

（a）与内齿圈啮合齿面　　　　　　　　（b）与太阳轮啮合齿面

图 6-21　中速级行星轮齿面温度沿齿廓分布曲线

提取与两个齿面的最高温度啮合点具有相同回转半径的节点信息，可获得齿面最高温度处沿齿宽方向的一个变化情况，见图 6-22。由图 6-22 可知，轮齿中间部位温度要明显高于两侧，温度由中间部位往两侧逐渐降低，且越接近轮齿端面，温度梯度越大，与赫兹接触理论的应力分布相应。

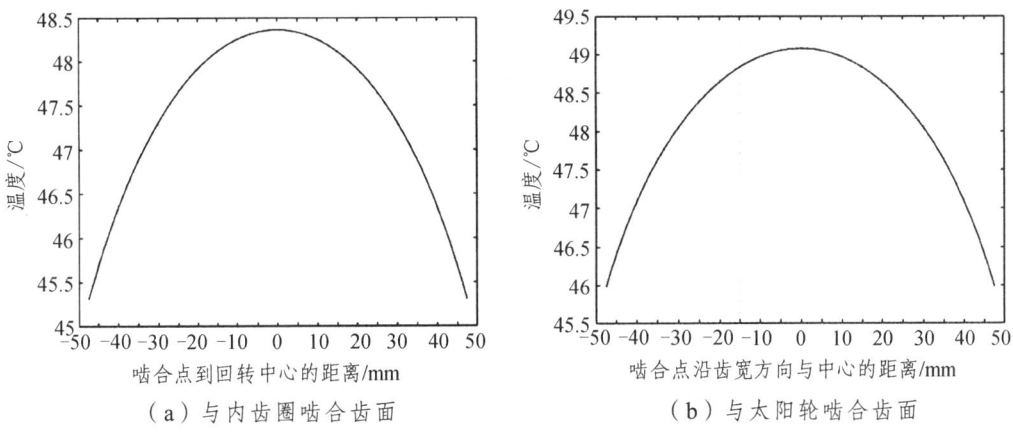

(a)与内齿圈啮合齿面　　　　　　(b)与太阳轮啮合齿面

图 6-22　中速级行星轮齿面温度沿齿宽方向分布曲线

（2）中速级内齿圈温度场

主减速机中速级内齿圈温度场见图 6-23，由图可知，内齿圈温度最高温度为 44.735 9 ℃，出现在与行星轮啮合的齿面接近齿顶的位置处，且其齿宽方向的温度分布与行星轮相似。图 6-24 显示的是内齿圈最高温度处沿齿廓方向上的温度分布情况，由图 6-24 可以看出，接近齿顶处的温度要明显高于其他部位的温度，沿齿廓方向的温度分布规律大致与其输入的摩擦热流密度变化规律相似；由于齿顶和齿根没有热流密度输入，所以接近齿顶与齿根处的温度有一个降低的趋势。

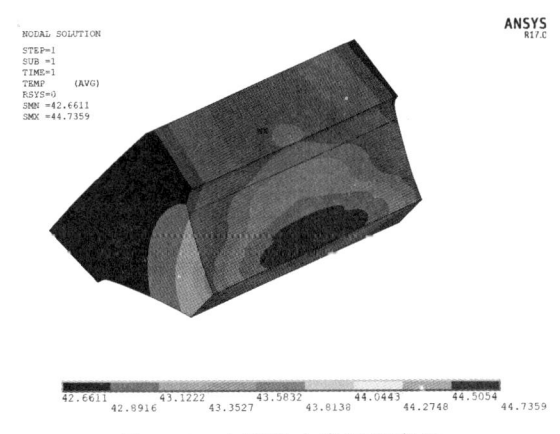

图 6-23　中速级内齿圈温度场

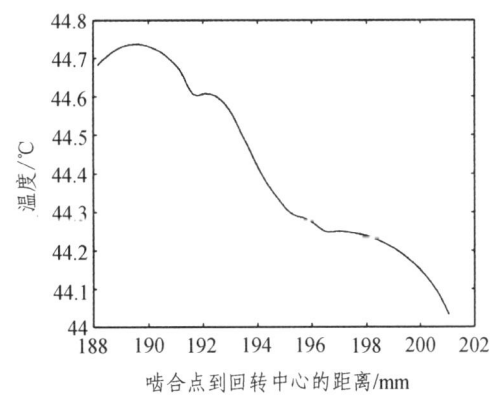

图 6-24　中速级内齿圈齿面温度沿齿廓分布

（3）中速级太阳轮温度场

盾构主减速机中速级太阳轮的温度场分布见图 6-25，该级太阳轮的最高温度为 58.475 7 ℃，最低温度为 48.257 3 ℃，可见，其最低温度和最高温度均明显高于内齿圈与行星轮。原因其一是，当太阳轮旋转一周，其每个轮齿会与不同的 3 个行星轮都有一次啮合，一个旋转周期内就会有 3 次相同大小的摩擦热流量输入，从而就造成了太阳轮齿面在一个旋转周期内的平均摩擦热流密度要大于行星轮；其二，虽然内齿圈在一个周期内单个轮齿也会与行星轮啮合 3 次，但是太阳轮与行星轮啮合的接触应力普遍要大于内齿圈与行星轮啮合的接触应力，这就使得太阳轮的平均摩擦热流密度要大于内齿圈。

图 6-26 表达的是该太阳轮温度沿齿宽方向的分布情况,结合图 6-25 和图 6-26 可知,太阳轮齿面的温度场分布与行星轮有着相似的规律。

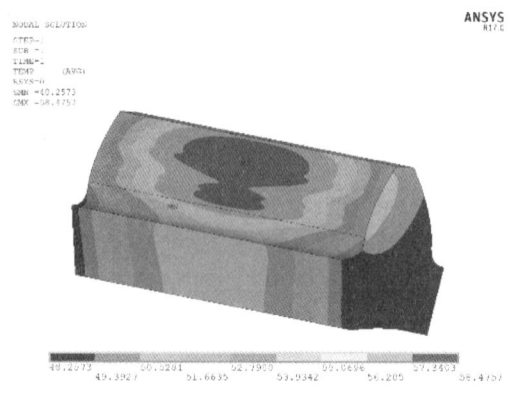 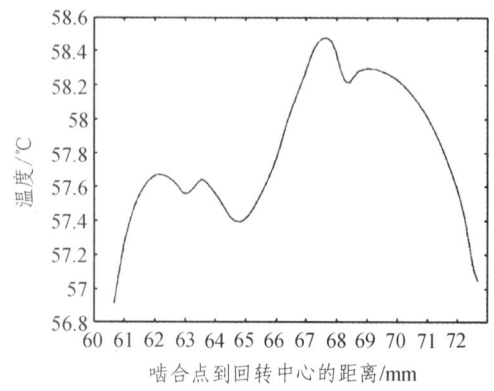

图 6-25 中速级太阳轮温度场图　　图 6-26 中速级太阳轮温度沿齿廓方向分布

(4)主减速机齿轮温度综合分析

在掘进工况下,主减速机高速级各齿轮稳态温度场仿真结果见图 6-27,其低速级各齿轮稳态温度场仿真结果见图 6-28。由图 6-27 及图 6-28 可知,各级齿轮的温度场分布具有一定的相似性。将该减速机各级齿轮的稳态温度仿真结果整理得到表 6-3。

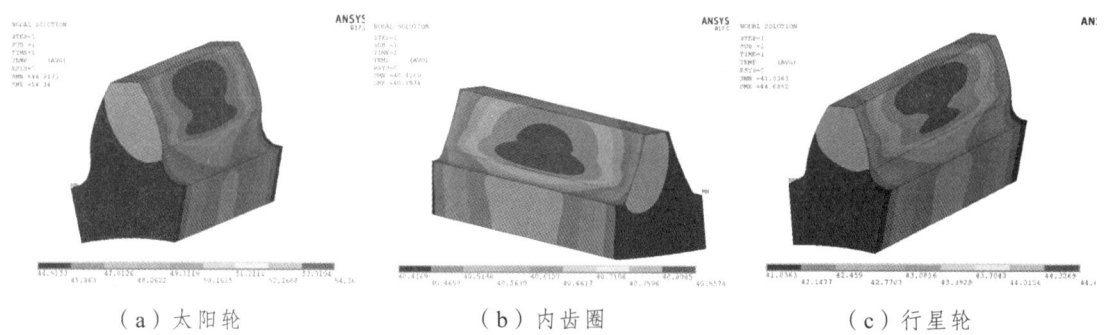

(a)太阳轮　　　　　　(b)内齿圈　　　　　　(c)行星轮

图 6-27 盾构主减速机高速齿轮级温度场

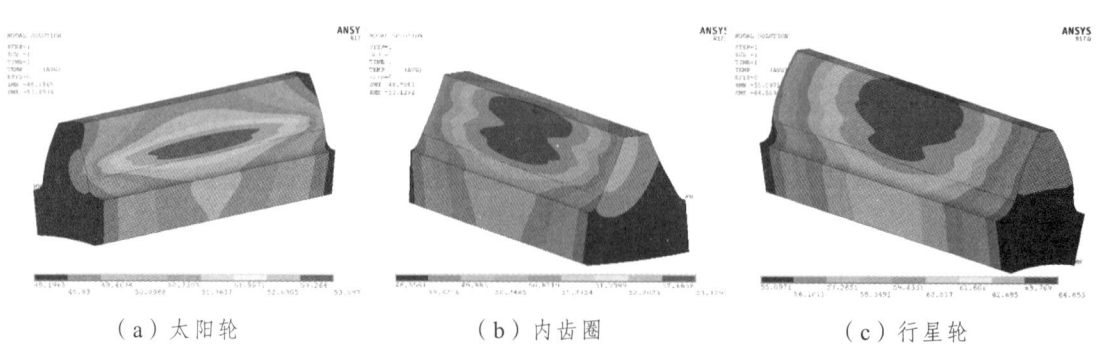

(a)太阳轮　　　　　　(b)内齿圈　　　　　　(c)行星轮

图 6-28 盾构主减速机低速齿轮级温度场

表 6-3　盾构主减速机齿轮温度

齿轮		最高温度/°C	最低温度/°C	相对转速/(r/min)	绝对速度/(r/min)
高速级	太阳轮 a1	54.360 0	44.913 3	796.001 0	998.006 5
	内齿圈 b1	40.857 4	40.465 9	−202.025 6	0
	行星轮 c1	44.638 2	41.836 3	541.318 7	743.344 3
中速级	太阳轮 a2	58.475 7	48.257 3	151.519 2	202.025 6
	内齿圈 b2	44.735 9	42.661 1	−50.506 4	0
	行星轮 c2	49.073 1	44.513 6	151.519 2	202.025 6
低速级	太阳轮 a2	53.897 4	48.196 5	50.506 4	34.266 4
	内齿圈 b2	53.129 2	48.958 1	−16.240 0	0
	行星轮 c2	64.853 0	55.097 1	61.668 5	77.928 5

由表 6-3 可知，在主减速机的三级行星齿轮中，高速级及中速级齿轮的最高温度均出现在太阳轮上，但低速级齿轮的最高温度出现在行星轮上，且该行星轮的温度 64.853 0 °C 为整个减速机所有齿轮的最高温度。通过进一步分析可发现，各级齿轮的最高温度均出现在转速相对较高的齿轮当中。高速级转速最高为太阳轮；低速级最高转速为太阳轮；中速级中太阳轮与行星轮转速同为该级最高转速，但由于太阳轮每旋转一周单个轮齿要啮合 3 次，以致其温度要高于行星轮。可见，转速对齿轮的温度有着重要的影响。

6.2.5　齿轮本体温度影响因素分析

齿轮温度的影响因素繁多，工作负载、齿轮的设计参数、齿轮油的物理特性、工作环境等均对齿轮的温度有着一定的影响。

齿轮在工作中的转速及转矩将是影响齿轮温度最直接的因素，转速及转矩的增加均会导致工作过程中摩擦生热量的增加；齿轮的设计参数——齿型、模数、分度圆、压力角、啮合角、齿宽及粗糙度等，这些参数是影响齿轮温度最本质的因素，齿轮设计参数将直接决定齿轮在工作过程中的受力特性，而接触应力和摩擦因素均是摩擦发热的决定因素之一；齿轮油的物理特性，如运动黏度、比热容、导热率等，这些性质将影响到齿轮的润滑及散热效果，较大的比热容、导热率和较小的运动黏度将会使齿轮与齿轮油之间的对流换热系数更大，从而加强齿轮的散热效果；主减速机工作环境的通风质量及温度高低将会直接影响到整机的散热条件，目前大部分盾构主减速机均具备水冷散热系统，这在一定程度上降低了散热对环境的依赖，加强了主减速机对环境的适应能力。

齿轮的设计参数繁多，且对齿轮温度的影响规律也是错综复杂，鉴于篇幅本书不予展开研究，但是，齿宽这一设计参数不仅影响齿轮的受力特性，还会影响到齿轮单个轮齿的表面积的变化，从而影响到轮齿的散热。另外，在传递相同功率的情况下，采取不同"转速-转矩"对齿轮温度的影响研究对盾构刀盘整个驱动系统的传动比的选用有着重要的指导意义。因此，本节将深入研究齿宽及相同功率下不同"转速-转矩"对齿轮温度的影响。

1. 齿　宽

以主减速机在盾构掘进工况下工作温度最高的齿轮——低速级行星轮为对象，研究其采用不同齿宽设计时在掘进工况下的工作温度变化情况。该齿轮原始齿宽为 102 mm，在保证齿轮强度的情况下，选用 82 mm 至 122 mm 作为齿宽的变化区间。

在负载不变的情况下，随着齿宽的增加，齿轮之间相互啮合的摩擦系数会随着减小，见图 6-29，这会一定程度上减少齿轮啮合过程中的摩擦生热量；此外，齿宽的增加使得齿轮在啮合过程中的接触应力减少，这也会降低摩擦热流密度。经过计算得到该级行星轮在不同齿宽设计下各啮合点的平均摩擦热流密度，见图 6-30。由图 6-30 可知，随着齿宽的增加，行星轮与内齿圈啮合的平均摩擦热流密度和行星轮与太阳轮啮合的平均摩擦热流密度都有一定程度的减少，与理论相符。

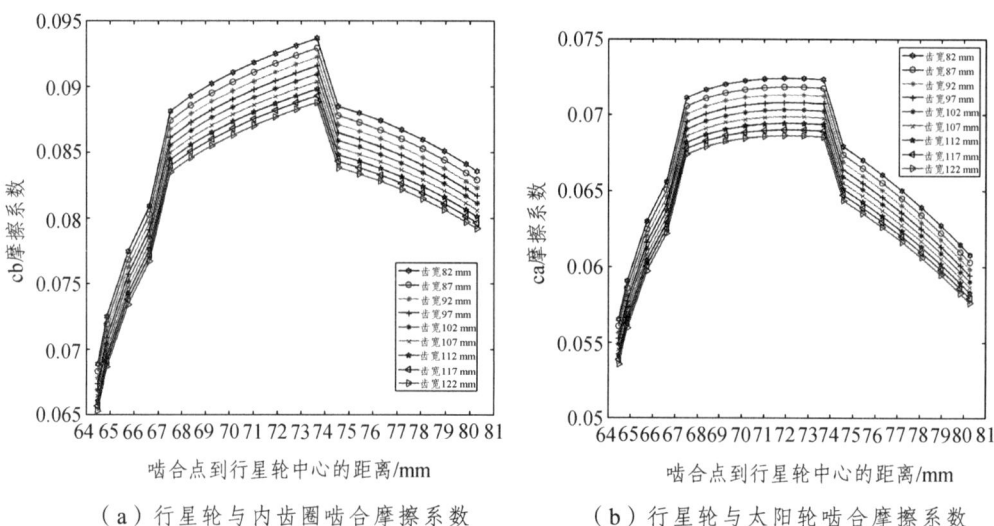

（a）行星轮与内齿圈啮合摩擦系数　　　（b）行星轮与太阳轮啮合摩擦系数

图 6-29　行星轮不同齿宽下啮合摩擦系数

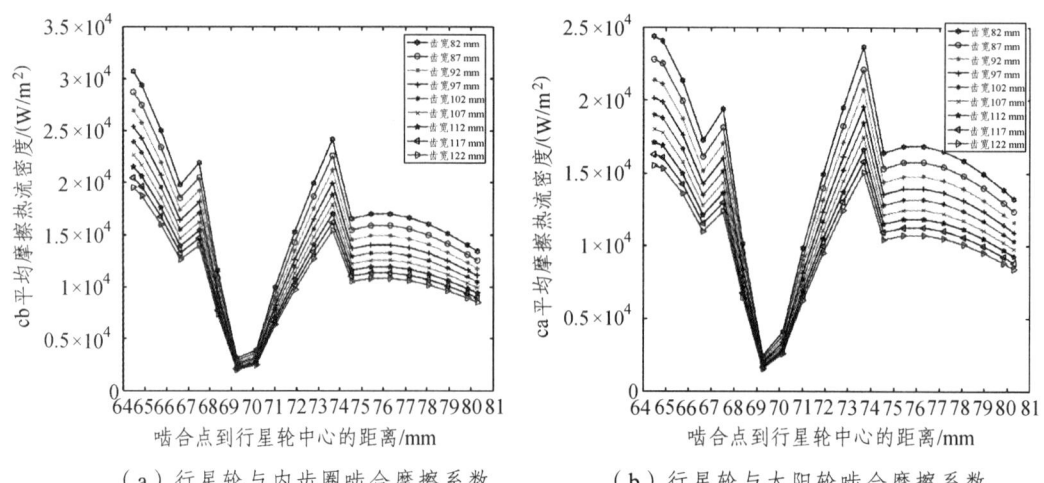

（a）行星轮与内齿圈啮合摩擦系数　　　（b）行星轮与太阳轮啮合摩擦系数

图 6-30　行星轮不同齿宽下平均摩擦热流密度

但是，当齿宽增加时，单个轮齿的"表面积与体积之比"减小，不利于齿轮的散热。仅分析齿轮啮合的平均热流密度变化情况并不能完全反映齿轮工作温度的变化情况。于是，还需要对其稳态温度场进行有限元仿真，仿真的结果整理得到表 6-4。由表 6-4 可知，随着齿宽的增加，该级行星轮的最高温度和最低温度都有所下降，可见，在掘进工况下，摩擦热流密度的减小对齿轮的温度影响更大。所以，可适当增加齿轮的齿宽，这有利于控制齿轮在工作中的温度，但是，齿宽越大，制造成本也会随之增加。

表 6-4 不同齿宽下低速级行星轮稳态温度

齿宽/mm	最高温度/℃	最低温度/℃	齿宽/mm	最高温度/℃	最低温度/℃
82	68.622 2	57.845 0	107	64.032 1	54.478 0
87	67.606 9	57.122 0	112	63.262 3	53.895 0
92	66.666 6	56.452 2	117	62.559 3	53.357 3
97	65.728 0	55.752 6	122	61.861 9	52.834 8
102	64.853 0	55.097 1	—	—	—

2. 减速比

选用低速级行星齿轮作为研究对象，研究其在传递同一功率时，不同的"转速-转矩"组合下的温度变化情况。在掘进工况下，单一行星轮传递的扭矩为 15.33 kN·m，转化轮系中转速 ω_c^H 为 61.688 5 r/min，以该转速的 ±20% 为转速变化区间，单个变化量取该转速的 5%，可获得 9 组不同的"转速-转矩"组合。

经计算，获得不同"转速-转矩"下的行星轮平均摩擦热流密度，见图 6-31。由图可知，在传递相同功率的情况下，随着转速的增加，行星轮上的平均热流密度得减小。另一方面，随着转速的增加，齿轮的齿面、齿顶及断面与齿轮油之间的对流换热系数也会增大，这会加强齿轮的散热。据此，可以推断在传递同一功率情况下，转速越大，行星轮齿轮温度越低。

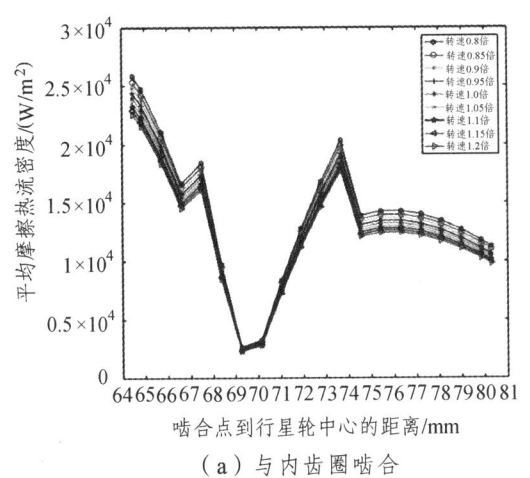

（a）与内齿圈啮合

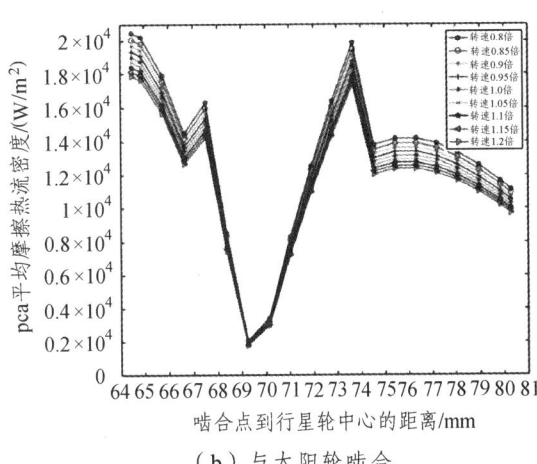

（b）与太阳轮啮合

图 6-31 同功率不同转速下齿轮平均摩擦热流密度

通过有限元稳态温度场分析得到这9组不同"转速-转矩"组合下的分析结果,并把该结果整理得到表6-5。由表6-5可知,在传递同功率情况下,当转速每提高3.0844 r/min(原本转速的5%),齿轮的温度都会有一个明显的下降,这与上文的推断相符。可见在刀盘驱动的设计之初,降低主减速机的减速比,适当提高大齿圈的减速比有助于降低主减速机齿轮在工作中的温度。

表6-5 不同"转速-转矩"下行星轮温度

"转速 ω_c^H/(r/min)-转矩/(kN·m)"	最高温度/°C	最低温度/°C
(转速0.8倍)49.3508-19.1625	70.2765	59.1935
(转速0.85倍)52.4352-18.0353	68.6970	57.9879
(转速0.9倍)55.5197-17.0333	67.2867	56.9246
(转速0.95倍)58.6041-16.1368	65.9979	55.9535
(转速1.0倍)61.6885-15.3300	64.8530	55.0971
(转速1.05倍)64.7729-14.6000	63.8007	54.3192
(转速1.1倍)67.8574-13.9364	62.8656	53.6248
(转速1.15倍)71.1678-13.3304	61.9550	52.9643
(转速1.2倍)72.0262-12.7750	61.1398	52.3718

6.3 主减速机齿轮接触特性分析

主减速机依靠齿轮啮合传递动力,齿轮啮合过程的摩擦发热对整机的温度有很大的影响。齿轮的啮合是一个复杂的过程,对齿轮本体而言,齿轮啮合过程中的接触应力及相对滑动速度与其发热紧密相关,而齿轮啮合过程中的接触应力大小又与齿轮的接触疲劳寿命息息相关;另一方面,齿轮在啮合过程中的摩擦会引起齿轮本体温度上升,进而引起热变形,热变形则又会对齿轮的啮合产生影响。

本节将以温度最高的低速级行星轮与太阳轮为研究对象,利用ANSYS有限元软件,对其进行静态接触分析、热弹耦合分析及热耦合应力分析,研究齿轮在温升作用下的热变形及啮合接触特性的变化。

6.3.1 接触有限元分析理论

接触问题是指两物体在有相互作用压力下的接触,产生局部应力及应变的情况。研究齿轮啮合的接触问题,传统理论方法依靠弹性赫兹接触理论。赫兹理论对实际物体间的接触情况进行了简化,赫兹公式得出的结论基于诸多条件的假设。

齿轮啮合接触为弹性小变形的非线性问题,非线性来源于接触区域的变化、接触压力分布的变化以及相对摩擦的变化。而赫兹公式并不能很好地反映齿轮啮合区域接触应力及应变的实际情况，随着计算机 CAD、CAE 技术的发展，有限元法在研究齿轮啮合接触问题上得到了广泛应用。

1. 接触有限元分析数学模型

接触问题的一个显著特征体现在其边界条件的不确定性上，不确定性来源于接触面积、接触压力及摩擦响应的非线性。接触分析有限元法是基于接触力学及弹塑性理论的一种数值分析方法，可以较好地处理齿轮啮合过程中的接触面力学和边界条件。在进行有限元接触分析之前，应首先给出齿轮的初始接触状态，有限元软件在自动识别接触状态后代入相应的载荷及边界条件，然后对接触方程进行迭代求解。

两个独立的物体（Ω_1、Ω_2）接触时，由弹性有限元理论可得到这两个独立物体的各自有限元基本方程：

$$\begin{cases} [K_1]\{u_1\} = \{R_1\} + \{P_1\} \\ [K_2]\{u_2\} = \{R_2\} + \{P_2\} \end{cases} \tag{6-43}$$

式中：$[K_1]$、$[K_2]$ 分别为两个物体 Ω_1、Ω_2 的刚度矩阵；$\{u_1\}$、$\{u_2\}$ 分别为 Ω_1、Ω_2 的节点位移矩阵；$\{R_1\}$、$\{R_2\}$ 分别为 Ω_1、Ω_2 的接触内力矩阵；$\{P_1\}$、$\{P_2\}$ 分别为 Ω_1、Ω_2 的载荷矩阵。

在明确接触条件后，可根据式（6-43）求得两物体相接触的应力及节点位移。设两个相接触物体 Ω_1、Ω_2 的接触对分别为 $i^{(1)}$、$i^{(2)}$（$i = 1，2，3\cdots n$），只要其刚度矩阵是非奇异矩阵，就可以得到其接触对柔度方程：

$$\begin{cases} \{u_i^{(1)}\} = \sum_{i=1}^{N}\left[C_{ij}^{(1)}\right]\{R_j^{(1)}\} + \sum_{i=1}^{N}\left[C_{ik}^{(1)}\right]\{P_k^{(1)}\} \\ \{u_i^{(2)}\} = \sum_{i=1}^{N}\left[C_{ij}^{(2)}\right]\{R_j^{(2)}\} + \sum_{i=1}^{N}\left[C_{ik}^{(2)}\right]\{P_k^{(2)}\} \end{cases} \tag{6-44}$$

式中：i、j、k 为节点编号；$\{R_i^{(1)}\}$、$\{R_j^{(1)}\}$ 分别为接触点 i、j 上内力的向量；$\{P_k^{(1)}\}$、$\{P_k^{(2)}\}$ 为作用在节点 k 上的外力向量；$\left[C_{ij}^{(1)}\right]$、$\left[C_{ij}^{(2)}\right]$ 为 j 点单位力作用在 i 点引起的变形。

其接触对方程为

$$\{u_i^{(2)}\} = \{u_i^{(1)}\} + \{\delta_0\} \tag{6-45}$$

若式（6-44）满足方程 $\{R_j^{(2)}\} = \{R_j^{(1)}\} + \{R_j\}$，将该式代入式（6-45）得到式（6-46）。

$$\sum_{i=1}^{N}[c_{ij}]\{R_j\} = \{\delta^k\} + \{\delta^0\} \tag{6-46}$$

式中：δ^k 为外力加载位移向量。

若对物体 Ω_1 施加转矩，则转化到接触方程中有：

$$\sum_{i=1}^{N} R_j r_i = T_p \tag{6-47}$$

综合以上公式可得到两个物体Ω_1、Ω_2相接触时的接触矩阵方程，见式（6-48）。对接触方程式（6-48）进行迭代求解，即可得到一定接触条件下的应力和应变分布，若迭代结果不收敛，则会删除最大负内力向量的接触点对，然后创建新的柔度矩阵再次求解，以此反复迭代直到获得满足接触条件的计算结果。

$$\begin{bmatrix} C_{11} & C_{12} & \cdots & C_{1j} & \cdots & C_{12} & r_1^{(1)} & r_1^{(2)} \\ \vdots & \vdots & & \vdots & & \vdots & \vdots & \vdots \\ C_{i1} & C_{i2} & \cdots & C_{ij} & \cdots & C_{i2} & r_i^{(1)} & r_i^{(2)} \\ \vdots & \vdots & & \vdots & & \vdots & \vdots & \vdots \\ C_{n1} & C_{n2} & \cdots & C_{ni} & \cdots & C_{nn} & r_n^{(1)} & r_n^{(2)} \\ r_1^{(1)} & r_2^{(1)} & \cdots & r_j^{(1)} & \cdots & r_n^{(1)} & 0 & 0 \\ r_1^{(2)} & r_2^{(2)} & \cdots & r_j^{(2)} & \cdots & r_n^{(2)} & 0 & 0 \end{bmatrix} \begin{Bmatrix} R_1 \\ \vdots \\ R_1 \\ \vdots \\ R_1 \\ \theta_1 \\ \theta_2 \end{Bmatrix} = \begin{Bmatrix} \delta_1^{(2)} \\ \vdots \\ \delta_i^{(2)} \\ \vdots \\ \delta_n^{(2)} \\ T_p^{(1)} \\ T_p^{(1)} \end{Bmatrix} \quad (6\text{-}48)$$

2. 接触类型及方式

接触具有两种基本类型，分别是"刚体-柔体的接触"和"柔体-柔体的接触"。"刚体-柔体的接触"类型一般为硬材料与软材料的接触，物体间相接触时，刚度相对大得多的接触面被视作为刚体，如许多金属成型加工为此类接触；当相接触的物体具有相近的刚度，且都是变形体时，其接触通常被视为"柔体-柔体的接触"，这是一种更为普遍的接触。

ANSYS提供了三种接触方式："点-点接触""点-面接触"以及"面-面接触"，每种接触方式用于某一特定的接触类型，并采用不同的接触单元。"点-点接触"主要用于模拟点与点之间的接触行为，在特定情况下也能模拟面与面之间的接触行为。使用"点-点接触"需要预知接触对的位置，且仅适用于接触面之间有较小的相对滑动的情况。"点-面接触"主要用于点-面接触行为的模拟，如两根梁之间的接触，在一定的特殊情况下也能模拟面与面之间的接触行为，并且允许接触面之间有大变形及大的相对滑动。

"面-面接触"用于模拟用于面与面之间的接触行为，ANSYS提供分别支持"刚-柔""柔-柔"的接触单元。若使用"面-面接触"，不需要预知接触的具体位置，在创建接触对时需要设置接触面与目标面，接触面通常选择刚度相对较小的接触面，目标面则选择刚度相对较大的接触面。给接触单元和目标单元赋予相同的实常数号后，ANSYS就能通过实常数号识别"接触对"。

"面-面接触"应用广泛，相对于"点-点接触"及"点-面接触"具有诸多优点：

① 既支持低阶单元，又支持高阶单元；
② 支持存在大滑动和摩擦的大变形接触；
③ 能够得到更好的接触分析结果，如更为准确的法向压力和摩擦应力等；
④ 不受刚体表面形状的限制，支持存在非光滑性表面的刚体，同时支持表面的不连续性；
⑤ 能够处理较多的接触单元；
⑥ 支持广泛的建模控制，例如绑定接触、渐变初始渗透、目标面自动移动到初始接触以及支持死活单元等。

3. 接触算法

ANSYS 为接触分析提供了三种算法：罚函数法（Penalty method）、拉格朗日乘子法（Lagrange method）及增强拉格朗日乘子法（Augmented Lagrange method）。

（1）罚函数法

罚函数法是通过接触刚度在相接触面间的穿透值（接触位移）与接触力的基础上建立关于力与位移的线性关系：

$$F = KX \tag{6-49}$$

式中 K——接触刚度（罚刚度）；
X——接触面穿透值（接触位移）；
F——法向接触力。

接触面穿透值在 ANSYS 中通过分离接触体上节点间的距离来计算，由式（6-49）可知，当接触刚度越大时，其接触面穿透值就越小。但是接触刚度不能为无穷大，且接触刚度过大容易引起刚度矩阵的病态，不利于求解迭代的收敛。当使用罚函数求解时，接触刚度的定义是关键。

（2）拉格朗日乘子法

拉格朗日乘子法不依靠接触力与位移的关系来求解，而是把接触力作为一个独立自由度，直接在方程里面求解得出接触力。因此，使用拉格朗日乘子法求解时可直接实现穿透值为零的真实接触条件，设置接触刚度是非必需的。但是，拉格朗日乘子法会增加刚度矩阵额外的自由度，使刚度矩阵变大，另外，在刚度矩阵中存在零对角元，所以只能选择直接法求解器。此外，拉格朗日乘子法难以解决当接触状态发生变化时接触力的突变，为解决这一问题，结合罚函数和拉格朗日乘子而形成了增强拉格朗日乘子法。

（3）增强拉格朗日乘子法

增强拉格朗日乘子法程序以罚函数法开始，且用实常数 TOLN 来控制最大允许穿透值（这与拉格朗日乘子法相似）。此外，增强拉格朗日乘子法会在迭代中不断更新接触刚度，以达到接触穿透值小于允许值。因此，可把该法视为实时更新接触刚度的罚函数法。相比拉格朗日乘子法，增强拉格朗日乘子法的穿透值不为零；与罚函数相比会增加迭代次数。但增强拉格朗日乘子法具备独特的优点：其一，刚度矩阵中存在较少病态，对求解器的可容度高，且利于求解收敛；其二，用户可以自定义接触穿透值 TOLN。

6.3.2 齿轮静态接触分析

1. 齿轮接触有限元模型

在齿轮的啮合过程中，为保证传动平稳，需要齿轮啮合的重合度大于一，单双齿啮合交替发生。而齿轮的接触分析为非线性分析，需要占用很大的计算机资源。因此，在分析齿轮的静态接触过程中，只建立具有三个轮齿的齿轮模型，三个轮齿的啮合能够完成单双齿啮合的交替。

将处于一定啮合状态的三轮齿模型导入 ANSYS。为获得理想的接触分析结果，必须首先得到合理的有限元网格。网络的划分将直接影响计算结果，应在数据变化梯度较大的区域采用较密的网格，而在数据变化梯度较小的区域采用较为稀疏的网格。对于齿轮啮合的接触分析，齿面的网格划分尤其重要，网格宽度最好不能大于该点啮合时的接触半宽。在对模型进行相应切分后，采用 Solid185 单元，并使用"映射网络划分"法划分模型，得到的三轮齿有限元网格模型见图 6-32，齿面网格宽度控制在 0.2 ~ 0.3 mm，单元共计 193 502 个，198 290 个节点。

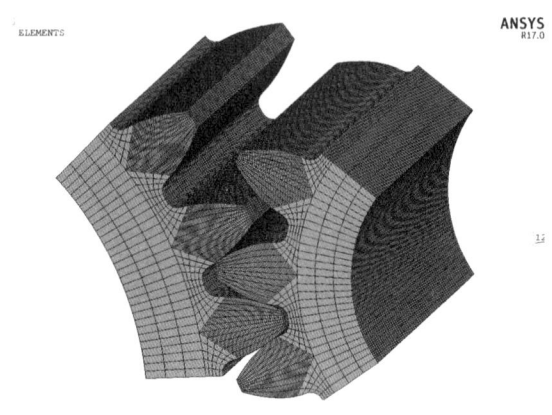

图 6-32　三轮齿接触有限元模型

2. 接触对的创建

该减速机中齿轮的材料相同，所以选择"柔体-柔体的接触"类型和"面-面接触"方式。该级齿轮中太阳轮为大齿轮，太阳轮的轮齿刚度相比行星轮较大，因此以太阳轮齿面为目标面、行星轮齿面为接触面创建接触对，对称方式设置为不对称，以高斯积分点为接触检测点，且接触算法选择增强拉格朗日乘子法。采用 CONTA174 和 TARGE170 两种接触单元，CONTA174 为目标单元，TARGE170 则为接触单元。在 CONTA174 的单元选项中 KEYOPT（5）选择闭合间隙，将其实常数中的法向接触刚度 FKN 设置为 1，最大允许穿透值为 0.1，最大等效剪应力 TAUMAX 设置为 1e + 20，其他设置采用缺省值。建立的接触对见图 6-33。

图 6-33　齿轮接触对模型

3. 边界条件及载荷的定义

为给太阳轮和行星轮添加合适的边界条件及载荷，本书将用到 MPC 多点约束。MPC 多点约束是在一个节点组或多个节点与某一个特定的节点之间建立某种自由度的耦合关系，并以这个特定节点的自由度为标准，约束节点组或其他节点的自由度。MPC 约束分为刚体面约束和力分配约束，刚体面约束适用于实心梁和实体单元之间的连接，力分配面适合柔性梁与实体或者壳体单元之间的连接。

太阳轮为主动轮，因此在静态接触分析中需要给太阳轮施加扭矩。利用接触向导在太阳轮回转中心处建立一个节点，然后在这个节点与太阳轮轴毂表面的节点之间建立 MPC 刚体面约束。同样在行星轮的轴毂表面的节点与其回转中心建立 MPC 刚体面约束，见图 6-34。MPC 约束建立好后，约束行星轮回转中心节点的所有自由度，太阳轮回转中心的节点只释放绕 Z 轴转动的自由度 ROTZ，并在该节点上施加扭矩。

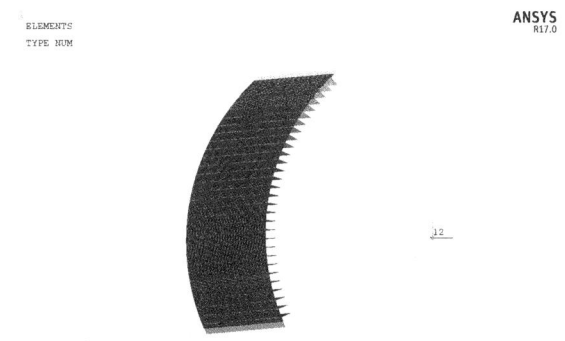

图 6-34 行星轮轴毂表面节点与回转中心节点 MPC 约束

4. 求解分析

在额定掘进工况下，该级单个行星轮与太阳轮之间传递的扭矩为 15 330.00 N·m。把啮合过程离散化分成单个点的啮合，以对若干个不同的啮合点进行静态接触分析来模拟整个齿轮的啮合过程。求解后整理节点信息并结合赫兹理论计算得到各啮合点的最大接触应力对比图，见图 6-35。

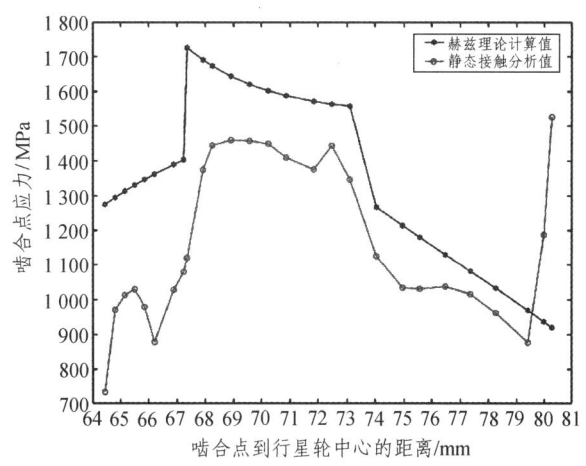

图 6-35 低速级行星轮与太阳轮啮合接触应力

由图 6-35 可知,在该级行星轮与太阳轮啮合过程中,赫兹理论计算结果与有限元接触分析结果有所不同,赫兹理论计算值会明显大于有限元计算结果。但是,随着啮合点的位置变化,两种计算方法得到的接触应力变化规律大致相同,单、双齿啮合区接触应力差距明显,单齿啮合区的接触应力大于双齿啮合区。此外,这两种计算方法获得最大应力值及所处部位也不相同。由赫兹理论计算出来的行星轮最大接触应力为 1 725.93 MPa,该啮合点与回转中心的距离为 67.35 mm,为由齿根至齿顶方向的第一个单、双齿啮合区域临界点,而通过有限元接触分析得出的最大接触应力为 1 527.21 MPa,该值远大于其理论计算值 918.86 MPa,且出现在齿面与齿顶的交汇处,也就是该啮合齿面的最顶部。

造成该差异的原因是:其一,在单、双齿啮合的临界点,理论值以单齿啮合计算,而在静态接触仿真中,当该临界点处于啮合时,还有另一啮合点处于接触(啮合)状态,即考虑该点为双齿啮合区;其二,行星轮为从动轮,当该齿面进入一个啮合周期时,其齿顶处为啮入点,此处的接触区域宽度实际上达不到理论上的接触宽度,这就使得齿顶处的接触应力较大,见图 6-36。

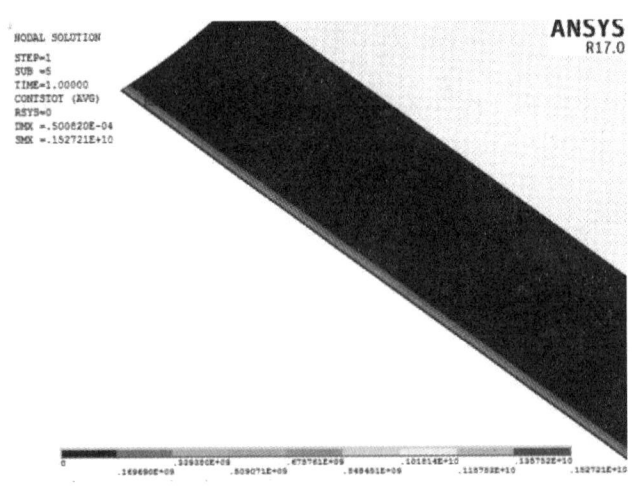

图 6-36　行星轮齿顶啮合接触应力

图 6-37(a)显示的是该级行星轮刚进入啮合时齿顶处接触应力沿齿宽方向的分布情况,图 6-37(b)则表达的是行星轮在单齿啮合区获得最大有限元接触应力处接触应力沿齿宽方向的分布情况。由图 6-37 可知,这两个啮合位置的接触应力沿齿宽方向分布规律相似,两者的接触应力分布均为齿宽方向上的对称分布,在齿宽方向的中心会取得一个接触应力极大值,但最大值均出现在齿宽的两端。此外,接触应力在轮齿的两端靠近端头处会有一个突变,接触应力的最大值及最小值均在齿轮的两端取得,齿顶处接触应力最大值为 1 527.50 MPa,最小值为 1 489.80 MPa,两者相差 37.7 MPa;单齿啮合区最大值为 1 459.80 MPa,最小值为 1 392.10 MPa,两者相差 67.7 MPa,该差值要大于前者的差值,而在齿轮的中间部分齿顶处的接触应力变化梯度要大于单齿啮合区最大接触应力处。

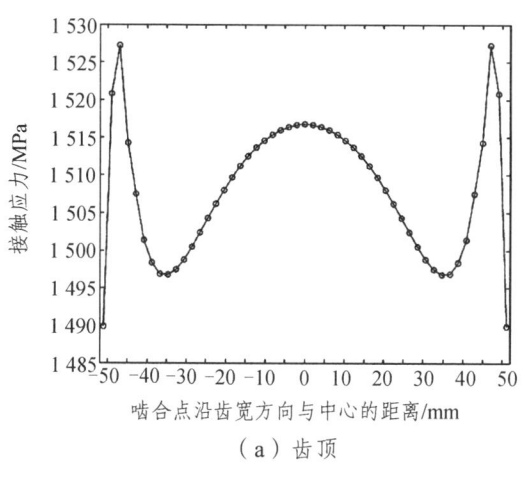
(a) 齿顶

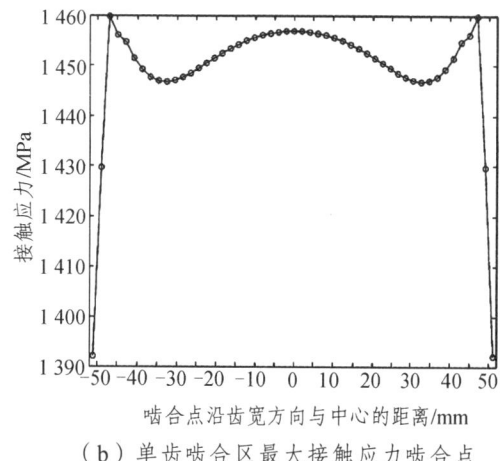
(b) 单齿啮合区最大接触应力啮合点

图 6-37 接触应力沿齿宽方向分布

6.3.3 齿轮热弹耦合分析

首先对齿轮进行稳态温度场热分析,然后将得到的稳态温度场分析结果以载荷的形式加载到结构场中进行热变形分析。在齿轮的静态接触分析中使用的是有 8 节点的六面体单元 Solid185,因此,为契合下面的热耦合接触仿真分析,此处稳态温度场热分析改用也具有 8 节点的六面体热分析单元 Solid70。低速级太阳轮同行星轮的多轮齿稳态温度场分析结果见图 6-38。

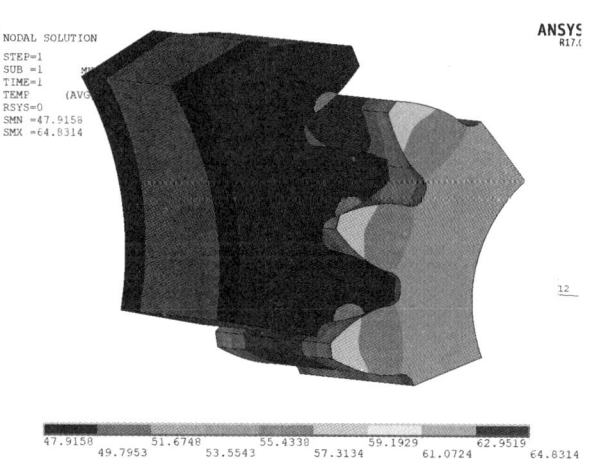

图 6-38 低速级太阳轮(左)同行星轮(右)多轮齿稳态温度场

由图 6-38 可知,该级行星轮的温度要高于太阳轮,且最高温度为 64.831 4 ℃,出现在行星轮与内齿圈的啮合齿面上,略低于前面采用 Solid90 单元的单齿模型仿真所得最高温度 64.853 0 ℃,两者差值为 0.021 6 ℃;此外,最低温度出现在太阳轮上面,且为 47.915 8 ℃,同样略低于与前面所得最低温度 48.196 5 ℃,两者相差 0.280 7 ℃。可见,单齿模型与多齿啮合模型的温度场仿真结果有一定的误差,造成该误差的主要原因有两点:其一,两者的有限元模型采用的单元不同;其二,两者的有限元模型均存在一定的误差。

得到齿轮的稳态温度场后，将热分析单元 Solid70 转为结构分析单元 Solid185，约束太阳轮与行星轮的齿轮轴孔面上的所有自由度，得到该级太阳轮与行星轮在掘进工况下的热变形分析结果，如图 6-39 和图 6-40 所示。结合图 6-39 与图 6-40 可知，该级行星轮最大热变形量为 0.050 8 mm，大于太阳轮的最大热变形 0.046 5 mm，这与行星轮的本体温度高于太阳轮相符。此外，太阳轮与行星轮有着相似的热变形变化规律，距离齿轮回转中心越远的部位热变形越大，两个齿轮的最大热变形均发生在齿面与齿顶的交汇处。

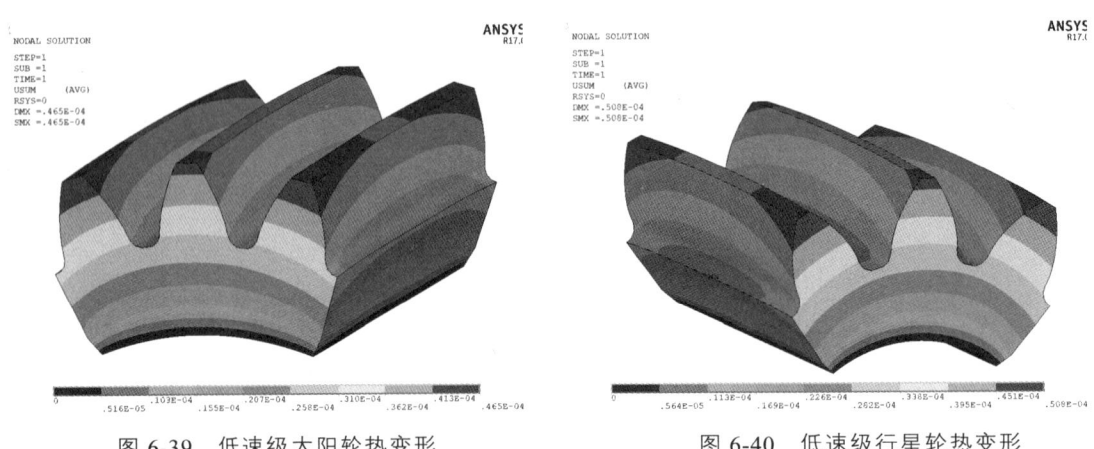

图 6-39　低速级太阳轮热变形　　　　　　　图 6-40　低速级行星轮热变形

通过整理节点信息，得到行星轮两个齿面最大变形处沿齿宽及齿廓两个方向的热变形变化情况，见图 6-41。

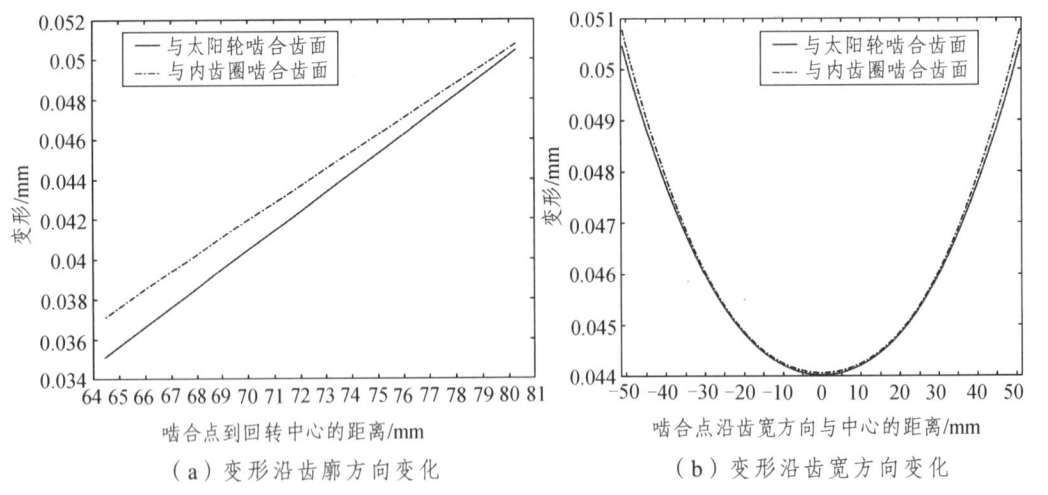

（a）变形沿齿廓方向变化　　　　　　　　（b）变形沿齿宽方向变化

图 6-41　低速级行星轮齿面热变形变化规律

由图 6-41 可知，该行星轮两个齿面的变形量有所不同，但相同方向上的热变形变化规律相同。该行星轮齿宽与齿廓两个方向上的热变形量均是与内齿圈啮合齿面略大于与太阳轮啮合齿面。在沿齿廓方向上，两个齿面的变形量均是由齿根到齿顶逐渐增大，不过与太阳轮啮合齿面热变形量的变化梯度要略大于与内齿圈啮合的齿面。在沿齿宽方向上，两个齿面的热变形量均在齿宽中心处获得最小值，并由中心至两端其热变形量逐渐增大。

6.3.4 基于热耦合的齿轮接触分析

结合热弹耦合分析和静态接触分析方法,首先采用 Solid70 单元对齿轮进行稳态温度场仿真,得到温度场结果后将 Solid70 转化为 Solid185 单元,并将温度场计算结果作为载荷施加到结构中,对其进行热耦合接触分析,接触对建立及边界条件设置等参考静态接触分析。

在获得不同啮合点的热耦合接触分析结果后,整理节点信息并结合上述理论计算及静态接触仿真结果,通过不同的计算方法得到各啮合点接触应力的对比曲线,见图 6-42。

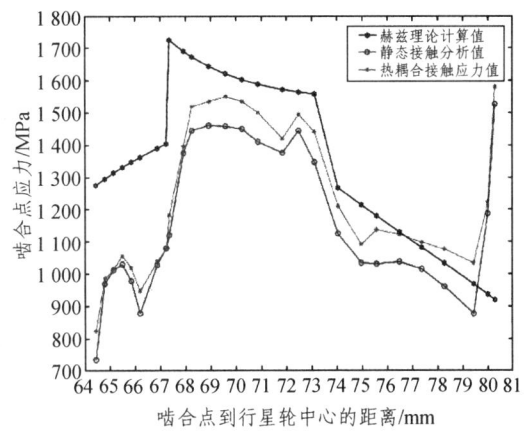

图 6-42 低速级行星轮与太阳轮啮合接触应力

由图 6-42 可知,在考虑温度及热变形的情况下,该行星轮的热耦合接触应力与其静态接触分析值变化规律一致,其最大热耦合接触应力值为 1 580.60 MPa,同样出现在齿顶处,但热耦合接触应力值普遍大于静态接触应力值,且普遍小于赫兹理论计算值。

用热耦合接触应力值减去静态接触应力值得到两者的差值,见图 6-43。从图 6-43 中可以看出,由于温度产生的热变形会对齿轮的啮合造成明显的影响,热耦合接触应力普遍大于静态接触应力值,有极个别啮合的热耦合接触应力值小于静态接触。此外,每个啮合点接触应力差值不同,最大差值达到了 157.18 MPa,两种方法计算的差值多集中于 40~100 MPa。可见,热变形对齿轮的啮合接触应力的影响是复杂多样的,不是简单地增大接触应力值,且热变形有可能在某些部位使接触应力值降低,但总体上热变形会使接触应力增大。

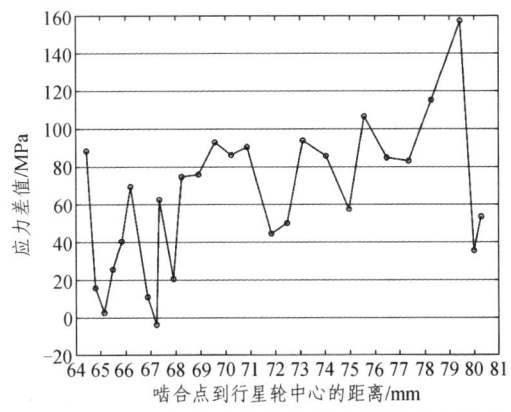

图 6-43 热耦合接触应力与静态接触应力差值

图 6-44 表示齿顶处热耦合接触应力沿齿宽方向的分布情况,由图 6-44 对比图 6-37 可知,此处的静态接触应力沿齿宽分布不同于热耦合接触应力,热耦合接触应力在齿轮的两端没有突变,热变形会改变啮合点处接触应力的横向分布。在考虑热变形的情况下,热耦合接触应力在齿宽中心处取得最大值 1580.60 MPa,并由中心至两端逐渐减小,且越靠近齿轮的两端其变化梯度越大。

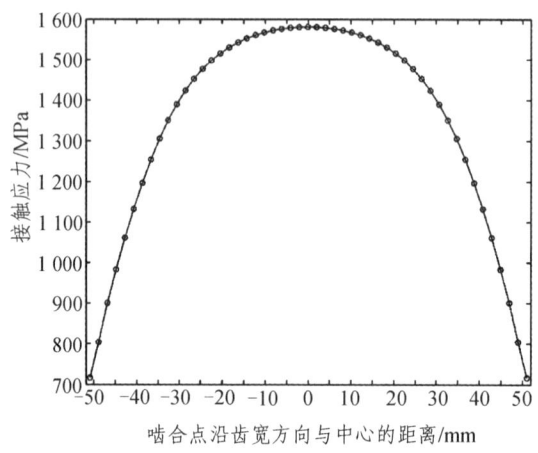

图 6-44 齿顶热耦合接触应力沿齿宽方向分布

6.4 主减速机齿轮接触疲劳寿命研究

在盾构掘进过程中,由于地质条件的多样化及不确定性,刀盘开挖会给刀盘主驱动系统带来具有随机性的循环载荷,主减速机在这种随机循环载荷作用下,齿轮会产生疲劳损伤直到失效。据调研,主减速机齿轮发生断齿较少,损坏多为点蚀或胶合,可见主减速机齿轮的疲劳破坏多为接触疲劳破坏。

本节将基于名义应力疲劳分析法建立主减速机齿轮的接触疲劳寿命计算模型,并以温度和接触应力均为最高的低速级齿轮中的行星轮为研究对象,探究主减速机齿轮在工作中的接触疲劳寿命。

6.4.1 疲劳分析基础理论

1. 疲劳的定义

疲劳是指机械结构或构件受到循环载荷时,在循环应力或循环应变的作用下,其部分区域或某点产生了局部的永久结构变化,当循环载荷达到一定次数以后形成裂纹或发生断裂的过程。而疲劳寿命则是指机械结构或构件在疲劳失效以前所经历的应力或应变循环次数。疲劳破坏相比于静力破坏会表现出以下特征:

(1)交变应力水平低,机械结构或构件所受的交变应力远小于其材料的强度极限或屈服极限。

（2）脆性断裂，一切材料的疲劳损坏在宏观上都表现为无明显塑性变形的突然断裂。

（3）局部性，疲劳一般为局部结构的破坏，不牵扯到整个结构。

（4）疲劳过程是一个累积损伤的过程，疲劳破坏的产生需要一定的时间及工作循环。疲劳断裂有裂纹形成、裂纹扩展及失稳断裂三个过程。

（5）疲劳破坏会在断口处表现出某种特征，对断口处的特征进行分析有助于研究其疲劳破坏原因。

金属的疲劳可以按照不同的方法进行分类，按照机件受力方式的不同，可以分为弯曲疲劳、抗压疲劳、扭转疲劳和复合疲劳；根据工作环境的不同，可分为室温疲劳、高温疲劳、低温疲劳、热疲劳、腐蚀疲劳以及接触疲劳；在宏观的角度上，可根据机械结构或构件所受循环应力的水平分为高周疲劳与低周疲劳。高周疲劳是指研究对象所受的循环应力低于材料的屈服极限，且加载循环次数高于 $10^4 \sim 10^5$ 的疲劳，高周疲劳下材料塑性变形较小，且以弹性变形为主导地位，其疲劳寿命依据循环应力水平计算；低周疲劳中，研究对象所受循环应力超过材料的屈服强度，且循环次数小于 $10^4 \sim 10^5$，较高的应力会导致较大的应变，从而造成塑性变形。齿轮啮合的接触应力一般小于其疲劳强度极限，工作次数大于 $10^4 \sim 10^5$，属于高周疲劳。

疲劳破坏有无限寿命设计和有限寿命设计两种分析方法，而常用的有限寿命设计方法则有名义应力法、局部应变法及损伤容限设计法。其中，名义应力法广泛应用于高周疲劳研究，而局部应力法适用于研究低周疲劳。损伤容限法则是以断裂力学理论为基础，考虑材料在加工过程中存在裂纹这一因素，以初始缺陷或裂纹零件的剩余寿命估算为中心的疲劳分析方法，应用也较为广泛。

2. 疲劳损伤理论

累积损伤是有限寿命分析的核心问题，损伤是指机械结构或构件危险部位微裂纹生长的度量，机械结构或构件在循环应力下，若该应力超过疲劳极限，每一个循环都会使构件产生一定的损伤，这种损伤效果是可以累积的，当损伤累积值达到某一值，构件就会破坏。疲劳损伤理论研究的目的是寻求构件在循环载荷下构件疲劳损伤的累积规律与疲劳破坏准则。目前，疲劳损伤理论主要有线性疲劳累积理论、非线性疲劳累积损伤理论、修正线性损伤理论，线性疲劳累积理论中的 Palmgren-Miner 法则（简称 Miner 法则）最为著名，因该理论在大量的试验研究中得到验证，所以在工程中被广泛应用。

在 Palmgren-Miner 法则中，疲劳损伤累积与循环载荷加载的次数之间被认为是线性关系，即损伤正比于循环比，循环比又被称为损伤比。对于单一应力循环，损伤与循环比之间的关系可用式（6-50）表示。

$$D \propto \frac{n}{N} \tag{6-50}$$

式中：D 为损伤；$\frac{n}{N}$ 为循环比，n 为循环数，N 为发生破坏时的寿命（次数）。

若构件受到 r 个不同应力水平的循环载荷，则有：

$$D = \sum_{i=1}^{r} \frac{n_i}{N_i} \tag{6-51}$$

式中：n_i 为第 i 个应力水平循环载荷的次数；N_i 为第 i 个应力水平循环载荷下的疲劳寿命。

当总的损伤等于 1 时，零件发生破坏，则可得到 Palmgren-Miner 法则的基本表达式，见式（6-52），该式是多级循环载荷下构件的破坏条件，也是线性累积损伤理论的计算公式。

$$\sum_{i=1}^{r}\frac{n_i}{N_i}=1 \tag{6-52}$$

3. 名义应力疲劳分析法

名义应力疲劳分析法是以名义应力为基本参数，从材料的"应力-疲劳寿命关系曲线（S-N 曲线）"出发，考虑各种影响因素后得到构件的 S-N 曲线，并根据构件的 S-N 曲线进行疲劳分析。齿轮的接触疲劳属于高周疲劳，所以选择名义应力疲劳分析法研究主减速齿轮的寿命。

（1）材料 S-N 曲线

材料 S-N 曲线是指外加应力水平与标准试样疲劳寿命之间的关系曲线，这种曲线一般表示的是中值疲劳寿命与外加应力之间的关系，所以，也称中值曲线，又称 Wholer 曲线。材料的基本 S-N 曲线一般是试样件在应力比 $R=-1$，应力幅值 S_a 等于应力最大值 S_{max} 的循环载荷下得到的，见图 6-45。

图 6-45 中，横坐标 N 代表寿命，纵坐标 S 代表应力水平，对应于疲劳寿命 N 的应力水平被称为寿命 N 循环下的疲劳强度。由图可知，给定的载荷应力水平越低，寿命越长。当应力 S 小于某值时，试样件不会产生疲劳破坏，认为此时试样件疲劳寿命无限长，该值被称为材料的疲劳极限。在对称循环载荷（应力比为 $R=-1$）下的疲劳极限记作 $S_f(R=-1)$，简记 S_{-1}。

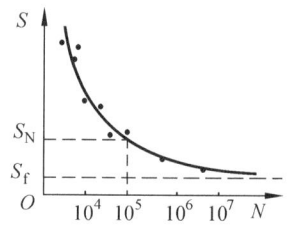

图 6-45 材料基本 S-N 曲线

材料基本 S-N 曲线有幂函数式、指数式及三参数式三种基本形式的数学表达式。这三种表达式均描述高周疲劳的应力寿命关系，应用于寿命大于 10^3 的疲劳。其中幂函数式最为常用，幂函数式表达的是 S 与 N 之间的双对数线性关系，见式（6-53）。

$$S^m N = C \tag{6-53}$$

式中：m 和 C 为材料常数。

将式（6-52）两边取对数得到：

$$\lg S = A + B \lg N \tag{6-54}$$

其中，材料参数 $A = \lg C / m$，$B = -1/m$。

（2）名义应力疲劳分析步骤

名义应力疲劳分析法是以构件 S-N 曲线和构件危险部位受力为基础的疲劳分析方法。利用该法估算构件疲劳寿命，最重要的是获得构件 S-N 曲线和构件危险部位的载荷应力谱。构件 S-N 曲线可经过材料 S-N 曲线修正得到，也可通过相应试验获得。构件危险部位的载荷应力谱可通过实际工况测量，也可通过理论计算及有限元仿真得到。名义应力疲劳分析具体步骤见图 6-46。

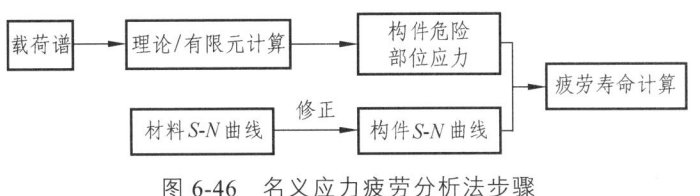

图 6-46 名义应力疲劳分析法步骤

6.4.2 常规接触疲劳寿命计算

1. 载荷谱

利用名义应力法分析盾构主减速机齿轮的疲劳寿命，齿轮载荷谱的获取至关重要，当载荷谱与其在实际工作中的载荷更为接近时，其疲劳寿命计算结果则会更准确。对于齿轮的接触寿命分析，其接触应力的直接获取难以实现，一般可在获得齿轮传递的扭矩情况下通过相应计算得出齿轮的接触应力。对于盾构主减速机，可根据刀盘扭矩来计算其齿轮接触应力。若在设计阶段，盾构刀盘扭矩的获取可依靠相似隧道工程的掘进监控数据；若该盾构机已投入使用，则可以直接在实际工程中获取其掘进监控数据。但是，在实际盾构掘进工程中，其掘进监控数据库中的刀盘扭矩记录多为每一环的均值、最大值、最小值、起始值、最后值等，这些数据不利于疲劳寿命分析。若要准确地获得刀盘扭矩随时间变化的精确值，还需额外的检测设备及检测试验。

当隧道设计参数确定后，影响刀盘扭矩最重要的外界因素就是地质条件，在已探明一定地质条件的情况下，某一时刻的在掘掌子面依然存在不确定性，其土壤性质、含石粒径、水压、土压等均有一定的随机性。因此，可根据刀盘扭矩具有一定的随机性这一特点，研究盾构主减速齿轮寿命。根据盾构掘进时刀盘扭矩 T_N 的随机性可建立其概率密度函数：

$$f(T)=\frac{1}{\varepsilon \times \overline{T}\sqrt{2\pi}}e^{-\frac{(T-\overline{T})^2}{2(\varepsilon \times \overline{T})^2}} \tag{6-55}$$

式中 T——刀盘扭矩，在载荷-时间历程中服从正态分布；

$\overline{T}$——刀盘扭矩均值；

ε——不确定系数，取值范围为 5%～8%。

可见，$\overline{T}$ 为刀盘扭矩的期望，$\varepsilon \times \overline{T}$ 为刀盘扭矩正态分布的标准差 σ。根据正态分布的 3σ 准则，取 $F(T)=99.865\%$，即 T 取最大值为 T_{max} 时有：

$$\overline{T}=T_{max}-3\sigma \tag{6-56}$$

结合实际盾构施工，可以掘进工况下的设计刀盘扭矩 19 914.74 kN·m 为均值 $\overline{T}$，并以脱困刀盘扭矩 23 897.69 kN·m 为最大值 T_{max}，此时，不确定系数 ε 为 6.67%，刀盘扭矩的概率密度函数为

$$f(T)=\frac{1}{1327.65\sqrt{2\pi}}e^{-\frac{(T-19\,914.74)^2}{3\,525\,309.05}} \tag{6-57}$$

根据刀盘扭矩的概率密度函数,可分析刀盘扭矩在各范围的分布情况。若要将该分布规律应用于主减速齿轮的疲劳寿命分析,还需将刀盘扭矩数据离散化,为保证疲劳计算的准确性,应尽量细分刀盘扭矩水平等级。将刀盘扭矩分为 19 个水平等级,并计算出各等级的概率(占比)及均值,即可实现刀盘扭矩数据的离散化,根据刀盘扭矩均值可计算出各刀盘扭矩水平等级下低速级行星轮传递的扭矩,见表 6-6。

表 6-6 刀盘扭矩水平分级

刀盘扭矩等级/kN·m	等级代号	概 率	刀盘扭矩均值/kN·m	低速级行星轮传递扭矩值/N·m
15 931.79 ~ 16 344.74	1	0.223 4%	16 168.23	12 446.00
16 344.74 ~ 16 764.74	2	0.524 8%	16 582.38	12 764.81
16 764.74 ~ 17 184.74	3	1.104 7%	17 415.56	13 085.50
17 184.74 ~ 17 604.74	4	2.105 8%	17 832.12	13 406.18
17 604.74 ~ 18 024.74	5	3.634 9%	18 248.67	13 726.84
18 024.74 ~ 18 444.74	6	5.681 4%	18 665.20	14 047.49
18 444.74 ~ 18 864.74	7	8.041 0%	19 081.72	14 368.12
18 864.74 ~ 19 284.74	8	10.305 4%	19 498.23	14 688.75
19 284.74 ~ 19 704.74	9	11.959 6%	19 914.74	15 009.38
19 704.74 ~ 20 124.74	10	12.568 0%	20 331.25	15 330.00
20 124.74 ~ 20 544.74	11	11.959 6%	20 747.76	15 650.62
20 544.74 ~ 20 964.74	12	10.305 4%	21 164.28	15 971.24
20 964.74 ~ 21 384.74	13	8.041 0%	21 580.81	16 291.87
21 384.74 ~ 21 804.74	14	5.681 4%	21 997.36	16 612.51
21 804.74 ~ 22 224.74	15	3.634 9%	22 413.92	16 933.16
22 224.74 ~ 22 644.74	16	2.105 8%	22 413.92	17 253.82
22 644.74 ~ 23 064.74	17	1.104 7%	22 830.50	17 574.50
23 064.74 ~ 23 484.74	18	0.524 8%	23 247.10	17 895.19
23 484.74 ~ 23 897.69	19	0.223 4%	23 661.25	18 213.99
其他	—	0.27%	—	—

以每一等级的平均刀盘扭矩相对应的低速级行星轮传递的扭矩值为载荷,通过有限元接触分析得到低速级行星轮的接触疲劳设计载荷谱块。在盾构掘进过程中,为避免盾构机出现翻转以及提高刀具的使用寿命,盾构刀盘一般正反转交替使用,其正反转时间可认为是 1:1。因为 NGW 行星传动结构的特殊性,当刀盘反转时,行星轮的旋转也会反向,原本行星轮中与太阳轮啮合的齿面会在刀盘反转时与内齿圈啮合。所以,需要计算出每个刀盘扭矩等级下的低速级行星轮与太阳轮啮合的接触应力以及与内齿圈啮合的接触应力。通过有限元接触分析得到低速级行星轮载荷谱块,见表 6-7。

表 6-7 低速级行星轮设计载荷谱

低速级行星轮传递扭矩值 /N·m	等级代号	概 率	与太阳轮啮合最大接触应力/MPa	与内齿圈最大啮合接触应力/MPa
12 446.00	1	0.223 4%	1 317.19	1 258.01
12 764.81	2	0.524 8%	1 339.74	1 280.50
13 085.50	3	1.104 7%	1 363.84	1 302.83
13 406.18	4	2.105 8%	1 387.14	1 363.31
13 726.84	5	3.634 9%	1 410.45	1 382.13
14 047.49	6	5.681 4%	1 433.78	1 400.61
14 368.12	7	8.041 0%	1 457.11	1 418.86
14 688.75	8	10.305 4%	1 480.47	1 435.99
15 009.38	9	11.959 6%	1 503.83	1 454.64
15 330.00	10	12.568 0%	1 527.21	1 473.37
15 650.62	11	11.959 6%	1 549.96	1 480.88
15 971.24	12	10.305 4%	1 568.95	1 503.19
16 291.87	13	8.041 0%	1 586.74	1 525.28
16 612.51	14	5.681 4%	1 604.52	1 546.01
16 933.16	15	3.634 9%	1 622.31	1 564.99
17 253.82	16	2.105 8%	1 640.08	1 583.59
17 574.50	17	1.104 7%	1 657.81	1 602.11
17 895.19	18	0.524 8%	1 675.47	1 620.61
18 213.99	19	0.223 4%	1 693.05	1 645.14
其他	—	0.270 0%	—	—

2. 齿轮接触疲劳 S-N 曲线

齿轮接触疲劳 S-N 曲线与齿轮的大小、材料、表面加工方式、热处理方式及润滑条件等都有关系。鉴于实验条件和时间受限，下面可通过修正材料接触疲劳 S-N 曲线得到适用于估算主减速机齿轮的接触疲劳 S-N 曲线。

《机械工程材料性能数据手册》（1995 年版）给出了 20CrMnTi 材料在中值疲劳寿命下的材料参数 c、m，其中 c 为 $1.160\,4 \times 10^{54}$，m 为 14.044 9。据此，可得到 20CrMnTi 材料的接触疲劳 S-N 曲线的对数形式，其中 S 为最大接触应力，见式（6-58）。

$$\lg S = 3.680\,7 - 0.049 \lg N \tag{6-58}$$

《机械工程材料性能数据手册》（1995 年版）给出的 c、m 值是通过 JPM-1 型试验机对矩形试样件进行接触疲劳试验所得的，该矩形试样件材料为 20CrMnTi，并经 920 ℃ 渗碳、油淬、200 ℃ 回火处理。可见，式（6-58）不能直接用于主减速机齿轮的接触疲劳寿命计算，还需对式（6-58）进行修正，材料 S-N 曲线修正公式为

$$\begin{cases} \lg(K_\mathrm{D}S) = A + B\lg N \\ K_\mathrm{D} = \dfrac{K_\mathrm{f}}{\varepsilon\beta} \end{cases} \qquad (6\text{-}59)$$

式中：K_D 为零件强度降低系数；K_f 为有效应力集中系数；ε 为齿轮接触强度计算尺寸系数；β 为齿轮表面强化系数。

有效应力集中系数 K_f 指的是无应力集中试样件的疲劳极限 σ_{-1} 与有缺口试件疲劳极限 σ'_{-1} 之比，即

$$K_\mathrm{f} = \dfrac{\sigma_{-1}}{\sigma'_{-1}} \qquad (6\text{-}60)$$

当寿命 N 为 5×10^7 时，通过式（6-58）计算得到应力 S 为 2 008.04 MPa，即该光滑矩形试件的接触疲劳极限为 2 008.04 MPa。王肃通过接触疲劳试验得到了 20CrMnTi 渗碳、淬硬试样齿轮的接触疲劳极限为 1 576.56 MPa。参考王肃的疲劳试验结果并通过式（6-60）可得 K_f 为 1.273 7。此外，查《机械设计手册》得到 ε、β 分别为 0.98、1.0。将式（6-58）修正得到适用于该主减速机低速级齿轮的接触疲劳 S-N 曲线，见式（6-61）。

$$\lg S = 3.375\,6 - 0.071\,2\lg N \qquad (6\text{-}61)$$

低于疲劳极限的应力也会造成疲劳损伤，因此选用 Modified Miner S-N 曲线修正法对低于疲劳极限值部分曲线进行修正，将低于疲劳极限部分的斜率改为 $2k-1$，k 为原本 S-N 曲线的斜率，修正得到的接触疲劳 S-N 曲线见图 6-47。

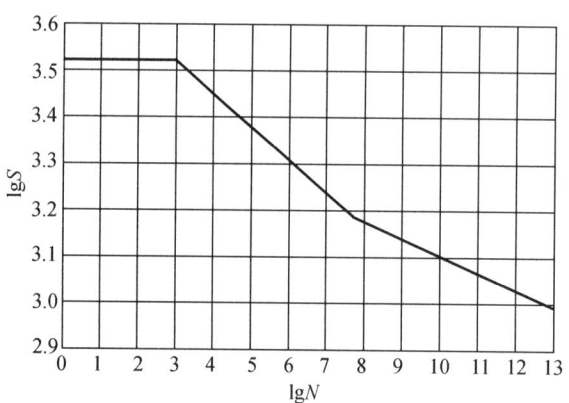

图 6-47 低速级行星轮接触疲劳 S-N 曲线

3. 常规接触疲劳寿命计算结果

根据 Palmgren-Miner 法则，若构件在 n_0 次工作循环中，共有 r 个应力水平等级，且各应力水平占比为 p_i，在 n_0 次工作循环中的总损伤为 D，则有：

$$D = \sum_{i=1}^{r} \dfrac{n_0 \times p_i}{N_i} \qquad (6\text{-}62)$$

则该构件的疲劳寿命为

$$N = n_0 \times \frac{1}{D} = \frac{1}{\sum_{i=1}^{r} \frac{p_i}{N_i}} \tag{6-63}$$

结合主减速机低速级行星轮的载荷谱块表 6-7 和齿轮接触疲劳 S-N 曲线,通过式 (6-63) 计算出主减速机低速级行星轮的常规接触疲劳寿命为 7.512×10^7 次。在掘进工况下,刀盘设计转速为 1.4 r/min,低速级行星轮的相对转速 ω_{c3}^H 为 1.028 1 rad/s,则该主减速机低速级行星轮的常规接触疲劳寿命为 20 296.26 h,满足寿命设计要求 10 000 h。

6.4.3 基于热耦合接触应力的寿命计算

根据刀盘扭矩分布规律得到低速级行星轮的载荷谱块,行星轮所受应力是通过有限元接触分析得到,没有考虑温度的影响。而根据前面研究表明,温升引起热变形会对齿轮的啮合接触应力产生明显的影响。可见,有必要研究在温度影响作用下的齿轮接触疲劳寿命。

同样根据表 6-7 中的刀盘载荷分布规律,通过热耦合接触分析,得到低速级行星轮在每个载荷水平下的最大热耦合接触应力,见表 6-8。结合表 6-6 与表 6-7,用每一载荷水平下的热耦合接触应力减去其常规接触应力得到其差值,见图 6-48。

表 6-8 基于热耦合低速级行星轮设计载荷谱

低速级行星轮传递扭矩值/N·m	等级代号	概 率	与太阳轮啮合最大热耦合接触应力/MPa	与内齿圈啮合最大热耦合接触应力/MPa
12 446.00	1	0.223 4%	1 318.32	1 261.12
12 764.81	2	0.524 8%	1 334.56	1 286.16
13 085.50	3	1.104 7%	1 350.84	1 313.58
13 406.18	4	2.105 8%	1 367.04	1 362.35
13 726.84	5	3.634 9%	1 383.21	1 359.77
14 047.49	6	5.681 4%	1 399.35	1 403.41
14 368.12	7	8.041 0%	1 437.25	1 426.47
14 688.75	8	10.305 4%	1 485.04	1 440.85
15 009.38	9	11.959 6%	1 532.84	1 479.95
15 330.00	10	12.568 0%	1 580.60	1 502.23
15 650.62	11	11.959 6%	1 599.59	1 523.56
15 971.24	12	10.305 4%	1 628.33	1 544.84
16 291.87	13	8.041 0%	1 662.24	1 587.32
16 612.51	14	5.681 4%	1 696.61	1 629.73
16 933.16	15	3.634 9%	1 723.89	1 672.12

续表

低速级行星轮传递扭矩值/N·m	等级代号	概 率	与太阳轮啮合最大热耦合接触应力/MPa	与内齿圈啮合最大热耦合接触应力/MPa
17 253.82	16	2.105 8%	1 741.16	1 714.25
17 574.50	17	1.104 7%	1 771.61	1 756.90
17 895.19	18	0.524 8%	1 819.32	1 798.81
18 213.99	19	0.223 4%	1 866.98	1 840.30
其他	—	0.270 0%	—	—

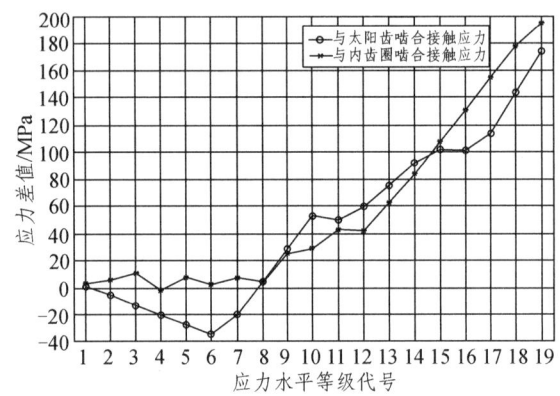

图 6-48 各载荷水平下热耦合接触应力与常规接触应力差值

由图 6-48 可知，应力等级代号 1~8 的热耦合接触应力略小于常规接触应力，代号 9~19 的热耦合接触应力均大于常规接触应力，且随着应力等级的提高，齿轮传递的扭矩越大，齿轮的本体温度越高，其应力差值越大，且最大差值超过 170 MPa。可见，温升将会对齿轮的接触疲劳寿命产生明显的影响。

根据表 6-8 中的热耦合接触应力计算得到低速级行星轮的疲劳寿命为 $3.784\,5 \times 10^7$ 次，在掘进工况下的工作时间为 10 225.23 h，依然满足设计要求。但是，在温升作用下的接触疲劳寿命比常规接触疲劳寿命短了 10 071.03 h，为常规接触寿命的一半。可见，温升会很大程度上降低齿轮的接触疲劳寿命。因此，控制主减速机齿轮的本体温度，对齿轮的接触疲劳寿命具有积极作用，主减速机的热设计至关重要。

第7章 成都特殊复杂地质条件下盾构机配套技术方案

成都地区地层属于较为典型富水砂卵石地层,其主要特点为卵石级配不连续且粒径较大,再加上地下水丰富,该地质条件为世界公认的不适合盾构施工区域。成都地铁多年施工探索,积累了大量富水砂卵石盾构施工经验及控制措施。本章将针对成都富水砂卵石地层盾构施工常见问题,对盾构机配套技术方案进行论述。

7.1 盾构组装及拆解技术

在盾构工程施工中,盾构机的组装及拆解技术是盾构施工的基本条件和保障,对隧道工程建设的进度和质量有着一定的影响,本节主要以成都地铁6号线某区间为背景,阐述盾构机吊装重要环节的校核方法、下井组装及拆解技术。

7.1.1 盾构吊装重要环节校核

盾构机体积庞大、质量重,且一般工作井内空间狭窄,因此,盾构机的组装、调试、解体与吊装是盾构施工安全控制重点之一,要制订专项施工方案。这项工作的安全控制重点是人员安全与设备安全。使用起重机向工作井内吊放或从工作井内吊出盾构机前,要仔细确认起重机支腿处支撑点的承载能力满足最大起重量要求,并确认起重机吊装时工作井的围护结构安全。起重机吊装过程中,要随时监测工作井围护结构的变形情况,若超过预测值,立即停止吊装作业,并采取可靠措施。需采取措施严防重物、操作人员坠落。使用电、气焊作业时,需严防火灾发生。

下面介绍几个常用的吊装计算校核公式:

1. 单件最重设备起吊计算

由盾构部件的质量尺寸表查出单件最重设备的质量,则单件设备最大载荷计算公式:

$$G = m \times K_1 \times K_2 + q \tag{7-1}$$

式中 m——单件最大质量;

K_1——静载系数;

K_2——动载系数;

q——吊钩、索具质量。

若 G 不大于起重机额定起重量（参见起重机性能参数表），则该起重机能满足安全吊装载荷要求。

2. 钢丝绳的选择与校核

盾构机的前盾、中盾及盾尾的钢丝绳的选用按照最重的盾构中盾考虑，采用四个吊点，考虑到四个吊点不可能同时均匀受力，此处取三根钢丝绳进行受力计算。

单根钢丝绳受力计算公式：

$$F = \frac{Q}{3\cos\beta} \tag{7-2}$$

式中　Q——中盾重量；

β——两吊耳钢丝与盾体之间的最大夹角。

得到单根钢丝绳的受力后，选择合适的钢丝绳，查资料得出其破断拉力$[Q]$，进行校核：

$$\eta = \frac{Q}{[Q]} \tag{7-3}$$

式中　η——安全系数，若 $\eta = 6 \sim 10$，则钢丝绳满足施工要求。

3. 吊耳的计算校核

盾构机吊耳按照盾构机出厂设置的吊耳进行设置，由专业焊接人员进行焊接。在吊装前对焊接吊耳进行焊接质量检验，检验内容包括位置、数量、外观质量、无损探伤（由专业资质人员采用超声波探伤）。

吊耳抗拉抗剪强度计算：根据《钢结构设计规范》（GB 50017—2017）查知吊耳材料的抗拉强度设计值$[\sigma]$及抗剪强度设计值$[\tau]$。

吊耳最大正应力、翻转后最大剪应力计算公式：

$$\sigma = \frac{F}{S_a} \qquad \tau = \frac{F}{S_b} \tag{7-4}$$

式中　F——钢丝绳对吊耳的拉力；

S_a——吊耳所受拉应力最大处的面积；

S_b——吊耳所受剪应力最大处的面积。

为保证施工安全，应使计算得出的吊耳最大正应力和最大剪切应力远小于吊耳材料的抗拉强度设计值$[\sigma]$及抗剪强度设计值$[\tau]$。

吊耳焊缝焊接强度计算：根据《钢结构设计规范》（GB 50017—2017）查知吊耳材料的焊缝强度设计值$[\sigma_1]$。

吊耳焊缝强度计算公式：

$$\sigma_1 = \frac{k \times F}{(L - 2d) \times d} \tag{7-5}$$

式中 k——动载系数,取 1.4;
$\quad\quad F$——焊缝受力值;
$\quad\quad L$——焊缝长度;
$\quad\quad d$——焊缝宽度。

为保证施工安全,应使计算得出的吊耳焊缝强度远小于吊耳材料的焊缝强度设计值。

4. 吊装场地承载能力计算

为保证盾构机安全下井和顺利吊出,吊车需要在端头进行吊装作业,为了满足端头地面承载能力的需求,需要对端头地面进行地基换填及硬化处理。针对成都特殊地层,拟在吊机站位及运行范围内进行卵石层以上浮土的换填,机械压实,然后通过绑扎钢筋、分块浇筑混凝土进行硬化处理,硬化场地钢筋布置如图 7-1 所示,达到强度后方可施工。

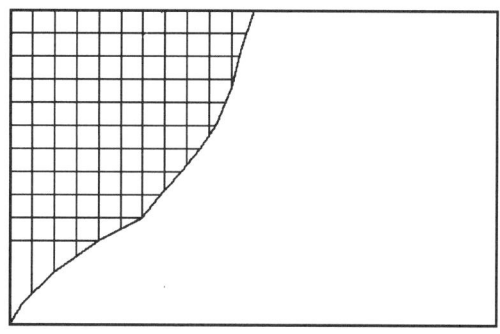

图 7-1 场地硬化配筋图

为了满足履带吊站位和吊装的需求,吊装时需对履带行走区域铺设一定强度的钢板,钢板下用细沙找平。盾构机进场吊装前,为了防止履带吊自重对车站主体侧墙造成影响,履带吊未上配重前走行至预定位置,再进行配重安装。

履带吊通过两履带将重力传递至钢板,钢板将重力传递至端头硬化层,端头硬化层又将重力传递至端头地层,据此进行地基承载力计算。

地基承载力计算按照最大重量进行验算,履带吊最大重力值:

$$W = (m_1 + m_2 + q) \times 9.8 \quad\quad (7-6)$$

式中 m_1——单件最重部件质量;
$\quad\quad m_2$——履带吊及配重质量;
$\quad\quad q$——吊钩、索具质量。

履带吊通过两履带将重力传递给钢板,钢板承载力为

$$P_1 = \frac{W}{S_1} \quad\quad (7-7)$$

式中 S_1——履带吊两履带面积。

计算得出的钢板承载力 P_1 应小于钢板极限抗压强度,才能保证施工安全。

钢板将重力传递至端头硬化层，受力面积为钢板面积 S_2，钢板重力为 W_2，则端头硬化层承载能力：

$$P_2 = \frac{W + W_2}{S_2} \tag{7-8}$$

端头硬化层材质为钢筋混凝土，可通过查找对应标号材料的轴心抗压强度标准值，得出一定厚度的钢筋混凝土硬化层的设计抗压能力 P_y。

根据太沙基极限承载力计算公式，计算端头地层承载力：

$$P_u = 0.5 N_\gamma \gamma b N_c c + N_q \gamma d \tag{7-9}$$

式中　γ——地基土的容重，kN/m^3；

　　　b——履带所压的地面条形基础宽度，m；

　　　c——地基土的黏聚力，kN/m^3；

　　　d——条形基础的埋深，m；

　　　N_γ、N_c、N_q——地基承载力系数，是内摩擦角的函数，可通过查找太沙基承载力系数表得出（见表 7-1）。

表 7-1 地基承载力系数 N_γ、N_c、N_q 数值表

内摩擦角	地基承载力系数			内摩擦角	地基承载力系数		
$\varphi/(°)$	N_γ	N_c	N_q	$\varphi/(°)$	N_γ	N_c	N_q
0	0	5.7	1.00	22	6.50	20.2	9.17
2	0.23	6.5	1.22	24	8.6	23.4	11.4
4	0.39	7.0	1.48	26	11.5	27.0	14.2
6	0.63	7.7	1.81	28	15.0	31.6	17.8
8	0.86	8.5	2.20	30	20	37.0	22.4
10	1.20	9.5	2.68	32	28	44.4	28.7
12	1.66	10.9	3.32	34	36	52.8	36.6
14	2.20	12.0	4.00	36	50	63.6	47.2
16	3.00	13.0	4.91	38	90	77.0	61.2
18	3.90	15.5	6.04	40	130	94.8	80.5
20	5.00	17.6	7.42	45	326	172.0	173.0

7.1.2 盾构机下井组装技术

一般情况下，盾构机首先在工厂进行初步组装并完成调试，通过验收后进行拆解打包，

再运输到施工工地进行组装及吊装下到始发井内,经始发调试等进入工作状态后方可进行施工。盾构下井组装主要步骤是先将拖车下井组装完成后,然后吊装盾构主机下井进行组装,并完成主机与后配套拖车的连接以及各种管路线路的连接。

1. **后配套吊装方法**

(1) 吊装始发架

始发托架长 10 m,端头井预留孔洞长为 11.5 m,才能满足始发架的整体吊装下井要求,始发架下井后的中心与钢环的中心须在一条线上,与始发的要求尺寸完全符合,才能满足始发条件。

始发架的安装:始发架在吊装下井前,应严格按照相关规定检查始发架的可靠性及牢固度,保证其满足盾构始发要求。始发架分前后两段放在井下托台上,两段轨面必须在同一水平面上,符合盾构机始发定位的要求,前后两段轨架必须固定在地面上。在始发洞门口安装完毕的始发托架,经测量定位后焊接牢固。

(2) 吊装及组装六节台车

在始发架上及车站铺上长约 110 m 的轨道,钢轨间距需保证蓄电池车和台车可以在上面顺利运行,轨道铺好后把蓄电池车吊下井放在轨道上,为台车后移提供动力。

考虑到井口的尺寸,第 1 号台车到第 6 号台车计划采用一台 260 t 履带吊吊装。台车的皮带架和二次通风机及风管在地面按图纸组装好,可以前后左右移动。为避免台车的体积大,在空中的摆渡大、抖动大的问题,用 4 根长度相等的钢丝绳将台车自带的 4 个吊耳吊起,并增挂缆风绳,在起吊时先试吊一下保证绝对安全才起吊,起吊后的台车应呈水平状态,台车与钢丝绳线夹角约 70°。把第 6 号台车吊下井,当台车与轨道接触后,用蓄电池车把它后移到需要的位置,用防滑楔楔住。吊入和连接第 5、4、3、2、1 号台车的工序与第 6 号台车一样。吊装示意图如图 7-2 所示。

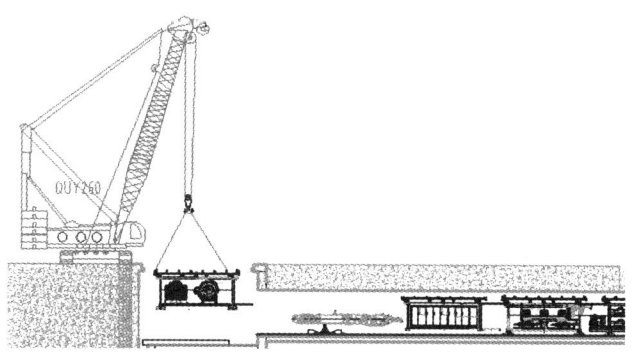

图 7-2 吊装 6 到 1 号台车架示意图

(3) 吊装桥架

为了保证桥架后移方便,桥架吊装下井前应先吊一节管片车下井,桥架下井后在管片车上焊接好钢支架与桥架出土口,焊接处满足支撑桥架的重量和后移的强度及刚度。桥架后移与第一号台车连接。吊装示意图如图 7-3 所示。

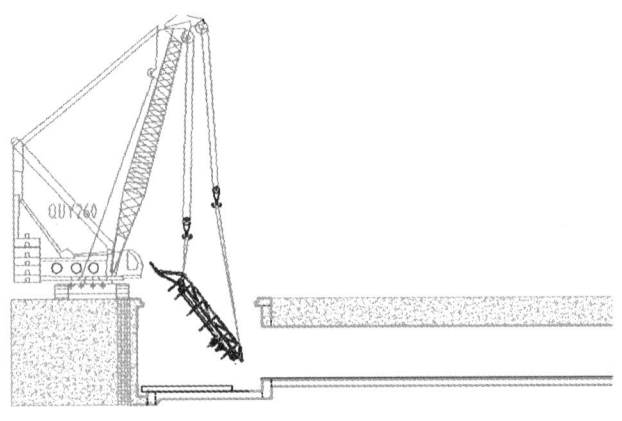

图 7-3　吊装桥架示意图

（4）吊装螺旋输送机

将螺旋输送机吊入井下，放在预先准备好的管片小车上，用管片小车将螺旋输送机后移至桥架位置。待盾构机的中盾、前盾、刀盘、管片拼装机下井组装完毕后，再组装螺旋输送机。螺旋输送机吊装示意图如图 7-4 所示。

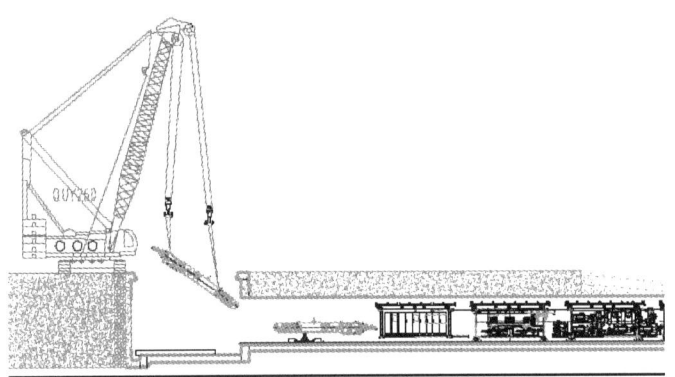

图 7-4　吊装螺旋输送机示意图

2. 盾构主机吊装方法

（1）吊装中盾

中盾包括推进油缸，重 90 t。中盾吊装机型为 260 t 履带吊，当平板车把中盾运到工地停放到吊装最佳位置时，中盾是平直放在平板车上的，需进行翻转作业。吊机主钩将 4 根钢丝绳与中盾上的外侧身的 4 个吊点连接，副钩用两根钢丝绳与内侧身的两个翻身吊点连接，主钩慢慢起绳，副钩慢慢落绳，中盾始终与地面距离为 200 mm。中盾在地面完成翻转后摘掉副钩上的钢丝绳，将盾体移动到井口上方，吊机缓慢将中体放下井去，放在始发台上。采用 2 个 100 t 液压顶推油缸均匀、同步、缓慢地向后顶推，为前盾下井预留出足够的位置，离前端井边 6 m 处停止，并在盾体两侧上焊接牛腿，同时在始发架上装上活动牛腿。吊装示意图如图 7-5 所示。

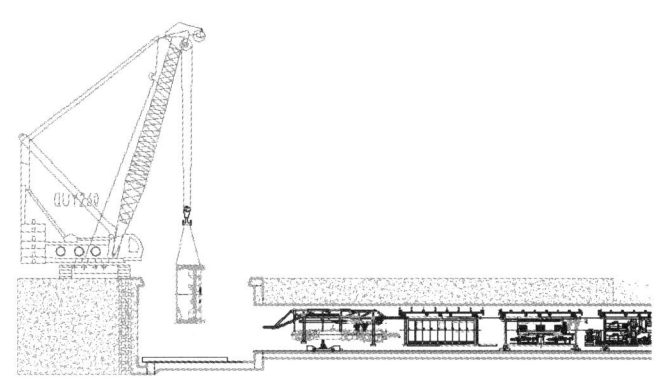

图 7-5　吊装盾构机中盾示意图

（2）吊装前盾

前盾包括主驱动器，重 110 t，翻身过程同中盾，翻身完成后，前盾吊装方式与中盾一样。将 260 t 履带吊把前盾吊到前端井边 1 m 处停止，吊机缓慢将前盾放下井去后，放在始发台上。之后进行与中盾的组装作业，组装螺栓必须按规定检测其扭矩。组装后，用 100 t 的分离式液压千斤顶将前盾、中盾推向开挖端，保证刀盘下井组装距离，吊装示意图如图 7-6 所示。

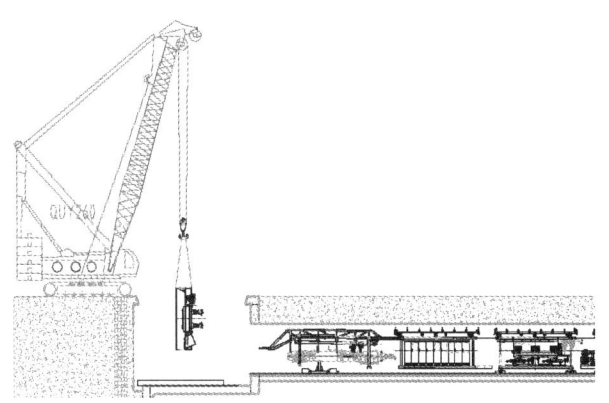

图 7-6　吊装盾构机前盾示意图

（3）吊装刀盘

刀盘包括刀具和回转接头，重 65 t，刀盘起吊也需翻身，翻身过程同中盾、前盾。翻身完成后，通过 260 t 履带吊把刀盘吊到前端井边 1 m 处停止，再垂直吊下竖井。刀盘下井后，将其慢慢靠向前盾，回转接头穿过主轴承，在土舱里焊接两个耳环，用两个 2 t 的导链拉住刀盘，把前盾和刀盘的螺栓孔位及定位销完全对准后，再穿入拉伸预紧螺栓，按拉伸力由低到高分两次预紧螺栓，预紧完毕后，再用预紧专用工具（液压扭矩扳手）复紧一遍，具体吊装如图 7-7 所示。

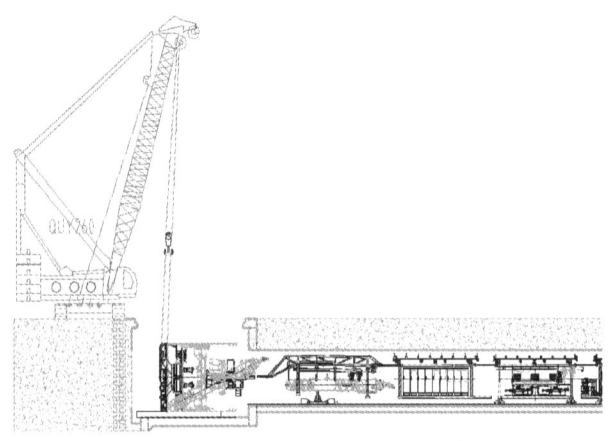

图 7-7　吊装盾构机刀盘示意图

（4）吊装管片拼装机及盾尾

管片拼装机及拼装机梁运输到场地直接下井，用 260 t 履带吊把拼装机梁平衡吊起，拼装机梁应呈水平，拼装机梁质量和体积相对较小，比较容易吊装和组装。在组装拼装机梁时，找准机械装配位置尺寸，装好该固定位置的螺栓及销子。

盾尾组装相对较难，盾尾翻身与中、前盾相同。由于吊装井尺寸的限制，拼装机安装好后，盾尾的吊装作业需要履带吊的主钩和副钩共同配合完成，倾斜吊入井下。吊装盾尾下井安装后，进行螺旋输送机的安装作业，并在中盾和盾尾十二点位置焊接两个耳环，把盾尾用备好的 100 t 的分离式液压千斤顶慢慢推，将中盾和盾尾十二点位置焊接好的两个耳环用 10 t 的导链连接，三点步调一致把盾尾装入中盾并且连接好，再把三道密封刷组装好，吊装示意图如图 7-8 所示。

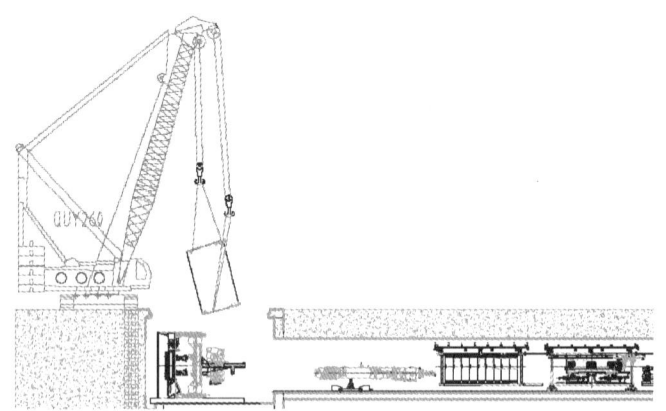

图 7-8　吊装管片拼装机及盾尾示意图

（5）组装螺旋输送机

利用手动葫芦和轨道小车将螺旋输送机推进刀盘、前体、中体、盾尾内，用多个手动葫芦安装螺旋输送机。将螺旋输送机前端头收回至圆筒内，通过 260 t 履带吊配合，倾斜着将前端头伸入主机内部，用手拉葫芦将前端头吊在盾尾内壁预先焊接好的吊耳上，这样可以撤除前端头的吊机。这样慢慢送进，直到用 10 t 的手拉葫芦更换下另一个吊机。前端头圆筒处的法兰与前体对接，并安装连接螺栓，按拉伸力由低到高分两次预紧螺栓，预紧完毕后，再用预紧专用工具（液压扭矩扳手）复紧一遍。

（6）吊装始发反力架

在盾尾下井之后，螺旋输送机拼装之前，将反力架下半部分吊装下井安装到位，并进行初步固定。在螺旋输送机安装到位后，再将上半部分吊装下井，与下半部分进行连接，并进行最后固定。

（7）组装完毕

当反力架组装完毕后，全面进行盾构机及反力架的检查，检查完毕准备始发。

7.1.3 盾构拆解技术

盾构解体后各部件质量较大，一般需根据实际情况选用合适的履带吊作为主吊，另选汽车吊辅助作业。盾构各部件在接收井底解体，由履带吊吊装出井后，由汽车吊配合翻身放倒、装车，并采用运输车运至指定位置后，由仓库配备的大型吊车、卸车按指定位置、顺序摆放。

在进行拆卸盾构机之前，需进行一系列的辅助工作，确保拆机安全、高效。其中包括：盾构断高压电，改造照明电路；管片供给小车拆除；皮带割断，接渣斗拆除；高压电缆、控制线路拆除并做好防护；油管、水气管线拆解并用堵头封好接头；连接桥支撑架焊接；盾体上焊接挡块，焊接前盾、中盾、尾盾的相应吊耳，并无损检测吊耳焊缝；所有推进油缸收回，螺旋输送机紧急闸门蓄能器释放能量，所有电源处于断电状态。

盾构机拆卸、吊装顺序图如图7-9所示。

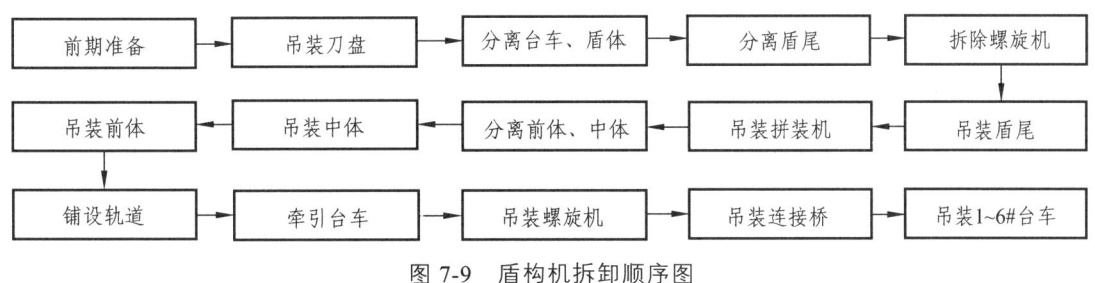

图7-9 盾构机拆卸顺序图

依照盾构机拆卸顺序，对主要的拆卸步骤进行详细阐述：

1. 拆吊刀盘

吊车已经悬挂刀盘吊耳，此时拆卸预留未拆卸的刀盘螺栓。在刀盘的两侧，各挂两个6 t导链与始发台前端相连，用于防止刀盘的水平拉出时，刀盘法兰面与前盾突然分离伤害设备和人员。拉出过程中，密切注意与地面吊车的配合，两侧导链须同时拉紧，均力、平稳地将刀盘拉出。拉出过程中，人工用尺子测量两侧的移出距离，以保证平衡。图7-10为刀盘吊装示意图。

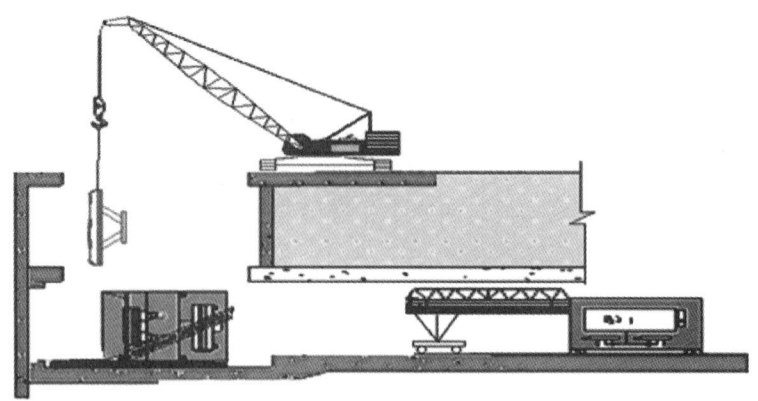

图 7-10　刀盘吊装示意图

2. 主机前移

首先将设备桥前端支撑在管片车上，将设备桥与主机分离，然后用 100 t 的油缸通过焊接在主机上的顶伸块实现主机的前移，使前体超出接收架 1 m，为拆卸螺旋输送机、盾尾留下足够的空间。

3. 拆卸螺旋输送机

地面吊车悬挂螺旋输送机并预紧后，人工拆卸拼装机的连接"U"形梁，之后才能进行螺旋机的逐步拆卸。利用 260 t 履带吊机、液压扭矩扳手、3 个 10 t 葫芦、2 个 6 t 葫芦和若干钢丝绳将螺旋输送机拆下，将螺旋输送机放置在铺好方木的管片小车上，用两条 1 t 导链将螺旋输送机捆牢并安全运输到始发井，并吊装出井。图 7-11 为螺旋输送机拆解吊装示意图。

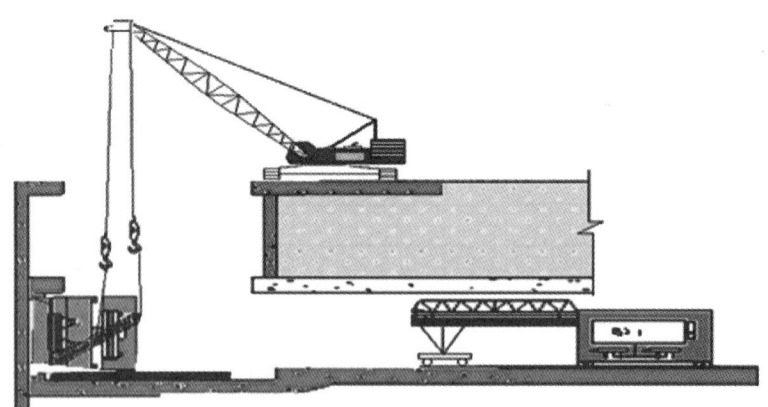

图 7-11　螺旋输送机拆解吊装示意图

4. 吊装盾尾

先利用中体、盾尾上焊接的顶伸块、始发台上的反力座、辅助 100 t 千斤顶形成一个平衡的受力组，实现盾尾和中体的缓慢分离；盾尾和中体分离约 200 mm。用 260 t 吊车先将盾尾吊起离地，将盾尾吊斜；逐步离开拼装机行走梁后，吊车两钩起钩，将盾尾吊出竖井。图 7-12 为盾尾吊装示意图。

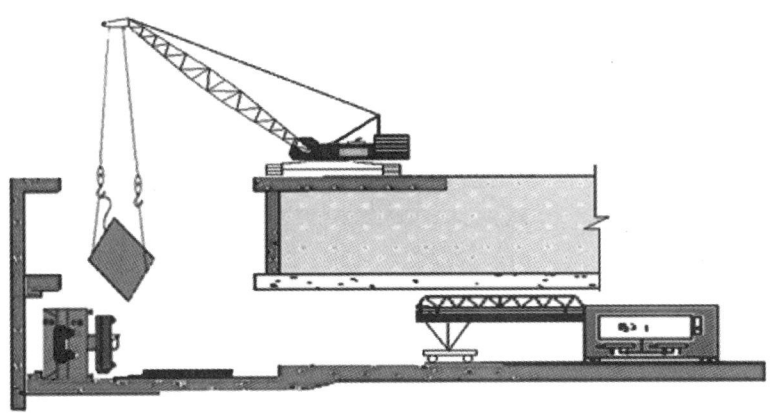

图 7-12　盾尾吊装示意图

5. 拆吊管片拼装机

260 t 吊车的两个吊绳悬挂行走梁的前面两个吊耳，另两个吊绳悬挂行走梁的后端。四个吊绳预紧后，拆卸安装螺栓。拆卸螺栓的过程中，注意与吊车的配合，防止发生挤碰事件。吊装管片拼装机行走梁前，对尾部的行走梁用 175 mmH 钢（2.5 m 长）进行焊接，以防止在吊装过程中造成行走梁的变形，影响二次安装。图 7-13 为管片拼装机拆解吊装示意图。

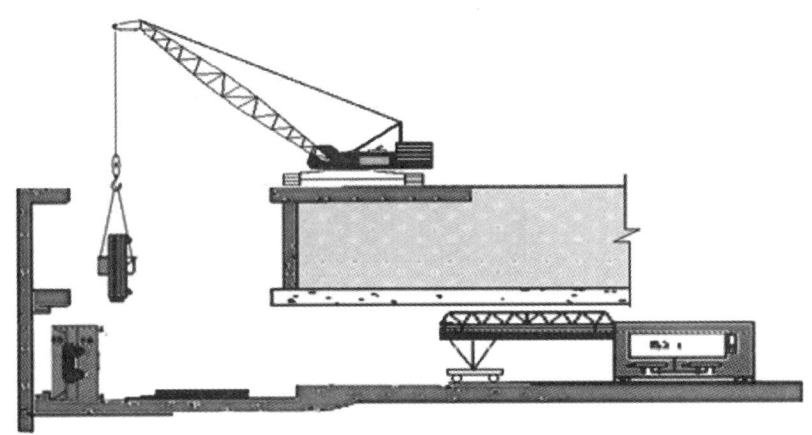

图 7-13　管片拼装机拆解吊装示意图

6. 主机后移

剩余主机利用液压千斤顶将盾构在始发台上后移，中体后端到达井结构墙约 0.5 m 时停机，尽量靠近始发井后端结构墙，准备剩余主机的拆、吊。主机后移过程中，继续拆卸前体和中体的连接螺栓。

7. 中体与前盾分离、拆吊前盾

确认盾构主机内的管线、中盾和前盾间的连接螺栓以及人舱和前体的连接螺栓拆卸完成。用 260 t 吊车的吊绳悬挂前盾顶部的 4 个吊耳，缓慢提升，逐步完成前盾的吊装。图 7-14 为前盾拆解示意图。

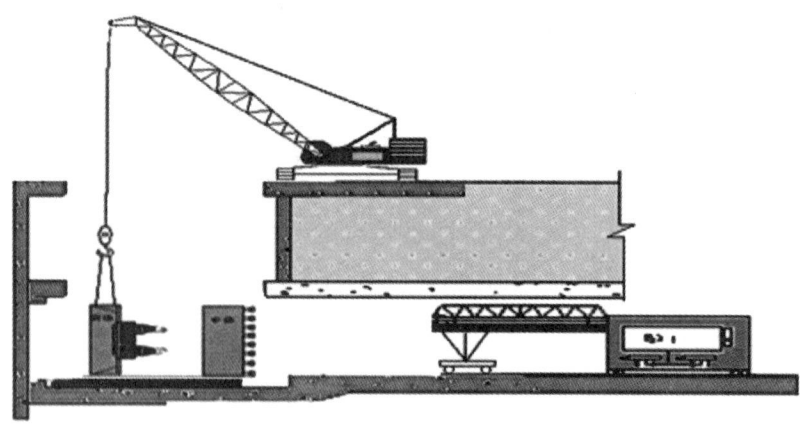

图 7-14　前盾拆解示意图

8. 吊出中盾

焊接中盾顶部 4 个吊耳，经过探伤后，确认其焊接状态，焊接部分无内部损伤及断层。吊绳悬挂 4 个吊耳，吊车缓慢升起，最终将中盾吊出地面。图 7-15 为中盾吊出示意图。

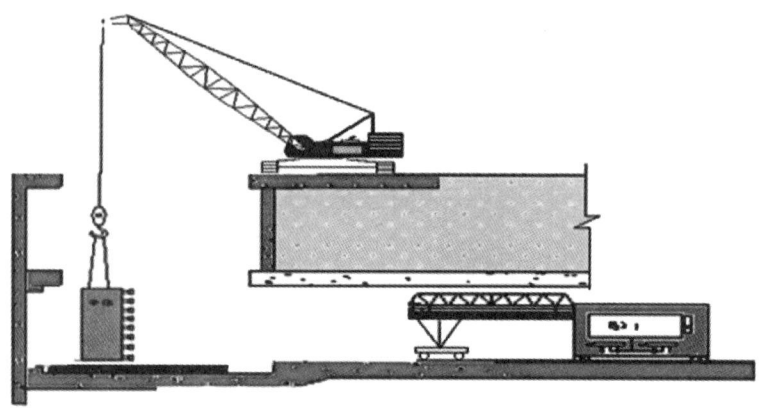

图 7-15　中盾吊出示意图

9. 盾构主机拆卸完成后的工作

在始发台上安装、固定轨排材料及钢轨，以保证盾构拖车的顺利出洞；清理作业面，保证盾构拖车能顺利到达吊装井，满足拖车的吊装需求。

后配套拖车的拆吊顺序为：螺旋输送机→设备桥→1 号拖车→2 号拖车→3 号拖车→4 号拖车→5 号拖车→6 号拖车。

10. 吊出螺旋输送机

在始发台上延长中轨、边轨，将螺旋输送机推至井口，用吊车两钩同时起吊，按吊装时的角度调整好吊出姿态。图 7-16 为螺旋机吊出示意图。

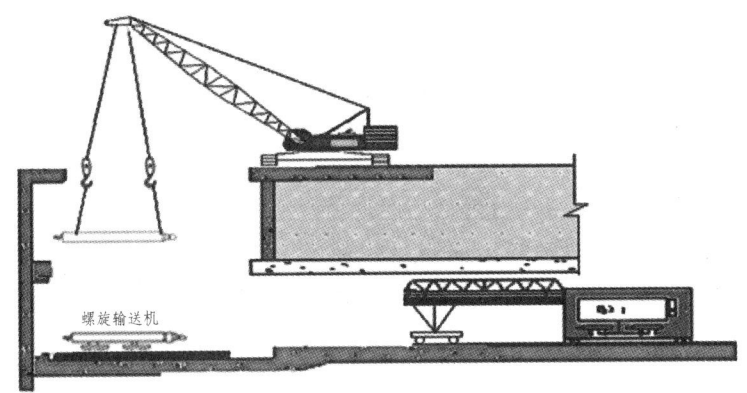

图 7-16　螺旋机吊出示意图

11. 拆吊设备桥

用蓄电池车将设备桥和 1 号拖车一起缓慢送出，将钢丝绳与设备桥 4 个吊耳挂好；将设备桥与支撑的管片车分离，焊接设备桥横向支撑；拆卸设备桥与 1 号拖车的连接销及管线；连接销拆除后，检查设备桥上是否有与主体分离的部件，如果有，应取下或固定，无误后吊出设备桥。图 7-17 为连接桥吊出示意图。

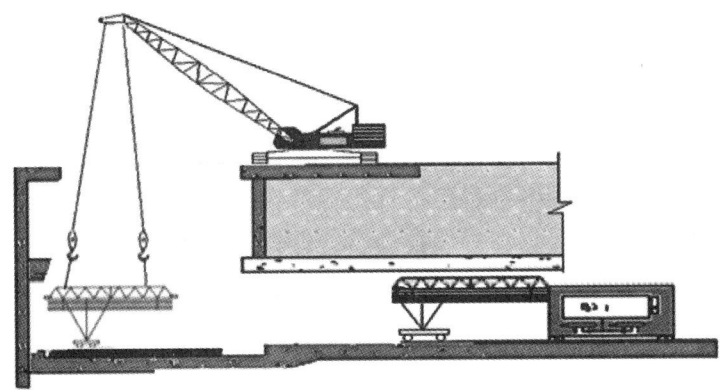

图 7-17　连接桥吊出示意图

12. 吊装 1 号拖车

焊接拖车横向支撑，保持拖车轨距；拆卸 1 号、2 号拖车间的连接管线及连接销。相关连接件拆卸完成后，检查顶部的 4 个吊耳安装、紧固，并检查拖车上是否有与拖车分离的部件，如果有，应取下或固定，完成后即开始拖车的吊装。

13. 吊装其他拖车

用机车逐个将 2 号、3 号、4 号、5 号、6 号拖车牵引到吊装位置。2~6 号拖车与 1 号拖车的吊装方法相同。台车吊出示意图如图 7-18 所示。

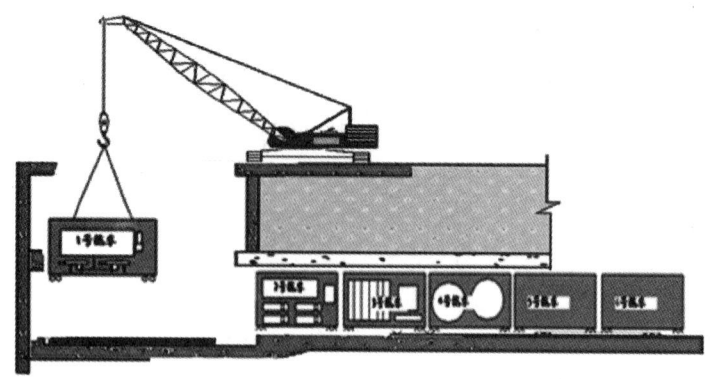

图 7-18 台车吊出示意图

7.2 盾尾刷失效原因分析及更换方案

7.2.1 盾尾刷的作用及结构原理

盾尾刷位于盾构主机的尾部，与管片紧密接触，主要起着防止水、泥浆等沿着管片背部流进盾构内部的密封作用，是防止盾尾发生涌砂、涌泥的一道密封措施。盾尾刷的使用寿命与注脂及管片姿态关系紧密，如正常使用，寿命一般为 2 000 m，盾构掘进超出这个距离，盾尾刷将可能失效，造成盾尾漏水、漏浆，进而严重影响管片的安装和注浆效果。盾尾密封结构如图 7-19 所示。

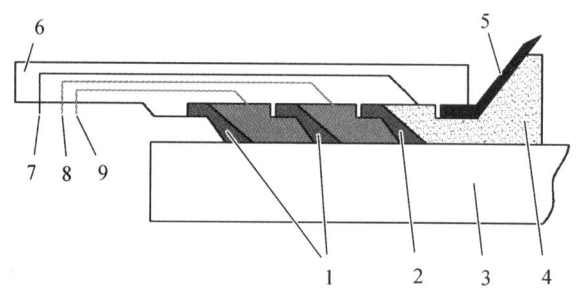

1—加强型密封刷 A；2—加强型密封刷 B；3—管片；4—注浆浆液；5—钢板束；
6—盾尾；7—注浆孔；8—后腔油脂孔；9—前腔油脂孔。

图 7-19 盾尾密封结构示意图

盾尾密封的材料有橡胶、树脂、钢材、不锈钢或其中几种材料的组合体等，盾尾密封的形状有刷状、板状等。盾尾密封一般为刷式密封，通常设置 2 或 3 道密封。为了提高盾尾密封的防水性和使用寿命，一般都在密封之间填充油脂类。但随着推进的进行，密封之间的油脂会消耗，因此应预留加注管道，配备定期补充设备。

盾尾密封的使用寿命因材料、结构而异，同时也受管片背面材料、组装精度等条件的影响。在进行长距离、急曲线施工时，盾尾密封与管片之间极易出现冲突等情况，需要考虑材料、层数、填充料的补充方法等问题。

7.2.2 盾尾刷失效原因分析

盾尾密封在盾构掘进过程中要做好防护,盾尾密封失效是指密封效果无法满足使用要求,从而导致盾构盾尾经常性漏水或漏浆,严重时出现涌水、涌砂等现象。

盾构掘进过程中常见的密封失效,主要有以下四种形式:
① 盾尾钢丝刷弹性失效,无法自行恢复变形;
② 油脂舱内油脂压力补充不足或油脂舱内有空舱现象;
③ 油脂舱内有杂物或充填了水泥浆,导致无法形成密封效果;
④ 盾尾刷的钢丝或保护钢板脱落,导致耐压不够。

导致盾尾失效的原因可从盾尾刷、注入油脂、盾尾间隙及管片拼装等方面进行分析。

盾尾刷主要依靠变形产生的弹力及油脂注入压力来形成密封压力,抵挡盾尾间隙中泥水进入盾体内部。正常使用一定时间后,盾尾刷弹性失效,弹力减小,密封压力不足以抵挡外部的泥水压力,浆液击穿密封刷,导致盾尾漏水,漏浆。此外,盾尾刷的设计尺寸、材料、制作及安装工艺等都会对密封性能产生影响。

盾尾部分也需要布置注浆管路等,因此可能造成盾尾油脂注入孔分布不均,在盾构掘进过程中存在部分位置油脂注入量少,油脂压力补充不足,甚至导致油脂舱内有空舱现象。该种情况一方面会导致在这些位置的盾尾刷磨损严重,另一方面将导致密封压力不足,影响盾尾密封性能。

当盾尾间隙的设计不满足隧道施工时,在小转弯隧道施工时,盾尾左右间隙难以控制,极易出现单侧间隙过小、盾尾刷出现磨损加剧或者挤压失效等情况。隧道设计轴线中含有小曲率转弯段、大坡度段等,并且地层中含砂率较高,固结效果差。在该线路掘进时,盾构姿态较难控制,对应盾尾间隙也较差。若盾尾间隙过小,将会对盾尾刷造成永久性损坏。

管片拼装质量也会影响盾尾密封性能,管片拼装时,会不可避免地产生一些错台,导致成环管片的外弧面不平整,从而加剧盾尾刷磨损、变形,同时也消耗更多油脂,极易出现盾尾渗透现象。

7.2.3 盾尾刷更换方案

在盾构施工过程中,如果掘进距离超出盾尾密封刷的使用寿命,密封刷将可能失效,造成盾尾漏水、漏浆。此时需进行盾尾刷的更换工作,否则将严重影响管片的安装和注浆效果。

1. 失效紧急处理方案

如果掘进过程中盾尾刷失效,首先进行失效处理,之后尽快在合适的时机进行盾尾刷的更换。

针对泄漏部位进行集中压注盾尾油脂,填堵盾尾密封可能出现的泄漏位置。配置初凝时间较短的双液浆进行背后注浆,压浆在盾尾后 5~10 环进行。在管片外侧垫放止水海绵填堵管片和盾构机之间的间隙,并在管片和盾尾外壳之间填塞钢丝球,以加强盾尾钢刷的止水效果。在实际情况允许的条件下适当降低切口环的水压,待渗漏得到治理后再恢复正常。

2. 更换密封刷的条件

① 更换盾尾密封刷,首先需要选择一段地下水较少的地层,同时密切关注地下水量的变化。
② 准备足够数量的密封刷,保证更换过程中密封刷的供应。
③ 为防止盾尾密封刷更换过程中出现漏水、冒泥等情况影响盾尾密封刷的割除和焊接,在掘进停止后,需通过倒数第2、3环管片的注浆孔(吊装孔)向管片背后注入双液浆。

3. 盾尾密封刷更换步骤

① 待盾构机掘进到相对安全的地层,在最后一道盾尾密封环腔内注满盾尾油脂并保压,开始进行前两排盾刷更换工作。
② 推进模式下,将所有推进油缸伸出推进至满行程(2 500 mm),如图 7-20 所示。

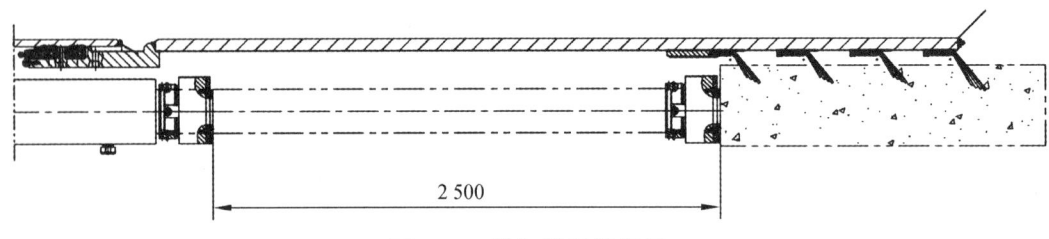

图 7-20　油缸推至满行程

③ 拼装模式下,逐一回缩每组推进油缸约 850 mm,通过管片拼装机在每组推进油缸的推进空间置入垫块,并通过推进油缸的伸出将垫块压紧于管片端面,如图 7-21 所示。

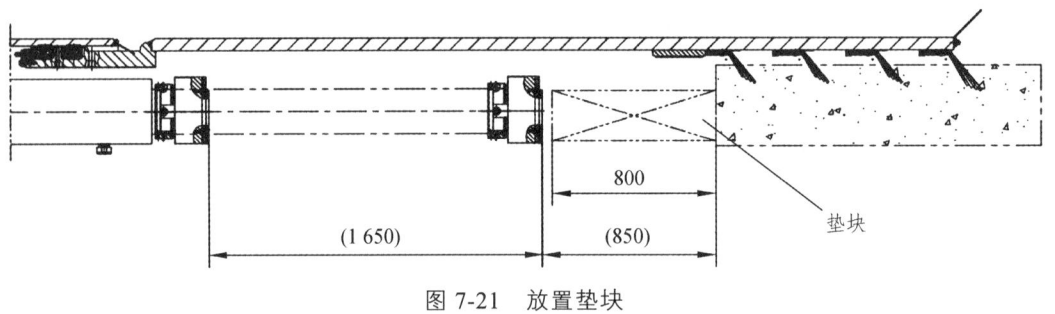

图 7-21　放置垫块

④ 推进模式下,将所有推进油缸伸出推进至最大限制行程,确保油缸处于保压状态,此时第三道盾尾刷的限位环已露出,可对前两环盾尾刷进行更换作业,如图 7-22 所示。

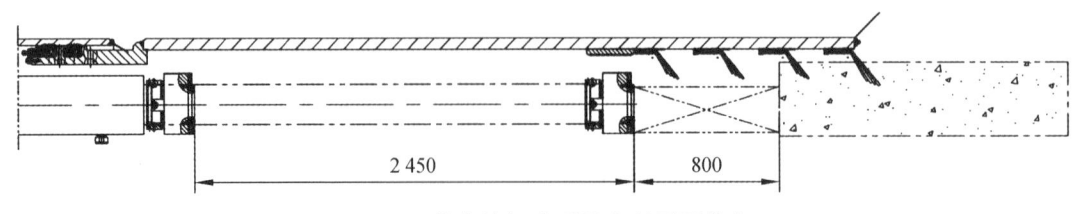

图 7-22　伸出油缸(盾尾密封刷更换)

⑤ 切换至管片拼装模式,用管片拼装机移除每组推进油缸对应位置的垫块,每移除一块垫块,则对该区域内的盾尾刷进行更换,依次进行。

⑥ 盾尾刷更换完成后需人工对新刷刷丝表面涂覆盾尾油脂，再进行管片拼装。

4. 更换尾刷时的注意事项

① 考虑操作安全性，仅对前两道尾刷进行更换，更换数量根据实际磨损情况进行选择，原则上建议全部更换。

② 刨除尾刷时先把尾刷上及其盾尾密封空腔的油脂、砂浆等清除干净，再开始刨除作业。尾刷刨除后，把气刨的疤痕打磨干净直至露出金属光泽，开始焊接新的尾刷，焊完后在新尾刷上涂抹始发用盾尾油脂。

③ 每安装一块管片要对其背部油脂槽内注脂，直到填满为止。待全部尾刷更换完毕并安装整环管片后，还要对盾尾进行注脂，直到油脂压力达到设定压力。

7.3 防喷涌施工技术

富水砂卵石地层掘进过程中常会遇到喷涌现象。所谓喷涌，是指盾构掘进打开螺旋输送机闸门出土时，以水为主，水和砂混合从出口喷涌而出，散落在隧道内，皮带输送机无法带走土体，如图 7-23 所示。同时，大量的高压泥浆从出土口喷射出来，造成土舱失压，从而引起地面的严重沉降，严重污染盾构的施工环境，以致不得不停机处理。

图 7-23 喷涌发生后的隧道

1. 喷涌形成的原因

（1）富水地层引发喷涌。成都富水砂卵石地层为颗粒类散体状结构，几乎没有黏聚性和保水性，其透水性大，止水性很低，且富含地下水。由刀盘切削下来的渣土经土舱进入螺旋输送机后，由于不具备黏聚性和塑性，不能形成有效的栓塞效应，高压力的自由水将脱离渣土独立穿过螺旋输送机而形成渗流，螺旋输送机内原本以相同速度输送的渣土和水产生相对运动，水流量和流速也相应增大。流量较大的渗流水通过螺旋输送机后，其水头压力并没有递减到和大气压接近的范围，渗流水从螺旋输送机后闸门出来的一瞬间，由于突然泄压，在压力差作用下将正常输送的砂卵石土连带着喷射而出，喷涌由此发生。

（2）富水断裂带引发喷涌。

（3）江河下隔水层被击穿引发喷涌。

（4）已成隧道渗流汇水到开挖面引发喷涌。当地下水位较高，同步注浆不充分时，管片外侧将形成地下水通道，大量地下水将积聚在管片背后并沿盾壳进入密封土舱，此时若渣土以砂土或岩块为主，螺旋输送机出土时就会发生喷涌。

（5）泥饼引发喷涌。若盾构在黏土层中推进且在密封土舱内形成泥饼后，盾构的推进速度将十分缓慢，此时土舱内空余容积有限，开挖面周围土体中的地下水只需短暂的时间就能在密封土舱的空余空间里快速形成水压。在这种情况下，泥饼难以排出，而地下水则会经过输送机从出口处率先喷出。

2. 喷涌防治措施

（1）渣土改良：在发生喷涌时，最有效地防治措施就是采用各种添加剂进行渣土改良，以期在土舱建立压力。向土舱内加入黏度较高的泥浆或高分子聚合物以改善渣土的流塑性，依靠流塑状渣土阻止地下水的继续涌入，同时在螺旋输送机内部形成土塞。

（2）地面条件允许时，在隧道的前方采取降水措施，降低地下水的水位。

（3）如果管片同步注浆不充分，应该再通过管片注浆孔注入双液注浆进行环向封堵，以尽快封堵隧道背后的汇水通道。

（4）对于螺旋输送机：

① 配置保压泵，在保持土舱压力的同时通过保压泵出渣，可使在喷涌地层无法止喷的情况下保证盾构机持续掘进，但这种方法要求渣土中的最大颗粒粒径不大于 50 mm，而且进度极慢。

② 盾构机进土口设置 1 道闸门，出土口设置两道闸门，通过控制出土口两道闸门的不同开度，使出渣的路径形成 S 形，以降低喷涌压力。

③ 预留渣土改良剂和高分子聚合物注入接口，可向螺旋机内注入膨润土或高分子聚合物，以缓解螺旋机的喷渣压力。

3. 喷涌泥浆的清理

喷涌时泥浆大量涌出，影响项目的文明施工，可采用高压水泵清洗泥浆，并用污水泵排出。每班使用配置的备用清洗水对皮带机及管片进行清洗，清洗的污水可使用配置在盾体下部的气动隔膜泵将泥浆排到 5 号拖车上的污水箱中，沉淀后使用污水泵排出洞外，并使用渣车将沉淀物运出洞外。

7.4 孤石、漂石处理

7.4.1 孤石处理技术

孤石，又称为球状风化体，是在残积土及风化岩层中，因受矿物各向异性排列及裂隙分布影响而形成的风化不均的残留体,其形状各异,质地坚硬致密,抗风化能力强,强度高。孤石形成的原因主要有两个方面:一是人工回填造成的孤石;二是岩石的岩性不均,抗风化能力差异较大,岩体破碎,在深度风化情况下形成。

随着盾构机在隧道施工中使用得日益广泛,盾构掘进遇到孤石的情况越来越普遍。盾构遇到孤石尤其是大直径孤石,对盾构姿态的调整、盾构刀盘的磨损和盾构操作均带来较大影响。其主要原因和影响有:大直径孤石随着刀盘一起滚动,导致刀盘受力不均,扭矩、推力增大,刀盘、刀具磨损严重,掘进速度降低,严重影响工期;多个孤石的存在造成盾构姿态和掘进方向难以控制,导致成型隧道线形与设计线形偏差较大;孤石随着刀盘转动,导致刀盘开挖面扩大,对周边地层形成扰动,导致地表塌陷。

对于孤石的处理,首先,根据地质钻孔情况,判定孤石由什么构成,分别位于刀盘的什么位置,是否形状均为不规则多边形,孤石的总体尺寸(长、宽、厚)。其次,盾构机土舱内水量较大,在孤石处理前应利用盾构机膨润土系统向土舱内注入膨润土,对盾构机土舱内渣土进行置换和保压,防止掌子面塌方。将置换出的渣土进行洗渣,确认渣土内较大块状物种类。然后,根据实际情况选择合适的孤石处理技术。

1. 孤石处理方案一:全回旋套管钻机清除孤石

采用全回旋套管钻机清除孤石主要施工步骤图如图 7-24 所示,其具体工艺步骤如下:

① 设备到位:确定所需清除孤石的大小,选择合适的套管,将套管置于需清除障碍物的正上方,开始旋转往下压。

② 孤石的切断:确定原有障碍物的位置,回转套管,切除孤石。

③ 清除孤石:当回转套管已切入孤石时,用冲锤砸碎以切除孤石,用抓斗取出已切除的障碍物,继续按上述方案清除套管内原有障碍物至所需深度。

④ 清理:在套管内确认孤石清除之后,清理套管内的砂土。

⑤ 钻孔回填:为避免地面沉降,在拔套管前,填入 C15 素混凝土。

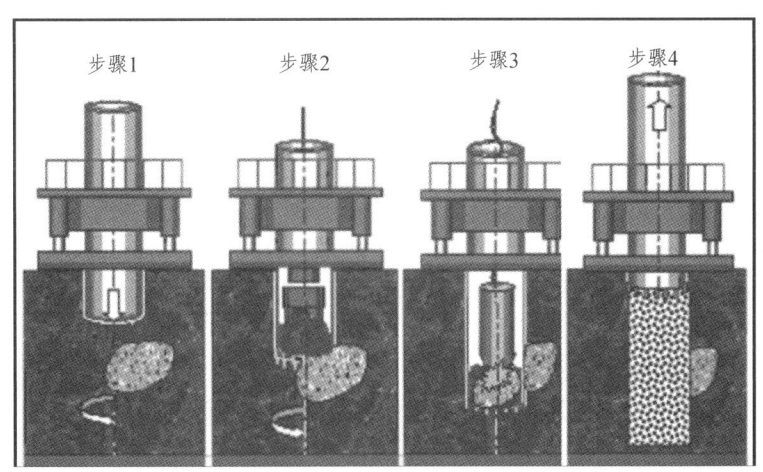

图 7-24 全回旋套管钻机清除孤石步骤图

2. 孤石处理方案二：旋转钻机处理孤石

旋转钻机处理孤石现场图如图 7-25 所示，旋转钻机处理孤石工艺步骤如下：

图 7-25 旋转钻机处理孤石现场图

（1）泥浆制备

根据旋挖成孔工艺，旋挖钻进时不易形成泥皮，护壁性相对较差，易缩径和塌孔。在施工时，为防止塌孔，稳定孔内水位及便于挟带钻渣，采用膨润土、烧碱、纤维素、锯末等材料调配适宜的泥浆浓度。

（2）钻杆、钻头类型及选用

施工中根据不同的地质情况，选用合适的钻杆、钻头和施工工艺。在淤泥层、泥土、砂层、卵（漂）石层、风化岩层等较软地层钻进时，可采用摩擦钻杆和回转钻头。在硬岩、孤石地层钻进时，需采用摩擦杆并配置短螺旋钻头、牙轮钻头和嵌岩筒钻等嵌岩钻头。

入岩旋挖钻机所用钻斗，通过合理布齿，使齿间相互为对方创造自由面，为高效入岩创造条件。从岩石破碎理论可知，自由面有利于岩石破碎，而自由面又需根据岩石硬度、脆性、分形维度和表面能综合考虑。对于相同地层，使用同一钻进扭矩，采用不同的斗齿刃前角度，其钻进效率也是不同的。因此，选用合适的刃前角，才能提高进尺效率。对于硬度较小的第四层、强风化层，钻比较松软的地层时，斗齿刃前角应稍大些，选取 45°～65°；钻比较硬的地层或孤石地层时，斗齿刃前角稍小些，选取 25°～45°。

根据岩性特性选择不同的钻头。在脆性岩层钻进时，旋挖钻机选择截齿作为刀具，截齿在钻头公转的同时进行自转，使截齿产生滑动，滑动的出现使岩石在剪切条件下碎岩。

（3）上部土层旋挖钻进

在黏土、粉土、砂土、淤泥质土、人工回填土及含有部分碎石等软土地层钻进时，旋挖钻机采用摩擦钻杆和回转钻头钻进。护筒内注满泥浆后，开始钻进，钻进过程中随时不断补充泥浆，使孔内始终保持高于地下水位 1～1.5 m 的水头高度，同时根据土质情况调整泥浆配方和比例。

旋挖钻进通过配备的电子控制系统显示调整钻进时的垂直度，同时辅以人工观察来保证钻杆的垂直度，从而保证成孔的垂直度。

（4）旋挖钻机处理孤石

当进入孤石地层或基岩突起地层时，由于地层密度大，摩擦钻杆和回转钻头无法完成成孔。此时，需选用摩擦钻杆和短螺旋、嵌岩筒钻（不取芯）等不同钻头交替配合钻进。先用 0.8 m 小直径不取芯嵌岩筒钻（斗齿采用子弹头，头部镶有钨钴硬质合金）钻进，对孔内岩芯圆周进行松动，然后用短螺旋钻头（斗齿采用头部镶有钨钴硬质合金的子弹头）破碎岩芯创造破碎自由面，再用嵌岩旋挖钻头（斗齿采用牙轮齿）钻进取渣，达到破除孤石的目的。

（5）钻孔回填

孤石被破碎后，需对该孔进行回填，以防止盾构经过时引起地面塌方等危险。采用水下桩灌注的方法向孔内回填 C15 混凝土。

3. 孤石处理方案三：冲孔桩法破除孤石

冲孔桩法破碎孤石步骤如下：

（1）冲击钻机定位

首先将冲孔桩的桩中心点放样在地面上，根据点位来调整钻机位置和安装护筒，将十字冲击锤定位在护筒内。

（2）十字冲击锤冲击

破碎孤石时，冲击钻机采用高低冲程交替冲击的办法，将孤石进行破碎。

（3）孤石砸碎及清理

孤石破除的小碎块可通过护壁泥浆带出，较大的碎块在盾构通过时通过盾构机排出，此时孤石对盾构的影响已经大大降低，可不影响盾构掘进。

（4）回填 C15 混凝土

孤石被破碎后，需对该孔进行回填，以防止盾构经过时引起地面塌方等危险。采用水下桩灌注的方法回填 C15 混凝土。

7.4.2 漂石处理技术

对于盾构工法而言，富含超大粒径的漂石地层是一种施工控制难度极大的地层，盾构在该地层中掘进时，由于土体塑流性差，土体在土舱内无法及时排出，时常出现盾构推力、刀盘扭矩异常增大，推进速度极其缓慢等现象。同时，由于土舱土体颗粒之间为点对点传力，支护压力不能有效地施加到开挖面，极易出现地表沉降超限、塌方等事故。所以，应采取合理的方法，对盾构施工过程中出现的大漂石进行判断和处理。

1. 掘进过程中大漂石的判断

在掘进过程中，出现下列情况之一时，初步判断刀盘前方遇到大漂石：

① 当刀盘前面出现异常声音时；② 正常掘进过程中掘进速度突然变小时；③ 当盾构机推力、扭矩出现波动大时；④ 当出现刀盘颠簸情况，无法继续掘进时。

2. 大漂石处理措施

（1）利用盾构机掘削处理大漂石

在盾构到达大漂石地段前应做好刀盘刀具的检查，保证刀盘刀具处于良好的工作状态。

盾构机在掘削大漂石时，应改变掘进参数，适当减小刀盘转数，增大推力，将刀具的贯入量控制在 10 mm/r 以下，刀盘采取正、反转的方式缓慢掘削大漂石，同时注意控制刀盘的扭矩变化量在 10%以内。刀盘正、反转的过程中应有耐心，不得急躁。

其次，应尽可能多地向刀盘、土舱以及螺旋输送机内加入泡沫进行润滑。泡沫添加时减少泡沫掺入量，即加大注入量，其中水含量较多，泡沫相对正常掘进时加入的比例要小。

（2）带压进舱处理

采取上述措施后，若未能破碎大漂石，优先考虑带压处理。作业人员进入土舱利用液压锤进行大漂石的处理。

（3）地层加固后常压进舱处理

在带压进舱条件不允许时，考虑从地面进行地层加固，待掌子面有足够的自稳能力后，进入土舱利用液压锤进行大漂石处理。常压进舱地层加固应综合考虑地质情况、隧道埋深、地面环境等因素。

在实际盾构掘进施工过程中，基本未出现因盾构掘削不能破碎大漂石而采取带压进舱或常压进舱处理的情况，这充分证明按照"破大放小"的原则处理大漂石是可行的，利用盾构机掘削系统可有效破碎大粒径的漂石。

7.5 超前地质加固技术

成都富水砂卵石地层稳定性差，盾构施工难度大，在特殊的工况下需对地层进行加固处理，防止开挖面坍塌造成地表沉陷。

根据超前注浆的影响区域，沿中盾盾壳圆周范围内设计 12 根外插角为 7°的超前注浆管，可对地质进行超前钻探、注浆加固，超前注浆设备可通过事先设计的接口安装在管片拼装机抓举头上，从而方便快捷地实现超前注浆；同时在前盾隔板上布置有铰接式超前注浆管，可通过刀盘开口往隧道正前方钻孔及加固，如图 7-26 所示。考虑到注浆的扩散作用，实际注浆加固范围会更大。

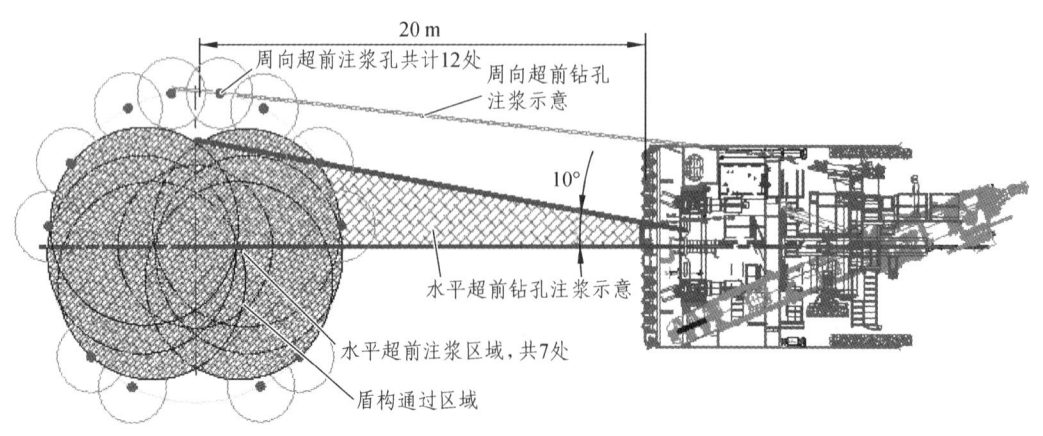

图 7-26 超前注浆加固方案图

超前注浆加固的注浆材料使用普通水泥-水玻璃双液浆,施工过程中应根据涌水情况及地层吸浆情况进行材料种类及配比选择调整。根据加固地段地质条件,初步固定一个注浆压力值,之后根据实际施工情况进行调整。钻孔注浆顺序按照"先周边再拱顶,隔孔钻进"的原则进行。单孔注浆量的估算公式:

$$Q = 2\pi RHn\alpha(1+\beta) \tag{7-10}$$

式中:Q 为单孔注浆量,m^3;R 为浆液扩散半径,m;H 为超前注浆加固深度,m;n 为孔隙率;α 为地层填充系数;β 为浆液损失率,一般取 20%。

单孔注浆的控制方式采用定量控制与定压控制相结合,定量标准与定压标准如下。

定量标准:以估算单孔注浆量为参考,当单杆注浆量达到设计注浆量的 1.5~2 倍,压力仍然不上升时,可采取调整浆液配比,改变注浆材料,缩短凝胶时间或进行间歇注浆(停止注浆一段时间后再次注浆,此时间和浆液配比有关)等措施使注浆压力达到设计终压,结束该次注浆。

定压标准:超前加固注浆终压定为 0.5~1.0 MPa,当最后一孔注浆到达设计量后,使注浆压力达到设计终压并维持 5 min 以上可结束该孔注浆。

目前针对成都地铁盾构施工,超前注浆加固设备主要采用的是超前钻注一体机,安装在管片拼装机上进行注浆作业,如图 7-27 所示。超前加固注浆设备管路配置图如图 7-28 所示。

图 7-27 超前注浆设备图

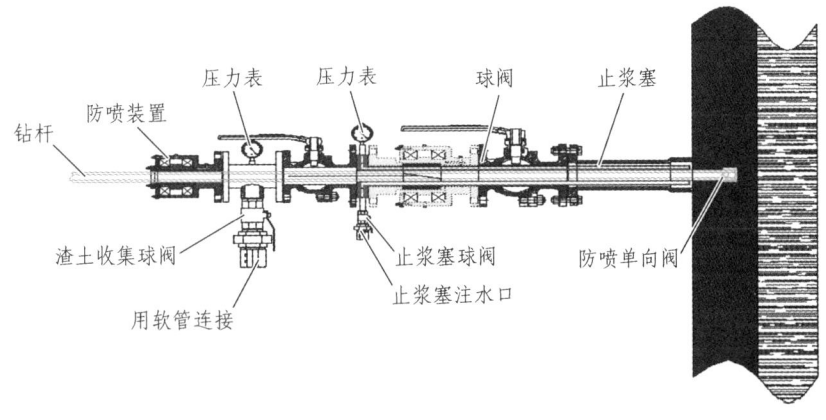

图 7-28 超前加固注浆设备管路配置图

7.6 刀盘结泥饼防治技术

在土舱中或刀盘区，已破碎的可塑、硬塑状黏土、粉质黏土、泥岩、泥质粉砂岩、花岗岩残积土、全风化和强风化岩层等地层富含黏土矿物，一般呈矿物颗粒或小集合体状态，在不同含水量的情况下，呈现不同的黏性土状态，当存在一定压力或较高的温度环境，就有可能固结成泥饼。

1. 泥饼产生的原因

① 未正确采用合适的掘进模式。在土压平衡状态下，土舱内土压过高，导致切削下来的渣土在土舱内堆积挤压，渣土的密实度过大，不能顺利排出，易形成泥饼。

② 掘进过程中渣土改良不合理。为改善渣土和易性，通常在刀盘和土舱内加入水、膨润土和泡沫剂等渣土改良材料。但掘进过程注入改良材料不及时、不充分或材料选择不当，不能有效改良渣土状态，未阻止泥饼形成。

③ 未及时清理土舱渣土而长时间停机。在土舱储满渣土的情况下长时间停机，随着水分的流失、排出，土颗粒之间有效压力增大，增加了土体的密实度，形成了一个固结的自然环境。

④ 盾构机使用维护保养不当。不正确使用、维护和保养机器，导致机器部件温度升高或不能充分发挥机器功能。

2. 泥饼产生的初步判断

在泥饼产生时，刀盘区和土舱内黏土颗粒集聚造成局部闭塞，刀盘扭矩、总推力大幅增加，推进速度减慢，土舱内土体温度迅速升高。

3. 泥饼预防措施

① 从开挖地质条件来考虑，在掘进施工中，通过刀盘面板上的喷嘴，合理添加渣土改良材料可有效减少刀盘结泥饼的概率，刀盘正面防泥饼结构设计如图 7-29 所示。

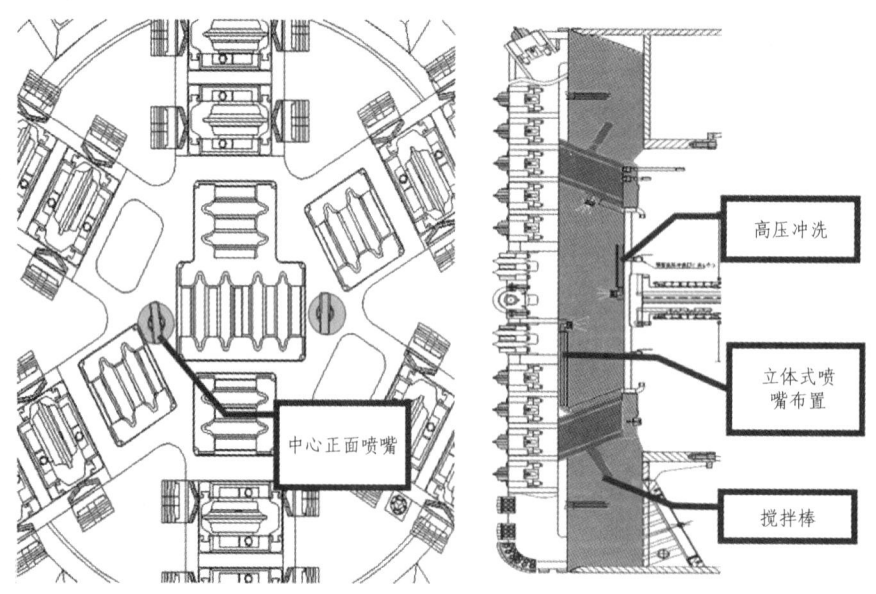

图 7-29 刀盘防泥饼措施示意图

② 从刀盘设计的角度考虑，可采用中心隔板固定设计，并配有中心固定搅拌棒及高压水冲刷通道，如图 7-29 所示。固定搅拌棒可以与随刀盘转动的渣土形成相对运动，对渣土进行搅拌，增加渣土的流动性，使之不能形成泥饼。

③ 快速均衡施工，掘进速度过慢会增大结泥饼概率，因此不宜长时间停机。

④ 合理设定掘进参数并关注参数的变化，能有效防止泥饼的产生，同时应及时发现并处理泥饼。

⑤ 定期检查保养机器，检查各功能装备是否完好并进行保养，使机器在良好状态下运行。及时了解刀具的磨损情况，及时更换不能使用的刀具。

4. 刀盘结泥饼解决措施

盾构刀盘在推进过程中形成泥饼，若不及时进行处理，将会增加刀盘刀具的偏磨，使刀盘扭矩增大，掘进速度减慢；泥饼占用了土舱部分体积，将会导致出渣超排，故需尽快对刀盘泥饼进行破除处理。如图 7-30 所示，中心固定隔板设有通管、管塞、闸阀，当中心泥饼固结已久，高压水冲刷装置不能冲开时，取出管塞，在土舱外用钢钎强行破除舱内中心泥饼。平时可以采用该装置在舱外检查是否有中心泥饼。

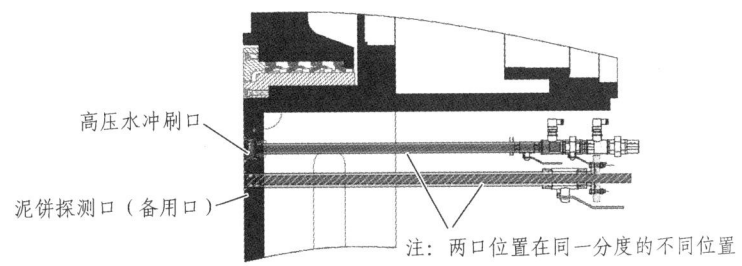

图 7-30 刀盘结泥饼解决措施示意图

第 8 章 成都地铁盾构法施工关键工法及技术

8.1 盾构小角度下穿既有线施工技术

相比于盾构正穿或大角度下穿既有线而言,小角度下穿既有线时,由于线路夹角较小,存在下穿距离增长、扰动范围增大的情况,且砂卵石地层属于典型力学不稳定地层,沉降难以控制,对施工技术和盾构机性能均提出了较高的要求。本节以成都地铁 6 号线某区间为例,阐述砂卵石地层下盾构小角度下穿既有线综合施工技术。

8.1.1 工程概况

1. 线路概况

成都地铁 6 号线侯家桥—兴盛区间左线隧道长 1 582.770 m,右线隧道长 1 581.119 m。区间覆土厚度为 9~20.58 m,线路最小曲线半径为 400 m,最大坡段 28‰。区间左右线盾构在里程 ZDK20+825~895,YDK20+805~875 范围依次下穿西环新增二线路基段(ZDK20+817~848)、成灌高铁引桥段(K9+526~554)、西环线路基段(K19+215~230),如图 8-1 所示。四条铁路线均为碎石道床,设计行车速度 120 km/h。线路与铁路线平面交角为 25°~30°。

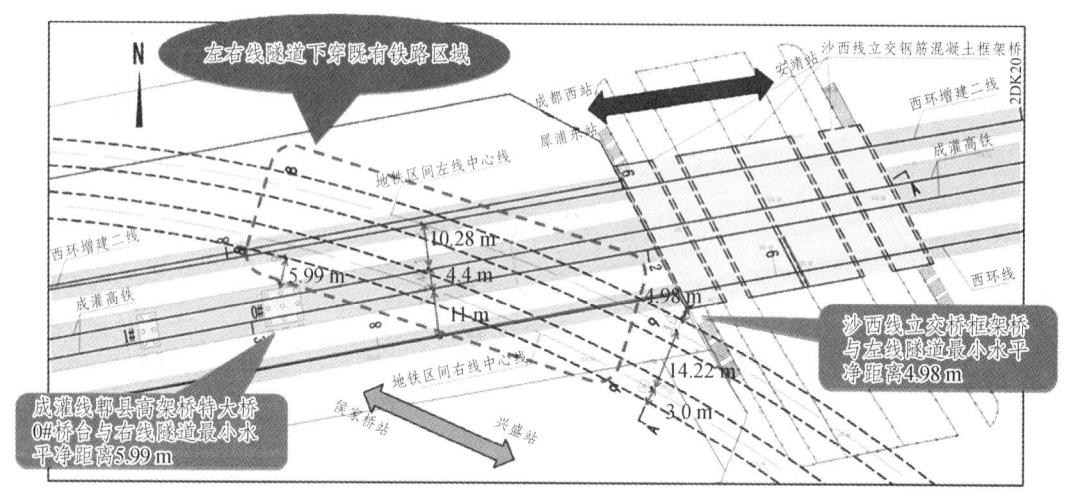

图 8-1 区间铁路线平面图

2. 工程地质水文条件

下穿段左线隧道距路基顶面最小净距为 20.9 m，右线距路基顶面最小净距为 22 m。隧道埋深范围内主要为素填土、松散卵石、稍密卵石、中密卵石、密实卵石层。绝大部分洞身为 2-9-3 中密卵石和 2-9-4 密实卵石层（洞身底部约 1.5 m），如图 8-2 所示。根据成都区域水文地质资料及地下水的赋存条件，场地地下水主要有两种类型：一是赋存于黏性土层之上填土层中的上层滞水，二是第四系砂卵石层的孔隙潜水。

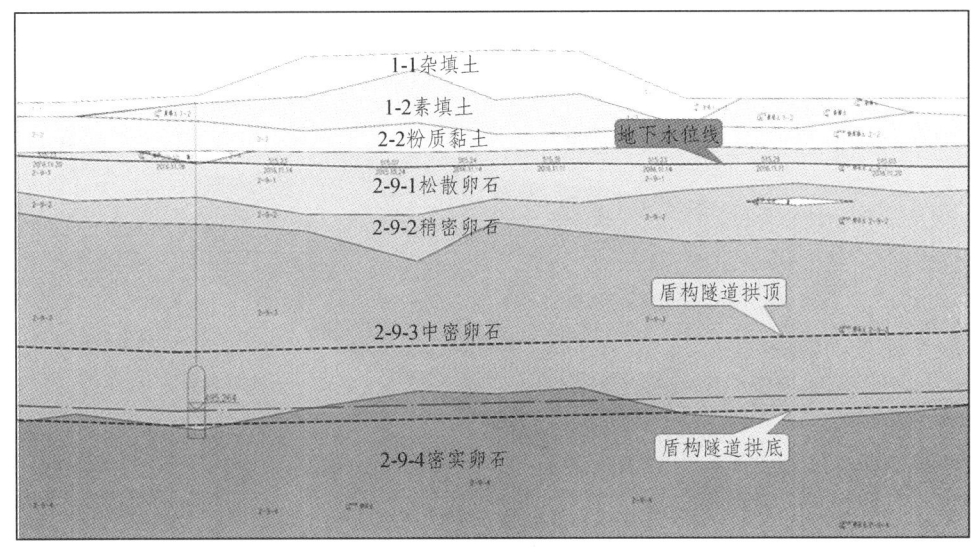

图 8-2 下穿段地质概况

3. 工程难点

经认真研究图纸及现场调查资料，本标段区间工程盾构下穿既有铁路施工有以下突出特点：

（1）下穿既有铁路段共计四股铁路，西环增建二线 1 股铁路修建中、成灌上下行线 2 股铁路为高铁运营线、西环线 1 股铁路正常运营中，涉及铁路局部门众多，且高铁运营线对盾构施工引起的沉降要求高。

（2）区间隧道与西环增建二线、成灌上下行线、西环线 4 股轨道小角度交叉，穿越距离较长，影响范围较大。

（3）因成灌线、西环线地面防护措施受限制约铁路手续办理造成盾构掘进施工延误，要按照计划工期完成本段盾构区间隧道贯通的目标，工期紧、任务重。

（4）下穿段区间隧道在小半径曲线施工，易造成土方超挖、开挖面失稳和隧道上浮等风险，影响地面沉降和成型隧道质量，对设备设计制造的针对性、操作人员的技术控制要求极高。

（5）盾构主要穿越中密、密实卵石层，并且周边环境和地质条件较复杂，为确保穿越过程中对地层沉降量的控制，对盾构掘进控制提出了更高的要求。

8.1.2 下穿段数值模拟

1. 模型建立

利用有限差分软件 FLAC3D，建立三维数值计算模型，模型的尺寸为 76 m（横向）×250 m（竖向）×46 m（纵向）。盾构开挖直径取 6.28 m，管片外径为 6 m，管片环宽为 1.5 m，厚度为 30 cm。在计算时按自重应力场考虑。

根据实际地层条件，并进行相应的简化，最后建立下穿模型，如图 8-3 所示。

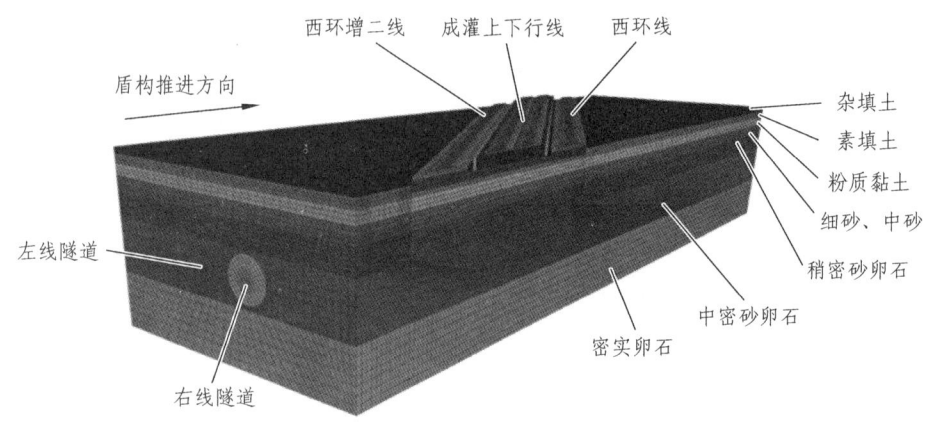

图 8-3　小角度下穿铁路线模型

为研究下穿过程中地表和各条线路变形规律，选取监测断面和部分监测点，如图 8-4 所示。

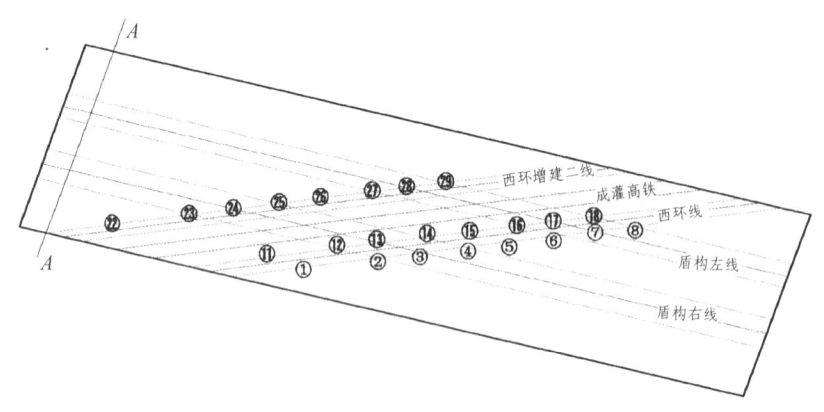

图 8-4　监测断面和监测点位置

2. 仿真结果

分析断面 A（起始位置 14 m 处）在不同开挖步下的沉降变化曲线，如图 8-5 所示。

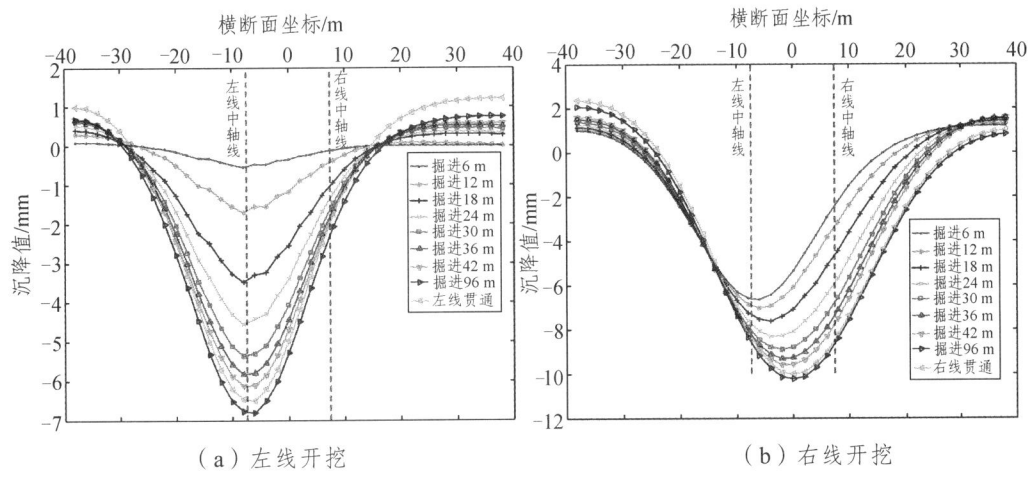

图 8-5 断面 A—A 不同开挖步沉降曲线

由图 8-5（a）可以看出，在左线开挖过程中，刀盘通过分析断面之前地表已经出现微小的沉降变形，当隧道掘进 6 m 时，最大沉降值为 0.54 mm。随着隧道的继续掘进，地表沉降呈现逐渐增大的趋势，且横向影响范围也逐渐扩大，当隧道掘进至分析断面时，最大地表沉降值为 3.5 mm。掘进至 96 m（开挖面距离分析断面 82 m）时，分析断面处的沉降增幅减小，并逐渐稳定。整个监测过程中左线隧道中心线正上方的监测点沉降值最大，监测点距离隧道中心线越远，其沉降值越小，当左线隧道贯通时，最大沉降值为 6.5 mm。

由图 8-5（b）可以看出，随着隧道右线的开挖，地表沉降槽分布曲线中心线逐渐向右侧偏移，当右线掘进 6 m 时，隧道右线附近地表沉降值开始显著增大，右线轴线上方地表沉降量达到 2.2 mm。当右线掘进 96 m（开挖面距离分析断面 82 m）时，右线轴线上方地表沉降量达 8.4 mm，且直至右线贯通，沉降值增幅较小并趋于稳定。双线贯通后，A—A 观测面地表最大沉降值为 10 mm，且位于左右线隧道中心处。

由图 8-5 可以看出，单线开挖时，地表发生沉降的范围为隧道轴线 20 m 内。双线开挖时，发生沉降的范围缩小至距隧道轴线 15 m 内，这是由于边界效应的存在导致左线沉降槽两边会产生一定量的隆起，抵消了部分右线开挖产生的沉降。

分析隧道贯通后，左右线中心位置地表沉降变化规律，如图 8-6 所示。

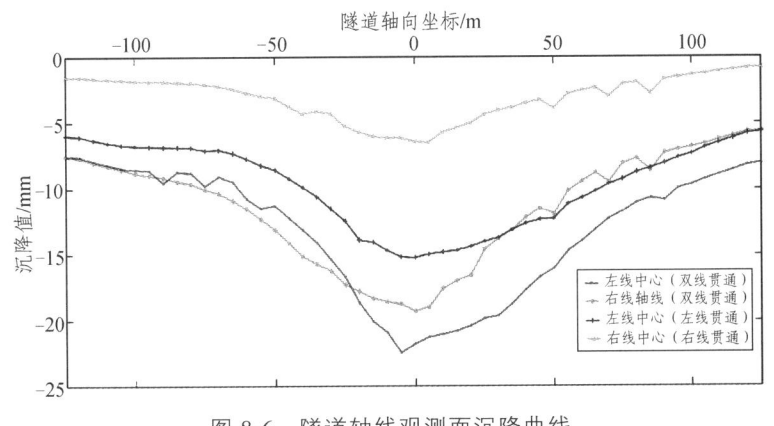

图 8-6 隧道轴线观测面沉降曲线

由图 8-6 可知，各曲线变化规律一致，即盾构下穿铁路基床前，地表沉降变化不大，当盾构进入下穿区域时，由于地表铁路基床的存在，地表载荷以及结构物性质发生变化，导致沉降值急剧增大。沉降最大值位于 $Y = 0$ m（隧道间中心线与成灌高铁中心线交点处）。西环上下行线、成灌高铁对地表沉降影响范围为轴向 ± 60 m。

如图 8-4 所示，监测点⑦、⑰、㉘分别位于左线隧道与西环线、成灌高铁、西环增二线交点轨枕处；监测点③、⑬、㉔分别位于右线隧道与西环线、成灌高铁、西环增二线交点轨枕处；各监测点随不同开挖步沉降值变化曲线如图 8-7 所示。

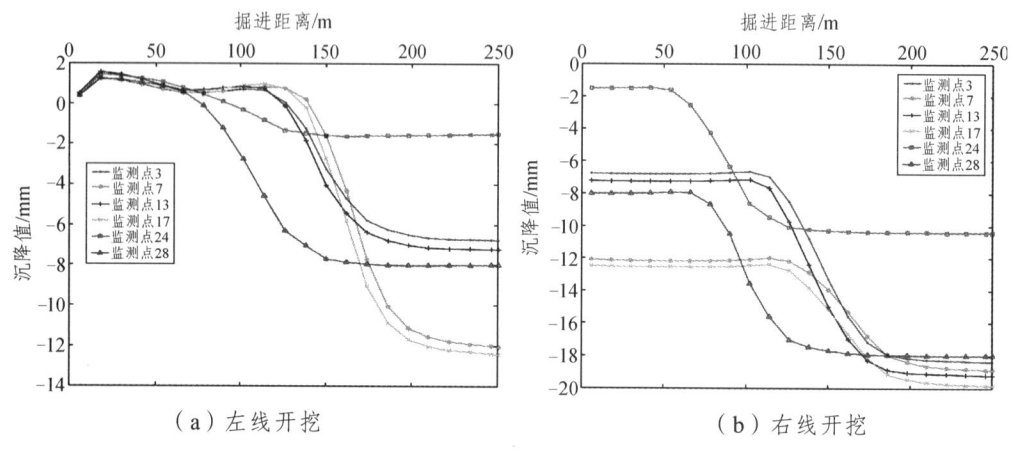

图 8-7 各监测点沉降随开挖步变化曲线

由图 8-7（a）可知，左线隧道开始掘进时，成灌高铁，西环上下行线轨枕均产生一定量的隆起，其中成灌线隆起值最大，约 1.52 mm；当盾构掘进至 78 m 处时，西环增二线轨枕开始产生沉降，当掘进至 125 m 处时，成灌线和西环线开始产生沉降，当盾构掘进至 200 m 处时，各线路沉降值趋于稳定，其中西环增二线轨枕最大沉降值达到 8 mm；成灌线轨枕最大沉降值达 12.4 mm；西环线轨枕最大沉降值达 12 mm。

由图 8-7（b）可知，当右线盾构掘进至 50 m 处时，西环增二线沉降开始进一步增大；掘进至 110 m 处时，成灌线和西环线沉降值也进一步增大。当盾构掘进至 175 m 处时，各线路沉降值稳定，西环增二线轨枕最大沉降达 18 mm，且与两隧道轴线交点处沉降值相差较大。成灌线轨枕沉降最大达 19.7 mm，西环线轨枕最大沉降值达 19.8 mm。

隧道中心埋深为 18 ~ 20 m、设计速度 ≤ 120 km/h 的碎石道床，其路基允许最大的沉降值为 16 mm，根据仿真结果，轨枕最大沉降值可达 20 mm，严重影响到既有线的安全运营。

因此下穿前必须采取适当措施，做好铁路下方土体加固，保证铁路线路的安全运营。

8.1.3 下穿段综合施工技术

在盾构实际下穿过程中，主要从以下四方面入手，来降低盾构掘进对既有线的扰动。

（1）正式下穿前选择试验段掘进，调整掘进参数及掘进状态。

（2）成灌线、西环线下方实施钢花管注浆预加固。

（3）利用铁路运营天窗期进行盾构分段掘进。

（4）下穿段采用增设了注浆孔的管片，盾构通过后，实施洞内注浆加固。

1. 实验段掘进

到达铁路前 60 m 取 ZDK20+745.8464（790 环）~ ZDK20+775.9116（815 环）长为 30 m，作为穿越铁路段参数控制模拟段（盾构穿越同为中密卵石层，埋深基本一致）。根据监测结果及出渣情况拟定合适的掘进参数、渣土改良措施、同步注浆量和压力。实验段推力和掘进速度如图 8-8 所示。

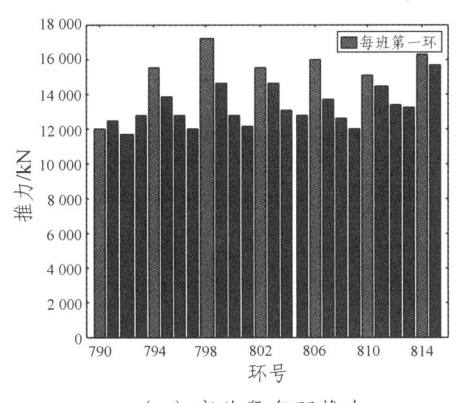
（a）实验段各环推力

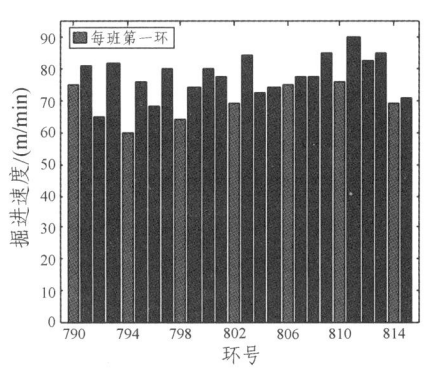
（b）实验段各环掘进速度

图 8-8 实验段掘进参数

由图 8-8 可知，每班次第一环复推推力较大且掘进速度难以控制，原因在于试掘进时模拟等待铁路运营空窗期，故各班次间存在一定的停机时间，其间周边土体裹住盾体、刀盘，造成复推时掘进参数难以控制。而盾构下穿过程中掘进参数应尽量保持稳定，降低对地层的扰动。经研究分析，决定停机前盾尾注入膨润土直至土舱 1# 土压传感器数值升高 0.1 为止，使膨润土包裹盾体，减少土体间的摩擦；每班掘进结束时，土舱内注入优质膨润土，并间歇性转动刀盘（6 h 一次），保证土舱渣土具有一定的流塑性；复推前，提前 20 min 向刀盘面板、土舱注入一定量泡沫，提前改良掌子面和土舱渣土，有效解决了渣土沉积导致复推后掘进参数难以控制的问题。实验段其他掘进参数如表 8-1 所示。

表 8-1 实验段掘进参数

推力/kN	刀盘转速/(r/min)	刀盘扭矩/kN·m	螺旋机转速/(r/min)	土压/kPa	膨润土注入量/m³	同步注浆量/m³	掘进速度/(mm/min)	出渣方量/m³
12 000~17 000	1.4~1.6	3 100~4 000	6.6~9.8	190	0.8~1.5	5.2~5.5	64~85	44.2~44.7

实验段掘进过程中未发生超方，管片横向或竖向偏差均在 50 mm 内，且未出现开裂和渗水现象，地面累计沉降较大点位有 2 处，分别为 7.41 mm 和 6.63 mm。在进度、质量、沉降控制、文明施工方面经各阶段总结分析调整均趋于可控状态，掘进参数趋于稳定，具备下穿铁路的条件。

2. 地面预加固

（1）成灌线预加固

盾构通过成灌线前，在地面进行预加固。预加固方式采用钢花管注浆方式，钢花管管径 108 mm，注浆管下部 0.5～12 m 处（距离成灌线轨道 4 m 以下）位置采用花管，成孔与地面夹角角度为 8°～35°，注浆采用单液浆。主要针对距离道床顶面 4 m 以下的地层进行加固。

钢花管打设及注浆场地主要利用成灌线下行线挡土墙与西环线碎石道床边缘 3.4 m 的空间进行设备部署，并在成灌下行线挡土墙及西环线碎石道床边缘设立安全防护网（高 1.2 m），同时设置施工区域的封闭警示标志。施工作业中严禁任何作业人员及施工机具材料侵入既有运营线路范围内。钢花管施工全程在成都工务段监管中，严格按照西环线、成灌线"车来即停"的方式实施。地面加固范围如图 8-9（a）所示。

钢花管管径 108 mm，钢花管布置在成灌下行线一侧挡土墙下部 30～60 cm 处，钢花管呈"波浪形"布设，每相邻两根钢花管水平间距 0.7 m，垂直间距 0.3 m，垂直于铁路行车方向并向下倾斜 8°～35°打设。钢花管延长至上行线挡土墙下部，如图 8-9（b）所示。

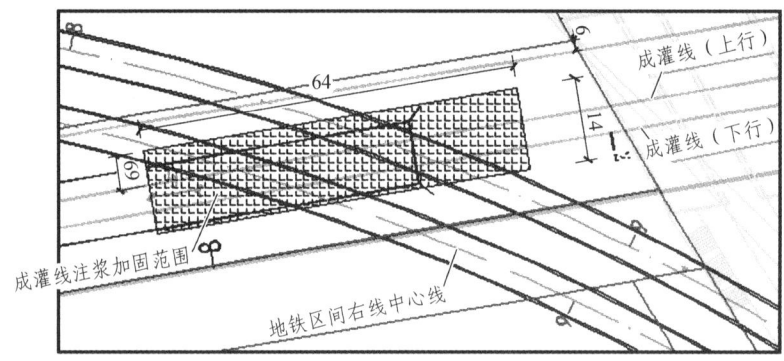

（a）加固范围平面图

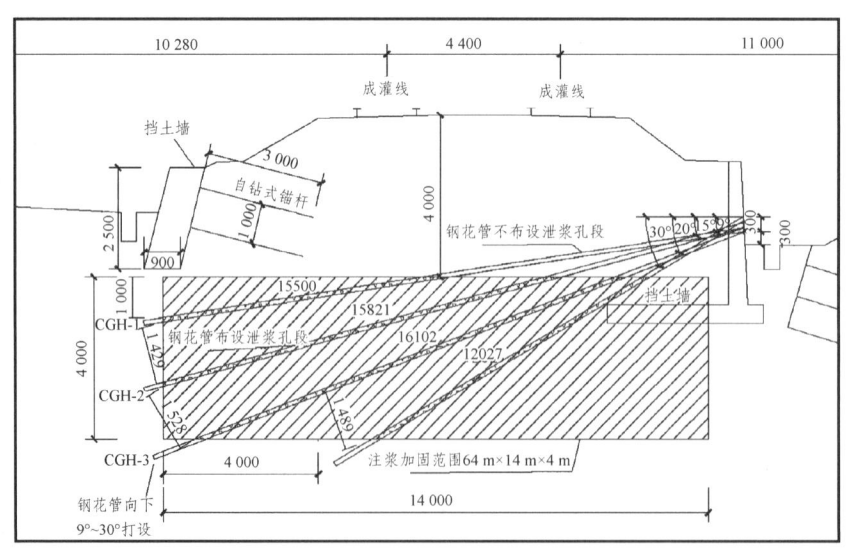

（b）钢花管布设

图 8-9 成灌线加固

（2）西环线加固

盾构通过西环线前，在地面进行预加固，预加固方式同样采用钢花管注浆。钢花管管径 108 mm，成孔同地面夹角为 15°～50°，注浆采用水泥浆液。埋设深度为地面以下 5～12 m，主要针对松散、稍密卵石土为主的地层。钢花管注浆在铁路天窗点时间施工，且注浆期间要对铁路进行监测和巡视。钢花管共采用 5 排布设，钻孔深度为 15～21 m，钻孔角度为 15°～45°，钢花管注浆扩散半径为 1～2 m，孔纵向间距 1 m，孔横向间距 2 m。

3. 盾构分段掘进

由于成灌线、西环线为主要线路，车辆通行量大，为了尽量减小盾构施工对上方铁路运输的影响，盾构施工利用铁路运营天窗期间分段穿越。

（1）列车运营情况调查

通过对铁路段列车运行现场调查情况显示：成灌线该段列车运行时间段为凌晨 04:23 至当日 23:24 分之间，通过与铁路局成都站对接，进行运输组织控制，能够提供的天窗时间为 8 h（22:00—06:00）。西环线能够提供的天窗时间为 4 h（23:30—03:30）。

（2）运输组织调整

根据运输组织方案进行调整，明确下穿期间每一天的天窗时间及各班次列车通过的时间，并在此基础上制订详细的掘进计划表。施工期间严格按照掘进计划进行掘进。

（3）施工措施

分段掘进时为防止地表沉降或复推时对地层造成较大扰动，采取以下措施。

① 停机土舱保压防止沉降措施：掘进结束后向土舱内注入 3 m³ 膨润土，长时间停机时使土压维持在 120～140 kPa，当土压小于等于 100 kPa 时向土舱内注入膨润土，同时转动刀盘，保证恢复掘进时刀盘扭矩的稳定性。

② 盾体保护防止沉降措施：掘进时，利用中盾注浆向盾体上方及时注入 1～2 m³ 的膨润土或惰性浆液，用以填充刀盘与盾体间的开挖间隙。

③ 盾尾保护：盾构机停机前一环掘进时，通过盾尾注浆管，向管片背后注入适量膨润土，及时填补管片背后的空隙，注浆压力应大于 200 kPa 以上。待盾构机开始掘进后，向管片背后及时注入单液浆，及时凝固。

④ 严格控制掘进参数。

经过长时间停机后，土舱内渣土的流动性较差，掘进时，应降低螺旋输送机的转速，加大掘进时的推力，增加土舱内的渣土量，往土舱内加入一定量的膨润土，提高渣土的流动性。掘进 15 min 后，缓慢提高螺旋输送机的转速，提高掘进速度，降低推力，使盾构机处于正常的掘进状态。盾构机停机前，为减少刀盘前方地表的沉降，需要对土舱内进行保压，与正常掘进阶段的参数相比，应降低螺旋输送机的转速，加大推力，降低推进速度，提高土舱压力。

4. 洞内加固注浆

盾构穿越危险源范围，在同步注浆的基础上，根据需要进行洞内注浆加固。洞内注浆加固通过在盾构隧道管片上增设注浆孔，利用注浆孔（包括吊装孔）打设注浆管注浆，注浆材料通常采用水泥单浆液，紧急情况下采用水泥-水玻璃双液浆，对注浆压力和注浆量同时进行控制。洞内加固注浆工作流程如图 8-10 所示。

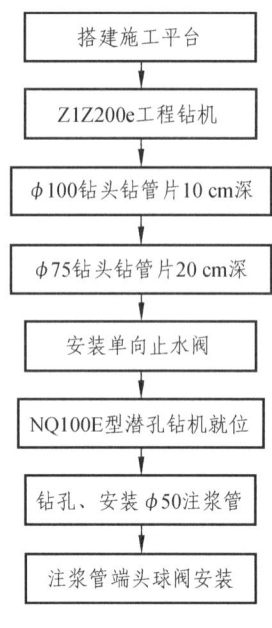

图 8-10 施工流程图

对于同一环管片,既有注浆孔有 6 个(兼管片吊装孔),此外再增设 10 个注浆孔,增设的注浆孔和原有的既有注浆孔尽量沿环向均匀分布且避开封顶块、拼接缝和区间周围的障碍物。其注浆孔位置布置如图 8-11 所示。

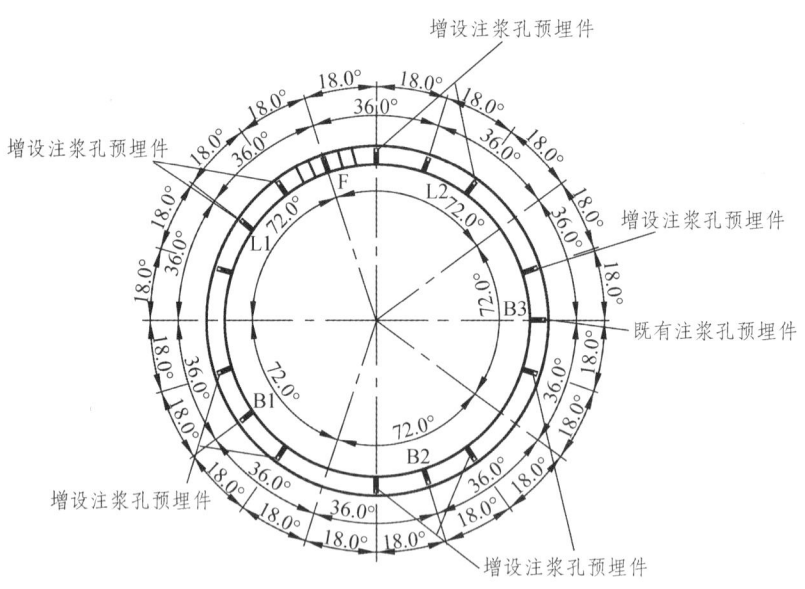

图 8-11 注浆孔布置立面图

注浆浆液为 0.4∶1 的水泥浆,注浆压力控制在 0.2~0.4 MPa。注浆量根据注浆压力来控制。注浆结束后采用微膨胀水泥封堵。在盾构下穿后,及时委托专业单位对下穿段成型壁后注浆效果进行雷达探查,检测是否注浆密实,且无空腔等不良情况,这样可有效减小穿越段的滞后沉降。

8.1.4 下穿效果分析

盾构下穿前按图 8-4 布设自动化监测点，下穿过程中密切关注地表变形并委托铁路局工务段全程进行监管及应急处置，各监测点最终沉降如图 8-12 所示。

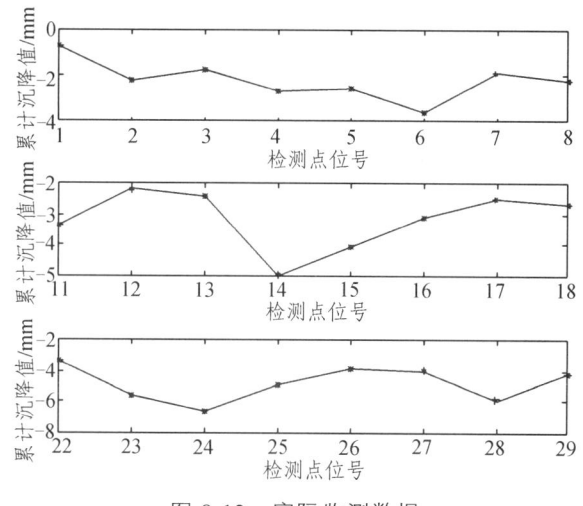

图 8-12 实际监测数据

由图可知，各线路沉降均值为 2.86 mm，最小值为 -0.5 mm，最大沉降发生在右线隧道与西环增二线交点附近，最大值为 -6.7 mm，各点沉降均小于既有线沉降控制值，本次下穿效果较为理想，表明该施工技术能够保证既有线的运营安全。

8.2 临江透水地层盾构始发、接收、掘进施工技术

若盾构区间始发、到达位置紧邻江河，地下水丰富，则盾构破洞时水压突变明显，施工风险较大，盾构区间防水重要性尤为突出。本节以成都地铁 6 号线土建 11 标为例，阐述盾构始发、掘进和到达施工过程中的端头加固及防水止水技术。

8.2.1 工程概况

成都地铁 6 号线土建 11 标包括三站两区间：分别为顺江路站、三官堂站、东光站以及顺江路站—三官堂站区间、东光站—三官堂站区间。顺江路站—三官堂站区间及东光站—三官堂站区间左线总长 1 398.0 m，右线总长 1 429.6 m。顺江路站—三官堂站右线长 512.256 m（短链 2.042 m），左线长 479.865 m（长链 4.570 m）。东光站—三官堂盾构区间右线长 915.309 m，左线长 922.709 m。

区间施工均采用盾构法，共投入 4 台盾构机，2 台盾构机先后从东光站北端头始发（吊入），向北掘进至三官堂站南端头接收（吊出）。另外 2 台盾构机自顺江路站南端头始发，向南掘进至三官堂站北端头接收（吊出）。区间位置平面示意图如图 8-13 所示。

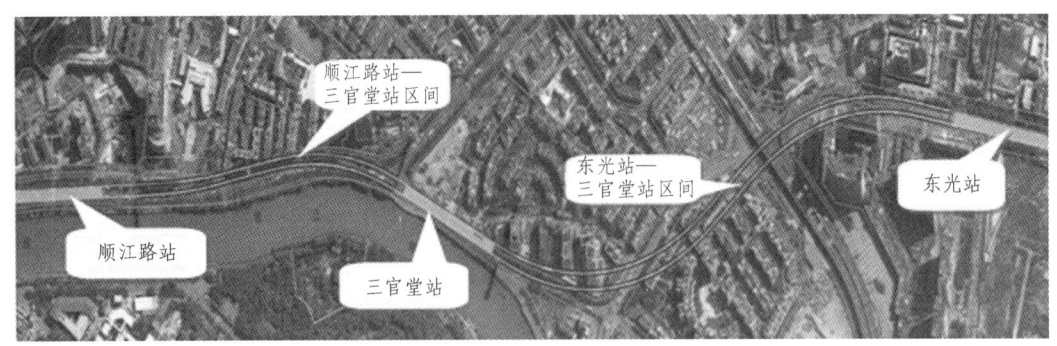

图 8-13 区间位置平面示意图

顺江路站—三官堂站区间盾构始发起点里程为 Y（Z）DK36+830.491，区间隧道沿顺江路地下开始敷设；盾构始发位置右线外轮廓线距离锦江边缘水平距离为 13.4～16.4 m，河底与隧顶的垂直距离为 5.3 m。

8.2.2 端头加固及降止水

盾构进出洞端头土体加固需要根据隧道埋深及盾构隧道穿越地层情况，确定加固方法和范围，并确保盾构机进出洞的安全。加固后的地基应具有良好的均匀性和自立性，加固后的土体强度应达到 1 MPa，渗透系数小于 10^{-5} cm/s。

本标段盾构进出洞端头地层加固采用 ϕ108 大管棚 + ϕ1 200 黏土桩止水帷幕 + 地面袖阀管注浆 + 井点降水方式，同时辅以邻近洞门的 8 环管片二次注浆。

1. 袖阀管注浆加固

袖阀管注浆的作用机理是通过钻孔向地层中压入水泥浓浆或速凝型浆液，随着地层的压密和浆液的挤入，在压浆点周围形成大小不一的固化浆泡，提高土体的强度和抗渗能力，从而达到加固土体的目的。本标段袖阀管注浆加固范围为盾构轮廓线外 3 m，加固深度为隧道拱顶以上 3 m，至拱底以下 1.5 m；加固范围长度为隧道沿线 10 m，加固范围示意图如图 8-14 所示。

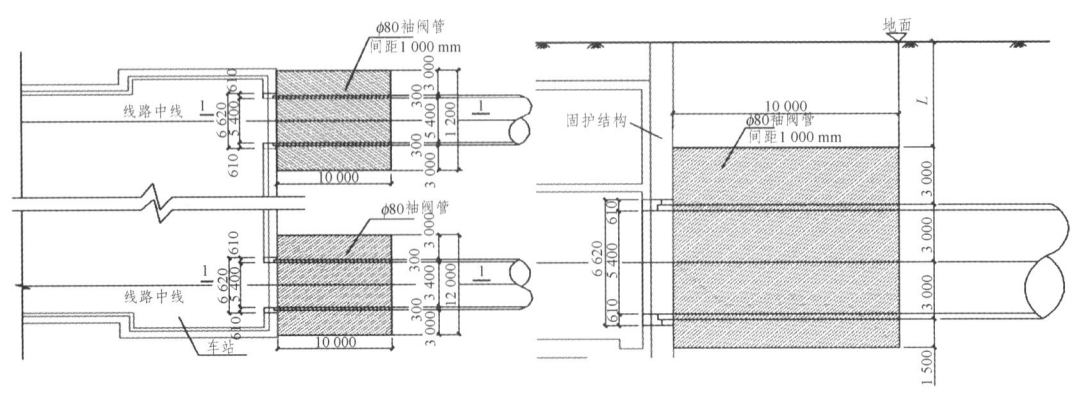

图 8-14 袖阀管注浆加固范围

注浆完成后,在开挖轮廓线范围内应打设检查孔,检测注浆效果。检查孔2个,检查孔直径110 mm,长度为10 m和14 m。若加固体后土体无侧限抗压强度不小于1 MPa,则认为袖阀管注浆加固达到效果,注浆达到效果后方可进行开挖。同时注意,加固后地层应具有良好的均匀性和整体性。注浆检查孔在注浆效果检查完成后应及时采用M10水泥砂浆进行全孔封堵。

2. 洞门管棚加固施工

（1）管棚加固原理

管棚是为了保证盾构通过时地层的稳定,利用管棚机在隧道拱顶区域钻设水平孔,打设超前支护钢管,并进行注浆固结地层,使隧道拱顶预先形成一"伞状"保护环。此结构的抗弯、抗剪功能可有效承载局部松弛的地层荷重,适时提供隧道盾构到达接收时无法及时注浆或补充注浆前这一空档所需的支撑力,使地表得以稳定安全。

（2）大管棚加固施工设计要求

盾构大管棚加固断面图如图 8-15 所示,管棚孔口位置沿隧道拱部开挖轮廓线外 250 mm 布置,钢管环向中心间距 350 mm,外插角为 1°~2°,单根长度 15 m。每个洞门（6 m 级盾构）一般需要进行 26 根大管棚钻孔、注浆施工。施工设计要求如下所示：

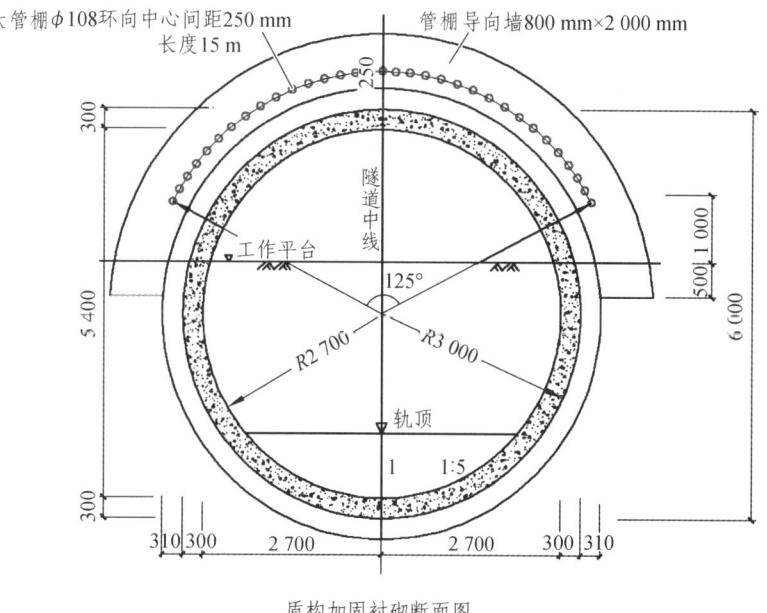

盾构加固衬砌断面图

图 8-15 盾构大管棚加固断面图

① 管棚注浆宜采用水泥浆,水泥浆的水灰比一般取 0.8~1,注浆压力一般控制在 0.2~0.4 MPa,施工中应根据实际地质情况,并通过试验再作调整。

② 管棚导向管应严格定位,管棚钻进过程中应采用水平测斜仪经常测量管棚的偏斜度,发现偏斜出设计要求时,应及时纠偏。

③ 钻孔水平偏距沿相邻钢管方向小于 100 mm,垂直偏距沿隧道内侧方向小于 200 mm。

（3）管棚施工注意事项

① 安装孔口管必须测量准确并安装稳固，保证孔口管的方向、角度符合设计要求。因为孔口管具有开孔阶段的导向作用，所以孔口管安装得好坏，对成孔质量有直接的影响。孔口管安装位置偏差不大于 1 cm，方向偏差≤1%。

② 成孔防偏措施：

a. 钻机安装要牢固、平稳；精确测量，准确对中，瞄准方向。

b. 测量方向后视点，在钻进过程中多次复核方向和角度。

③ 采用小压力慢转速钻进参数，控制进尺速度。

④ 钻孔深度应较管长或设计孔深 0.5～1.0 m。

⑤ 管棚安装过程中，钢管应按编号依次安装入孔，丝扣连接应拧紧。

⑥ 工程所用主要材料如水泥、钢材、砂等须抽样送检，检测合格后才能使用。

⑦ 钢管与管箍丝扣必须上满，使各管节连成一体，受力后保证不脱开。

⑧ 管棚钢管安装后进行注浆，并稳定 15 min，若注浆量超限，未达规定压力，仍需继续注浆，并调整浆液，直至符合注浆质量标准，方可终止注浆，确保管棚与围岩固结紧密，增强其整体性。

⑨ 加固土体完成后，应及时用 M10 的水泥砂浆进行全孔封堵。

3. 黏土桩止水帷幕施工

为使土体固结，阻断工作井内外的水层交流，防止地下水内渗，需要做黏土桩止水帷幕。以顺江路站为例，始发黏土桩止水帷幕施工范围为纵向 15.5 m、隧道拱顶以上 7.7 m、伸入结构底部以下 2.7 m、两侧 1.5 m 的洞身范围，如图 8-16 所示。

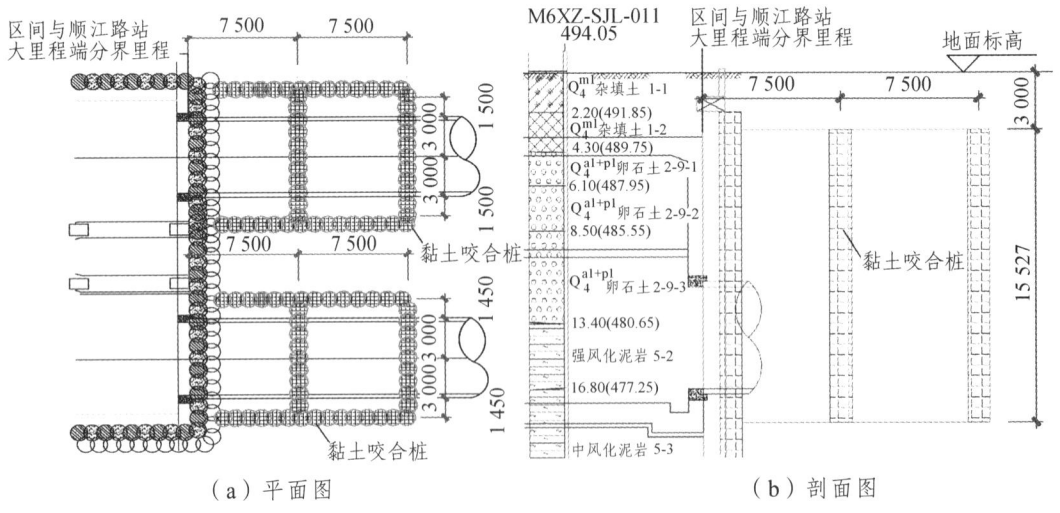

图 8-16 顺江路站大里程 $\phi 1\ 200$ 黏土桩止水帷幕

4. 端头降水

为满足盾构安全顺利始发、接收，在盾构始发前需要确保加固地层范围内的水位降至拱底以下至少 0.5 m，方可始发、接收。车站基坑开挖施工时，需在各端头位置分别施工降水井。盾构始发和接收施工时，利用车站施工打设的降水井，每口降水井配备一台 5.5 kW 水泵，始发和到达前一周开启降水井，进行试抽，确保降水施工正常。

根据《建筑基坑支护技术规程》(JGJ 12—2012)，基坑涌水量可由式（8-1）~式（8-3）计算。

$$Q = \pi K \frac{(2H-S)S}{\ln\left(1+\dfrac{R}{r}\right)} \tag{8-1}$$

$$r = \sqrt{\frac{A}{\pi}} \tag{8-2}$$

$$R = 2S\sqrt{HK} \tag{8-3}$$

式中　Q——基坑涌水量，m^3/d；

　　　K——平均渗透系数，m/d；

　　　H——静止水位到含水层底板的距离，m；

　　　S——设计水位降深，m；

　　　R——影响半径，m；

　　　r——基坑等效半径，m；

　　　A——基坑面积，m^2。

则降水施工所需降水井数量 n 为

$$n = 1.1\frac{Q}{q} \tag{8-4}$$

其中，q 为单口降水井排水能力（m^3/d），可由式（8-5）计算。

$$q = 120\pi r_s l^3 \sqrt{K} \tag{8-5}$$

式中　r_s——降水井井孔半径，m；

　　　l——过滤器进水部分长度，m。

5. 洞门密封及防水

洞口与盾构（或衬砌）存在建筑空隙，易造成泥水流失，从而引起地表沉降，因此，须在洞口安装进洞装置。进洞装置包括洞门延伸环、帘布橡胶板、扇形（或折页）压板及相应的连接螺栓和垫圈，如图 8-17 所示。安装前须对帘布橡胶板上所开螺孔位置、尺寸进行复核，确保其与洞圈上预留螺孔位置一致，并清理螺孔内螺纹。安装顺序为洞门延伸环→帘布橡胶板→扇形（或折页）压板，自上而下进行。安装时压板螺栓应可靠拧紧，使帘布橡胶板紧贴洞门延伸环，防止盾构出洞后漏水、漏浆。始发前应在刀头和密封装置上涂抹黄油，避免刀盘上刀头损坏洞口密封装置。

 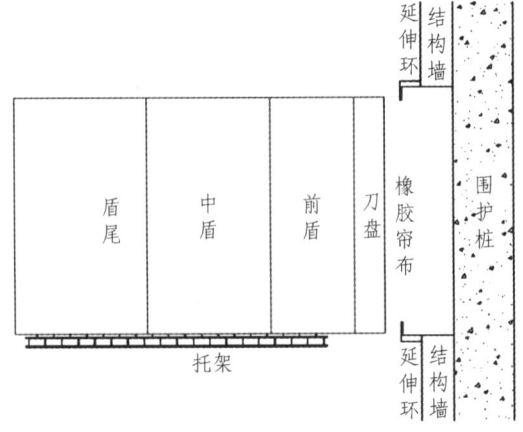

图 8-17　盾构始发洞门密封结构示意图

洞门部位拐角多，结构复杂、施工缝多，是防水的难点，也是防水施工的重点。盾构机在进出隧道时，管片缺乏后座顶力，管片间压力松弛，接缝不密实，易渗漏水，因此靠近洞门的区间隧道也是防水的重点，应注意以下几点：

① 拆除管片前，利用相邻管片的中间孔，注浆加固以减少渗水。
② 拆除管片后，对渗水部位仍要进行注浆封堵或预留引水导管，以确保施工面的干燥。
③ 对施工接缝要进行凿毛处理，对止水条的基面要清理干净并保持平整和干燥。
④ 遇水膨胀橡胶止水条要与基面密贴牢靠，搭接足够，并涂上缓膨剂。
⑤ 布置钢筋时不要触碰止水条，封闭模板前仔细检查止水条的可靠性。
⑥ 浇注混凝土时要避免振动棒碰到止水条，振捣要均匀到位。
⑦ 浇完混凝土后，至少养护 14 天，在未达到规定的强度前，不得拆模，以免出现渗水裂缝。
⑧ 对拆模后的渗水部位压浆处理并施以环氧水砂浆封堵抹平。

8.2.3　区间防水施工

1. 管片自身防水性能要求

（1）隧道管片采用强度等级为 C50 的高性能混凝土，抗渗等级为 p12，限制裂缝开展宽度 ≤0.2 mm。混凝土耐久性应满足本工程环境作用等级为 L1 和 H2 级的要求。

（2）宜采用水化热低的普通硅酸盐水泥或硅酸盐水泥，掺入优质磨细粉煤灰（超过二级灰的标准）或粒化高炉矿渣微粉等活性粉料（掺量 ≤20%），配置以抗裂、耐久为重点的高性能混凝土，减缓碳化速度。

（3）运营期间管片的注浆孔应采用微膨胀水泥封堵。

（4）管片混凝土外表面应涂刷多功能混凝土防护剂。

（5）管片混凝土中掺加改性聚丙烯纤维（掺量为 1.5 kg/m³），降低混凝土凝结过程中的早期收缩裂缝，并提高结构的耐火性。

2. 管片接缝防水

为了防止管片的接缝部位漏水，纵缝处设置弹性密封橡胶垫、橡胶海绵条及遇水膨胀橡胶密封垫。环缝设置有丁腈软木衬垫承压板，贴在背千斤顶面，在千斤顶推力和螺栓拧紧力的作用下，使得管片间的密封材料的缝隙被压缩，从而满足防水构造的要求，如图 8-18 所示。

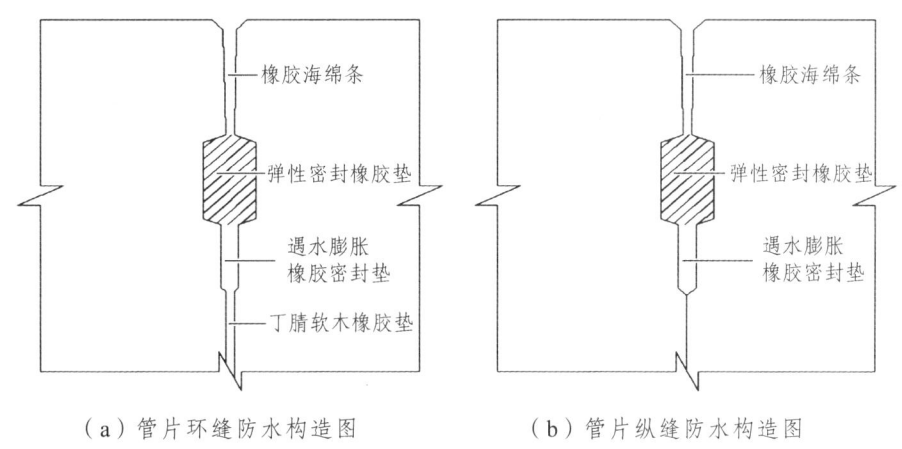

（a）管片环缝防水构造图　　　　　（b）管片纵缝防水构造图

图 8-18　管片接缝防水构造图

3. 接缝螺栓孔防水

管片螺栓孔位于接缝面，密封防水也是重要环节，一般采用水膨胀垫圈加强防水，如图 8-19 所示。由于螺栓垫圈会发生蠕变而松弛，在施工中需要对螺栓进行二次拧紧，且应避免螺栓位置偏于一边的现象。

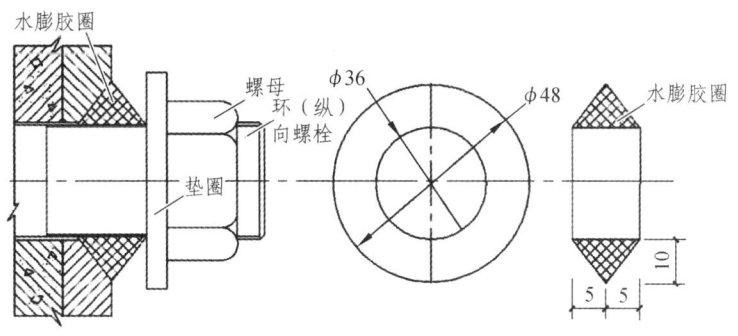

图 8-19　环（纵）向螺孔密封圈

4. 注浆孔的防水措施

若不通过管片吊装孔注浆，则可以避免吊装孔漏水这一问题。但是由于管片接缝漏水或土体加固要通过吊装孔进行二次注浆时，要做好二次注浆的收尾工作。等双液浆凝固后将活动端头部分拆除，清理吊装孔内残余物，填入腻子型膨胀止水密封材料，然后用防水砂浆封固孔口，盖上螺旋盖，预防从吊装孔漏水。

5. 管片与地层空隙防水措施

盾构推进后,盾尾空隙在围岩坍落前及时进行注浆,不但可防止地面沉降,而且有利于隧道衬砌的防水,选择合适的浆液、注浆参数、注浆工艺,可形成稳定的管片外围防水层,将管片包围起来,形成一个保护圈。同时,再进行二次注浆,也可加强保护圈,有利于隧道防水。

8.3 盾构下穿河流施工技术

8.3.1 工程概况

成都地铁 5 号线洞子口站—福宁路站区间沿线穿越的构筑物主要为沙河及沙河大桥(桥台为重力式台身和扩大基础,桥梁为净跨 25 m 现浇预应力箱梁,总宽 40 m),隧道与河底竖向最小净距约 5.05 m。沙河东西横穿金牛区,河口宽 20 m,河床宽约 25 m,水深约 2.5 m,流速约 40 m³/s(10 月份测),为成都市淡水资源保护区。本段区间均位于直线段,纵坡采用单面坡,最大坡度 2‰,区间平面如图 8-20 所示。

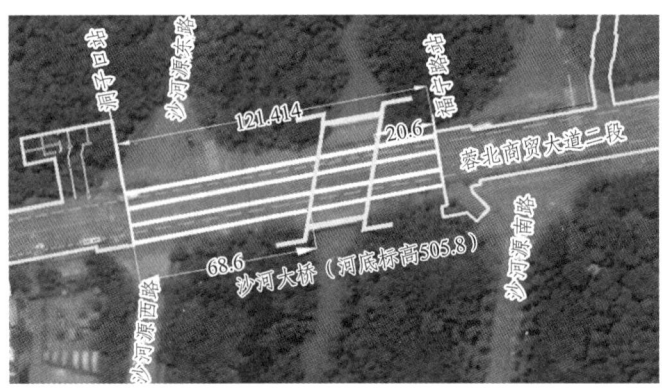

图 8-20 隧道与沙河大桥及沙河平面关系图(单位:m)

8.3.2 盾构掘进控制要点

根据成都地铁施工经验,盾构安全通过建(构)筑物及管线的首要措施是加强掘进参数的控制,使盾构以最佳状态通过,最大限度地减小对建(构)筑物及管线的影响。盾构掘进时的控制主要遵循以下原则:加强施工设备管理,确保盾构连续穿越;严格控制出渣量;保证注浆(含二次注浆)回填饱满;加强地面监测分析;做好应急措施准备。依据以上原则,盾构掘进下穿时,采取以下措施:

（1）盾构匀速通过建（构）筑物及管线，减小掘进对地层的扰动。因此过沙河段掘进速度控制在 30～40 mm/min。为保证掘进速度，盾构在通过沙河及沙河大桥前，做好盾构机检查及维修，减少长时间停机造成地面较大沉降的风险。

（2）严格控制出渣量，成都富水砂卵石地层胶结性差，一旦超挖，很容易引起河床松弛甚至塌陷，因此每环出渣量控制在 55 m³ 以内（考虑泡沫剂等渣土改良材料带来的扩散系数取 1.2）。

（3）盾构穿越过程中，在同步注浆的基础上，根据需要进行洞内注浆加固。注浆材料通常采用水泥单浆液，紧急情况下采用水泥-水玻璃双液浆，对注浆压力和注浆量同时进行控制。

（4）盾构掘进过程中轴线纠偏要做到"勤纠、少纠"，避免大幅度纠偏。同时要做好盾构推进过程中铰接千斤顶的使用，以此来减少因轴线纠偏而形成的土体超挖量，避免因超挖造成土体损失、引起沉降。

（5）加强地面、沙河大桥及河道监控测量，适当加大监测频率，及时反馈信息，指导调整施工。

8.3.3 加固控制措施

1. 河道加固措施

由于盾构隧道下穿沙河时，与河床净距较小，故盾构隧道施工前，需在河底做钢筋混凝土压板。压板左右两端各采用两排预应力锚索固定，锚索外侧打设两排袖阀管并预注水泥浆，如图 8-21 所示。在地面对桥台与盾构隧道之间土体进行预注浆加固，注浆采用袖阀管，横向间距 1 m，盾构通过时根据监控测量的结果由地面注浆管进行跟踪注浆。

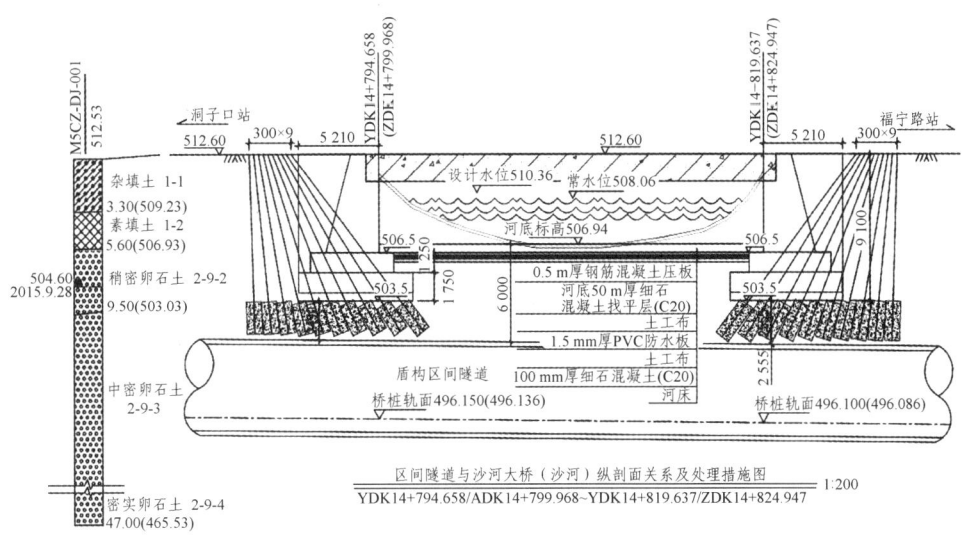

图 8-21 沙河（大桥）加固措施图

河道加固工艺流程：现场勘察→一期围堰施工→排水、清淤→抗浮板施工→锚索及袖阀管施工→拆除围堰→二期围堰→排水、清淤→抗浮板施工→锚索及袖阀管施工→拆除围堰。

（1）土石方围堰施工。围堰的主要作用是截流、挡水，方便后续工艺的施工。盾构施工前进行河道处理，先进行河内半幅围堰施工，围堰采用土石方围堰，临水侧安装防水板进行挡水，比河面高出 50 cm，防水板上下均压在围堰下，如图 8-22（a）所示。

（2）河道清淤：围堰完成后排除围堰内的水，清淤采用人工配合机械进行，至桥台基础上标高下 60 cm。

（3）垫层施工：垫层采用 C20 细石混凝土，浇筑 10 cm。

（4）防水施工。垫层强度达到 50%后，开始铺设土工布防水保护层，然后铺设 1.5 mm PVC 防水板，防水板采用热熔焊接，搭接长度不小于 10 cm，相邻接头错开 1 m，施工完成后铺设土工布隔离层，再浇筑 5 cm C20 细石混凝土。

（5）钢筋混凝土压板施工工艺。细石混凝土保护层强度达到 50%后，开始进行压板钢筋绑扎，如图 8-22（b）所示。采用双层 $\phi16@300\times300$ 钢筋网片，钢筋网式片间距 30 cm，压板采用 C20 现浇混凝土。

（a）围堰施工　　　　　　　　　　（b）压板钢筋绑扎

图 8-22　河道处理

（6）河底隧道两侧加固。距隧道外缘 9 m 打设一排袖阀管，在其外侧再加设一排袖阀管，两排袖阀管间距 1.5 m，单排纵向间距 1 m，袖阀管长度 14.5 m，加固至两侧桥基。袖阀管施工工艺流程如图 8-23 所示。

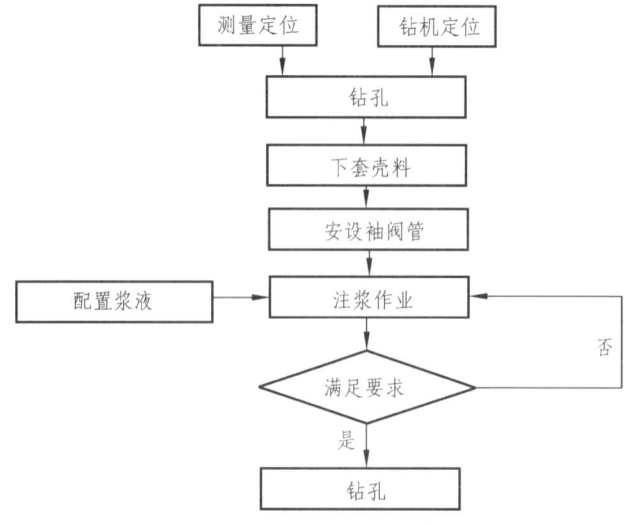

图 8-23　袖阀管施工工艺流程

（7）预应力锚索压顶。压板左右两端采用两排预应力锚索固定，左右线隧道中心采用 1 排预应力锚索固定，锚索间距为 3×3 m，锚索长度 20 m，锚固段 8 m，自由段 12 m。

2．隧道内注浆加固

在管片上全断面增设注浆孔，管片脱出盾尾后，及时打设注浆管，对隧道外环 1.5 m 范围内的地层进行注浆加固，洞内注浆加固流程及工艺参考前述内容。

8.3.4 掘进参数设置及优化

结合以往施工经验及成都地铁 5 号线地质水文情况，确定盾构掘进参数，如表 8-2 所示。

表 8-2 盾构掘进参数表

掘进速度/（mm/min）	推力/kN	扭矩/kN·m	刀盘转速/（r/min）	土舱压力/kPa
30～40	8 000～12 000	2 500～3 500	1.0～1.2	80～120

同时在施工中，及时根据反馈的施工监测数据，对参数不断优化调整。主要的参数调整优化措施如下：

（1）采用以滚刀、齿刀、周边刮刀为主的刀盘切削土层，以低转速、大扭矩推进。

（2）适当提高掘进土压力，以防止涌砂，并在掘进中不断调整优化。

（3）土舱压力通过采取设定掘进速度、调整排土量或设定排土量、调整掘进速度两种方法建立，并应维持切削土量与排土量的平衡，以使土舱内的压力稳定平衡。

（4）盾构机的掘进速度主要通过调整盾构推进力、转速（扭矩）来控制，排土量则主要通过调整螺旋输送机的转速来调节。在实际掘进施工中，应根据地质条件、排出的渣土状态，以及盾构机的各项工作状态参数等动态地调整优化。

（5）掘进时采取渣土改良措施来增加渣土的流动性和止水性，且密切观察螺旋输送机的栓塞和出土情况，以调整添加剂的掺量。

（6）通过沙河时，同步注浆采用快硬性浆液，即水泥砂浆作为同步注浆材料，具有凝结时间较短、强度高、耐久性好和抗腐蚀性好等特点，快硬性水泥浆液能有效填充管片外侧间隙，有利于防止和减少地层变形，减少建构筑物段地层的扰动。同步注浆浆液配合比如表 8-3 所示。

表 8-3 同步注浆浆液配合比　　　　　　　　　　　　　　　单位：kg/m³

水泥	细砂	粉煤灰	膨润土	水
120～240	500～700	160～240	75	400～500

同步注浆参数如下：

① 注浆压力。

由于是从盾尾圆周上的 4 个点同时注浆，上部两个注浆孔的压力控制在 150 kPa，下部两个注浆孔的压力在 200～250 kPa。

② 注浆量。

盾构过特殊地段实际注浆量按实际出渣量进行控制，基本上控制在 6 m³ 以上，或最大程度将管片背后填充密实。

③ 注浆速度。

同步注浆速度和推进速度保持同步，即在盾构机推进的同时进行足量注浆。

④ 注浆结束标准。

采用注浆压力和注浆量双控。

（7）河流附近地下水丰富，为防止盾构机喷涌，主要从以下几个方面进行控制。

① 采用加气模式掘进，通过气压防止地下水进入土舱和螺旋输送机，有效地降低喷涌的可能性。

② 提高泡沫注入率，加强渣土改良效果，也能有效地防止喷涌。根据我单位以往在相似地层中的施工经验以及兄弟单位成都地铁 1 号线的施工经验，结合成都地铁 5 号线地质水文情况，泡沫浓度设置为 2.5%～5%，发泡率设置为 5～10，泡沫注入率为 30%～50%。泡沫采用进口优质的明洁泡沫。

（8）为确保高水压作用下盾尾密封的止水可靠性，各道密封刷之间利用自动供给油脂系统压注高止水性油脂，采用耐磨性能较好的材料制作盾尾钢刷，提高盾尾钢刷的耐磨性，同时保持好盾构姿态，控制好盾尾间隙。

8.4 重叠隧道施工技术

随着地铁建设日趋密集，盾构隧道互相重叠的现象越来越常见。重叠隧道属于接近施工，两隧道间存在相互影响，同时对周围地层的影响也与单线盾构隧道施工有所不同，此外，重叠隧道的施工顺序、采用的掘进方式以及隧道间的相互位置等都会对隧道结构和周围地层产生不同的影响，因此对盾构掘进控制和加固技术有着极高的要求。本节以成都地铁 6 号线某重叠段隧道施工为例，阐述富水砂卵石地层条件下重叠隧道施工技术。

8.4.1 工程概况

成都地铁 6 号线一、二期工程土建 8 标盾构区间，起于星河站大里程端，止于人民北路站小里程端。本标段盾构区间由星河站—西南交大站—沙湾站—西北桥站、人民北路站—西北桥站 4 个区间组成，盾构初设始发场地分别设置在星河站、人民北路站。区间右线长 2 792.483 m，左线长 2 803.704 m，全长 5 596.187 m。

如图 8-24 和图 8-25 所示，盾构施工主要穿越地层为<2-9-3>中密卵石层、<2-9-4>密实卵石层，部分地段夹杂<2-9-2>稍密卵石层，卵石含量为 50%～70%，粒径以 20～200 mm 不等。区间隧道拱顶最大埋深 20.15 m，最小埋深 9.89 m，最大曲线半径 2 000 m，最小曲线半径 350 m，最大坡度 28‰，最小坡度 2‰。其中，西北桥站是成都地铁 5 号线与成都铁 6 号线的换乘站，5 号线与 6 号线区间线路均重叠进站和重叠出站。沙湾站—西北桥站区间重叠段，长度 162.5 m；人民北路站—西北桥站区间重叠段，长度 178 m。

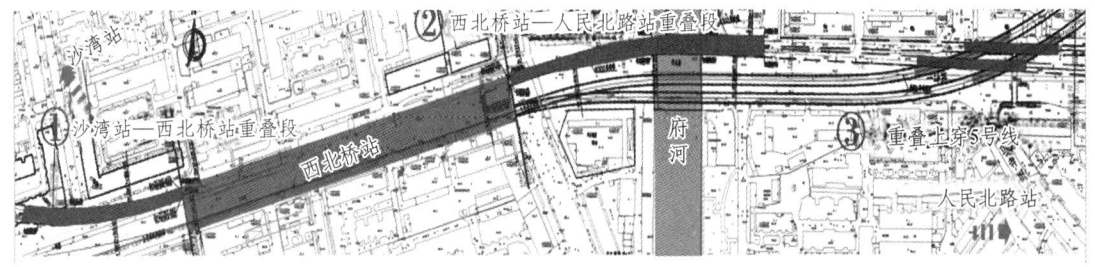

图 8-24 区间重叠段概况

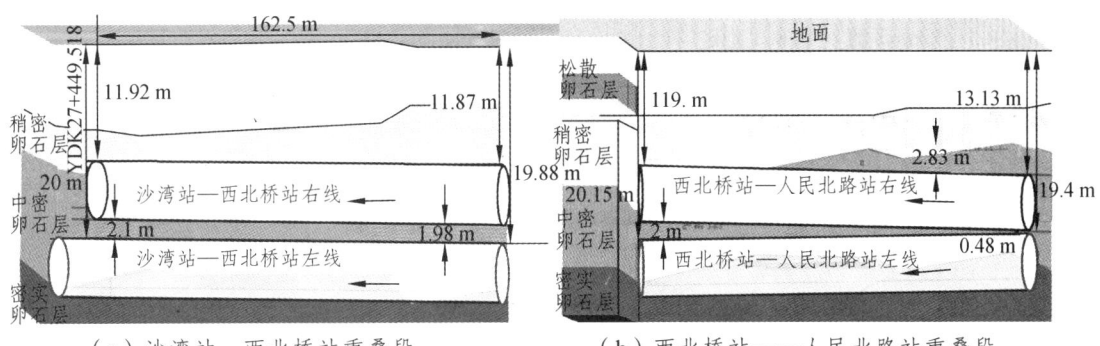

(a) 沙湾站—西北桥站重叠段　　　　(b) 西北桥站——人民北路站重叠段

图 8-25 重叠段纵剖面图

8.4.2 重叠段数值模拟研究

1. 模型建立及参数选取

为探究施工过程中,隧道间及地表变形规律,以沙西重叠段为例,采用有限差分软件 FLAC3D,建立数值仿真模型,重叠区域左线在下,右线在上,重叠隧道净距为 1.98～2.1 m。建立的仿真模型尺寸为 48 m(横向)×163 m(轴向)×36 m(纵向)。盾构开挖直径取 6.28 m,管片外径为 6 m,管片环宽为 1.5 m,厚度为 30 cm。

模型尺寸为简化模型,忽略重叠段转弯半径,仿真模型如图 8-26 所示。如图 8-26(a) 所示为地层模型,在计算时按自重应力场进行考虑。如图 8-26(b) 所示为两重叠隧道空间位置的俯视图。

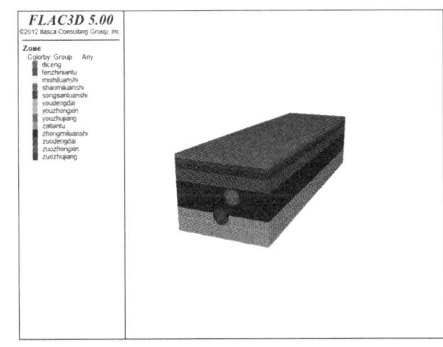

(a) 地层模型

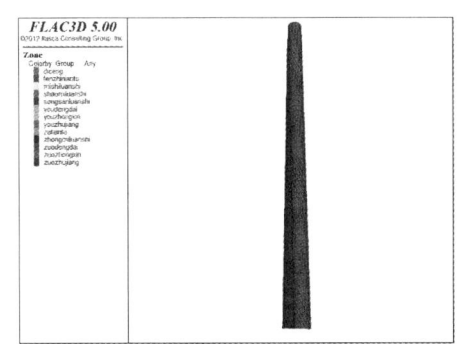

(b) 两隧道空间位置

图 8-26 重叠隧道仿真模型

为模拟盾尾间隙和同步注浆对地层的扰动情况,将盾尾空隙的自然填充、壁后土体扰动等因素简化为均质、等厚、弹性的等代层,等代层厚度根据式(8-6)计算,等代层参数的确定方法有经验法、参数反演法等。本书在现有文献的基础上取弹性模量为 39.8 MPa,泊松比为 0.17。管片采用 shell 单元模拟,其弹性模量取 1 200 MPa,泊松比取 0.2。其余各地层参数如表 8-4 所示。

$$\Delta h = \eta G \tag{8-6}$$

式中 G——盾尾间隙值;

η——折减系数,一般取 0.7~2.0。

表 8-4 地层参数取值

组 名	密度/(kg/m³)	体积模量/MPa	剪切模量/MPa	黏聚力/kPa	内摩擦角/(°)
杂填土	1 750	15	8.33	3	5
粉质黏土	1 960	13.92	5.34	10.2	11.8
松散卵石	2 100	11.6	6.96	—	37
稍密卵石	2 200	12.7	8.77	—	6.9
中密卵石	2 300	19.0	14.3	—	9.9
密实卵石	2 400	25.0	20.3	—	24.9

2. 仿真结果

通过计算机仿真,模拟实际施工步骤,先开挖下部隧道(左线),再开挖上部隧道(右线),得到距离模型开挖初始点 30 m 处地表沉降横向变化曲线,如图 8-27 所示。从图 8-27(a)中可以看出,左线开挖时,地表发生了沉降,沉降曲线呈对称凹形分布,越靠近左线隧道中心,沉降值越大,最大沉降值达 12.66 mm,位于左线隧道中心线正上方。由图 8-27(b)可看出,由于下线开挖已引起一定沉降,上线开挖没有引起地表沉降的大幅增加,最大沉降值为 13.63 mm。

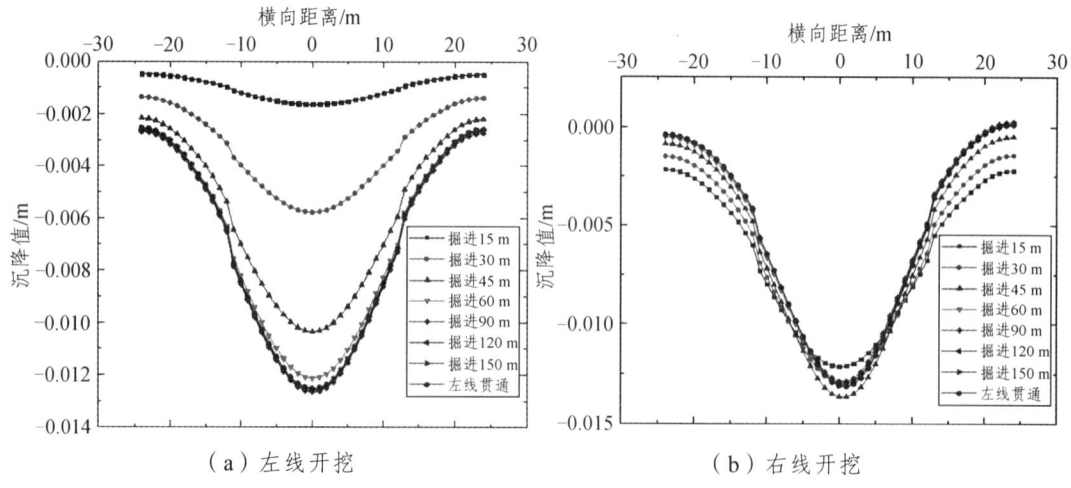

图 8-27 30 m 处地表沉降变化图

左右线分别开挖完成后的垂直变形如图 8-28 所示。下（左）线开挖后，地层最大沉降发生在隧道拱顶处，为 32.17 mm，最大隆起发生在拱底处，达到 25.90 mm。上（右）线完成后，下线拱顶发生隆起，沉降减少，下线拱底继续隆起。而上线拱顶部位发生沉降，最大值达 24.73 mm。

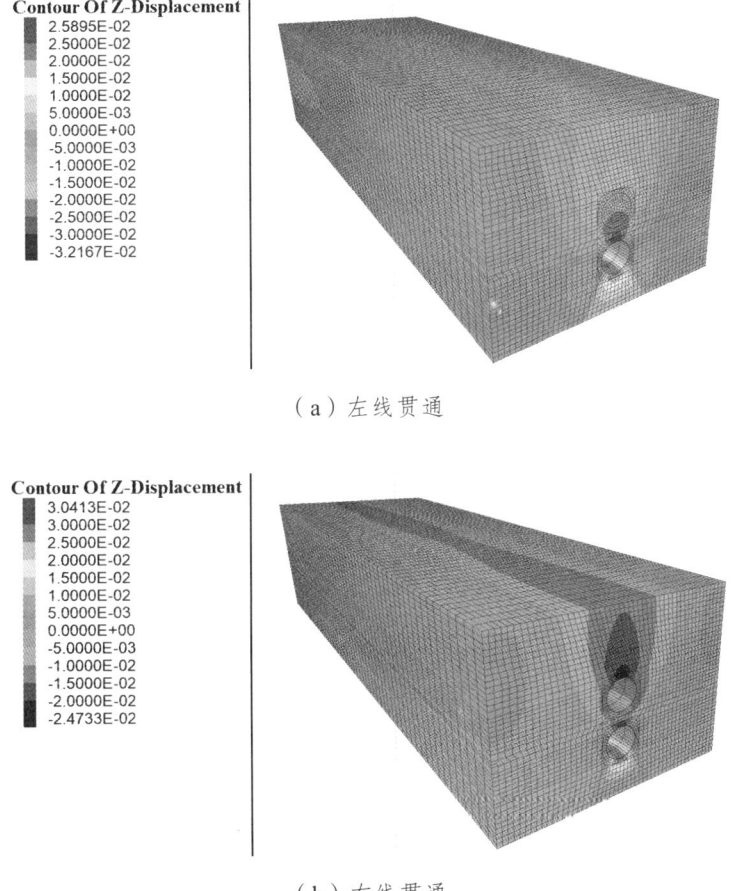

（a）左线贯通

（b）右线贯通

图 8-28 地层垂直变形图

取第 3、4 环管片进行分析，下线开挖完成后，3、4 环管片沉降变形图（变形效果放大 20 倍）如图 8-29 所示。左线贯通后，隧道管片拱底最大隆起值为 18.21 mm，拱顶最大沉降值为 25.49 mm。右线贯通后，下线隧道的管片拱底隆起增加，最大值变为 22.71 mm；管片拱顶沉降值减少，最大值变为 14.99 mm。上线隧道管片拱顶沉降值为 5.78 mm，拱底隆起最大值为 17.56 mm。

根据仿真结果，如果不采取相应的加固措施，重叠隧道进行盾构施工时引起的地表沉降及管片变形均比较大。在实际的盾构施工过程中，由于成都砂卵石地层稳定性差、易扰动等特点，沉降更难以控制，因此需要对重叠段盾构施工制定合适的掘进控制措施，保证顺利完成重叠段隧道的施工。

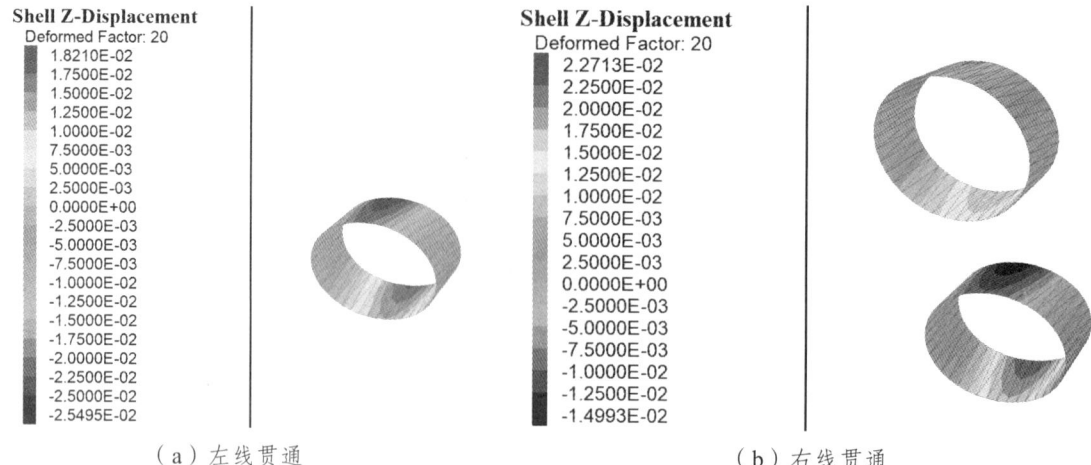

(a) 左线贯通　　　　　　　　　　(b) 右线贯通

图 8-29　第 3、4 环管片沉降变形图（放大 20 倍）

8.4.3　重叠段施工掘进控制措施

针对重叠隧道施工的加固控制措施主要根据以下顺序进行：
① 施工前采用素混凝土桩对土体进行加固。
② 施工过程中施工顺序遵守先下洞再上洞的原则。
③ 加强管片结构：下部隧道采用配筋加强型管片，且增设后期二次注浆孔。
④ 管片土体间采取加固措施：对邻近隧道土体进行注浆加固主体，增强隧道建土体抗压、抗剪能力。
⑤ 下部隧道采用型钢进行加固：上部隧道施工时，对下部隧道内设置型钢支撑。

1. 素混凝土桩加固

在隧道施工前，可在重叠范围平面投影区布设一定间距的素混凝土桩。由于素混凝土两端与隧道结构接触，后期上线隧道重叠施工过程中，素混凝土桩可以很好地起到"顶支"作用，减少下线已建成隧道的沉降变形。

成都地铁 6 号线区间重叠段采用素混凝土桩进行地基加固，素桩加固平面及剖面示意图如图 8-30 和图 8-31 所示，素混凝土桩采用 $\phi300@1\,000$，考虑实际施工便利性，用 $\phi220@1\,000\times1\,000$、C25 素混凝土灌注桩等效替代，素混凝土灌注桩竖向伸入盾构上下侧各 3 m。

素桩加固流程：
（1）施工准备

正式进场前应对整套施工设备进行检查，保证设备状态良好，禁止带故障设备进场，进场后及时向监理工程师进行设备进场报验工作，进场前做好与桩施工相关的水、电管线布置工作，保证进场后可立即投入施工。施工现场内道路应符合设备运输车辆的行驶要求，保证运输安全。

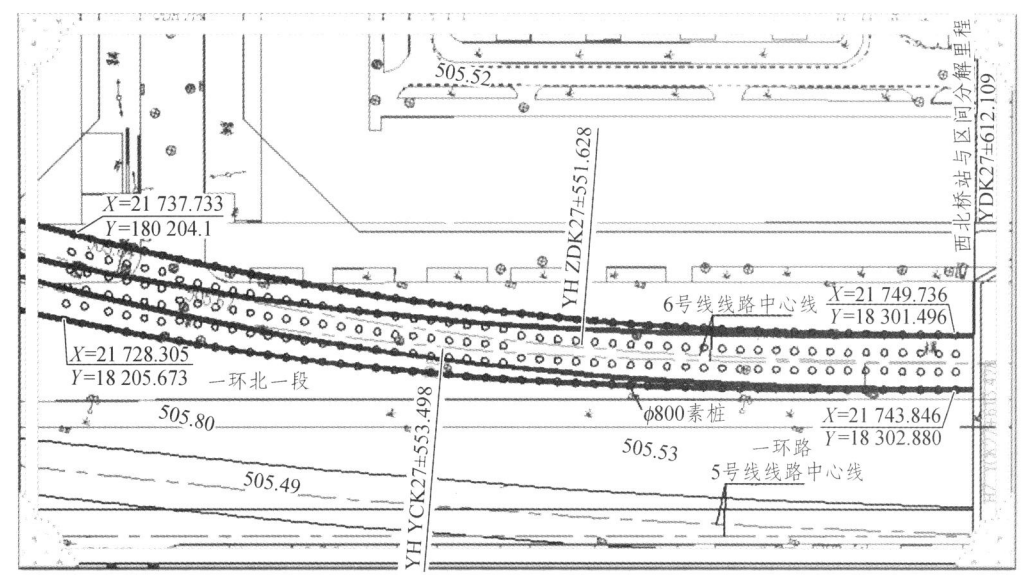

图 8-30 重叠段素桩加固平面图

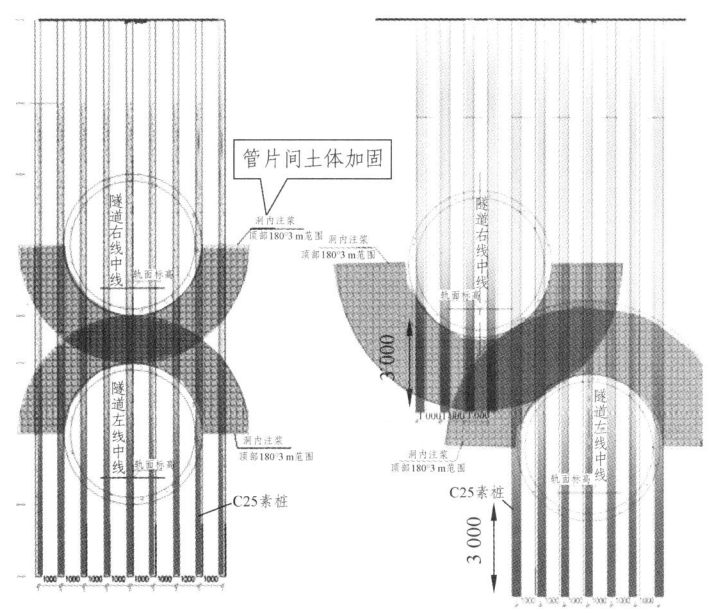

图 8-31 重叠段素桩加固剖面图

设备组装时应设专人指挥,严格按程序组装,非安装人员不得在组装区域内,以杜绝安全事故。安排材料进场,按要求进行材料复检。开工前进行安全、技术交底。

（2）定位放线

根据设计提供的桩位,由专职测量人员按桩平面图准确无误地将桩位放样到现场。根据管线挖探情况,可适当调整桩位。

（3）管线勘探

在钻孔前,依据设计图纸进行管线调查,施工前采用人工开挖沟槽的形式探明管线的具体埋深及走向,挖孔深度为原路面以下 3 m,确保钻孔不破坏地下管线。

（4）成孔

桩位验收后，钻机就位并调整机身，校正位置，使钻杆垂直对准桩位中心，以保证桩身垂直度偏差不大于 1%。使钻杆向下移动至钻头触及地面时，开动钻机旋动钻头。钻杆下钻到预定深度，现场施工技术人员必须进行自检，自检合格后报监理工程师验收，合格后进行下一道工序施工。

（5）灌注混凝土

灌注混凝土前需用高压风洗孔，洗孔完成后及时浇筑混凝土，由孔底开始灌注，成桩过程宜连续进行（避免混凝土供料不足、停机待料现象），直至桩体混凝土高出桩顶设计标高 50 cm（确保设计桩顶标高无浮浆）。整个桩孔灌注混凝土时间尽量短，如果灌注时间太长，混凝土凝固后会造成拔套管困难，引起施工事故。

（6）外管拔出

当混凝土桩灌注完成，检查无误后，使用锚杆钻机配套装置将套管拔出。起拔速度控制不大于 1 m/min，自浇注完成后，拔管时间控制在 30 min 内完成，最长不得超过 60 min。

外管拔出施工前应通知监理工程师进行现场验收，并双方确认签字。

（7）混凝土

泵送采用商混标号 C25 细石混凝土。灌注混凝土前，应进行坍落度的检查，坍落度要求 100~120 mm。

（8）成孔验收

当钻孔深度达到设计要求并经监理工程师成孔检查验收后，立即进行清孔。

（9）路面修复

临时修复适用于单次素桩施工完成后立即撤围修复路面交通，临时修复主要采用冷补沥青修补，沥青厚度以 10 cm 为宜，沥青反复碾压至与地面齐平。

2. 管片加强

考虑后建隧道盾构施工过程中重力、顶推力、土舱压力及震动等作用，对先建隧道影响较大；而不均匀沉降等原因亦导致管片间、环与环间的剪切力增大。交叠段的下部隧道均采用 D 型配筋的多孔加强盾构管片。管片之间的连接螺栓采用 8.8 级，并增设一定数量的二次注浆孔，用于二次注浆加固。

3. 隧道间土体加固

为了增强隧道间土体的抗压、抗剪能力，对邻近隧道间所夹土体进行注浆加固处理以保证重叠隧道的施工安全及后期的运营安全。

具体控制措施为：在下洞掘进过程中，首先加大同步注浆量和注浆压力，以保证盾尾的土体与管片空隙及相邻土体的密实性。采用洞内管片背后二次加强注浆加固方式，浆液水泥浆，注浆压力为 0.4~1.2 MPa，注浆体无侧限抗压强度不小于 1.2 MPa，渗透系数小于等于 1×10^{-7} cm/s。管片背后注浆利用每环管片上预留的 16 个注浆孔进行隧道背后注浆，注浆时机为管片出盾尾后。加固范围为隧道之间半断面范围，如图 8-32 所示。

4. 下部隧道型钢加固

下部隧道施工完成后,在上部隧道施工前,预先对下部隧道内设钢支撑进行衬砌加强,并对下部已建隧道进行压重,防止区间由于上部隧道施工的卸载发生上浮。

在重叠段范围内设置临时型钢支撑,型钢支撑间距 1.5 m,型钢支撑平面示意图如图 8-33 所示。洞内临时支撑加固按每环加固一环,临时支撑间距可根据监测情况适当调整。如图 8-34 所示为下洞型钢支撑立面示意图,钢环与管片之间必须保证密贴,钢环与管片间可用钢楔(木楔)撑紧。支撑布置考虑蓄电池车运输,支撑架间距 1 500 mm,布置在管片环缝处,一次布置 20 环,循环利用。

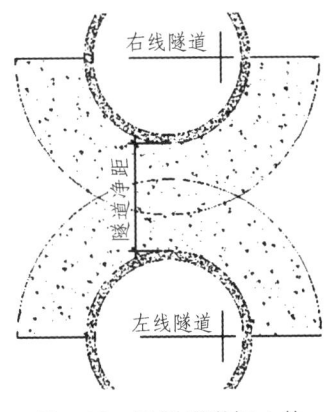

图 8-32 重叠隧道间土体加固示意图

由于右线盾构掘进施工时左线施工尚未结束,隧道内蓄电池车、人行通道需保持畅通,故型钢支撑相对于设计做适当调整。

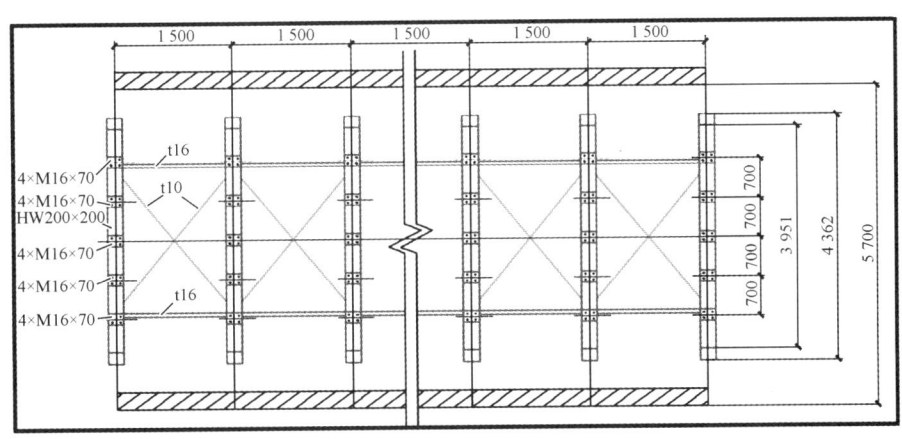

图 8-33 重叠段下洞型钢支撑平面示意图

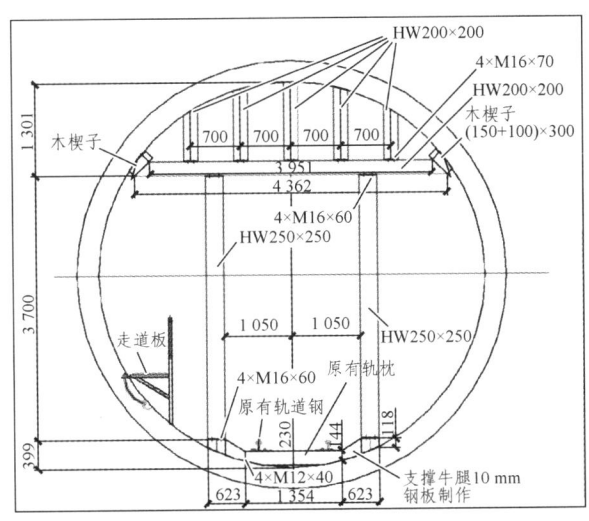

图 8-34 重叠段下洞型钢支撑立面示意图

参考文献

[1] 张成,姚菲,曾平. 成都市岩土工程勘察信息系统研究[J]. 城市勘测,2000(2):53-56+43.

[2] 邓勇,管会生,任霄. 成都特殊地质条件下地铁盾构选型及施工关键技术[M]. 成都:西南交通大学出版社,2018.

[3] 张凤祥,朱合华,傅德明. 盾构隧道[M]. 北京:人民交通出版社,2004.

[4] 陈馈. 北京铁路地下直径线盾构选型[J]. 建筑机械,2007(11):36-39+3.

[5] 杨书江. 成都地铁泥水平衡及土压平衡盾构法施工对比[J]. 建筑机械化,2011,32(6):24-27.

[6] 王洪新. 土压平衡盾构刀盘挤土效应及刀盘开口率对盾构正面接触压力影响[J]. 土木工程学报,2009,42(7):113-118.

[7] 王洪新. 土压平衡盾构刀盘开口率对土舱压力的影响[J]. 地下空间与工程学报,2012,8(1):89-93+104.

[8] 王洪新. 土压平衡盾构刀盘开口率选型及其对地层适应性研究[J]. 土木工程学报,2010,43(3):88-92.

[9] 蒲毅,刘建琴,郭伟,等. 土压平衡盾构机刀盘刀具布置方法研究[J]. 机械工程学报,2011,47(15):161-168.

[10] 徐慧旺. 大直径盾构机刀具配置及更换技术[D]. 石家庄:石家庄铁道大学,2018.

[11] 张佳媛. 面对掘进性能盾构刀盘设计及评价方案研究[D]. 大连:大连交通大学,2015.

[12] 孙翠华. 盾构刀盘改造与应用[D]. 石家庄:石家庄铁道大学,2017.

[13] 郑国强. 软土盾构机的刀盘设计与选型[J]. 机械工程与自动化,2014(4):101-103.

[14] 温诗铸,黄平. 摩擦学原理[M]. 北京:清华大学出版社,2002.

[15] 陈子义. 基于正交试验的盾构滚刀磨损分析[D]. 郑州:华北水利水电大学,2018.

[16] 杨延栋,陈馈,李凤远,等. 盘形滚刀磨损预测模型[J]. 煤炭学报,2015,40(6):1290-1296.

[17] 桂长林. Archard的磨损设计计算模型及其应用方法[J]. 润滑与密封,1990(1):12-21.

[18] 材料耐磨抗蚀及其表面技术丛书编委会. 材料的磨料磨损[M]. 北京:机械工业出版社1990.

[19] 刘成. 全断面掘进机刀具谱系化设计及仿真研究[D]. 成都:西南交通大学,2019.

[20] 王凯. 盾构机盘形滚刀及切刀磨损预测模型研究[D]. 长沙:中南大学,2011.

[21] VALENTIN L P. Contact Mechanics and Friction Physical Principles and Applications[M]. Springer-Verlag Berlin Heidelberg，2010.

[22] 祝和意，杨延栋，陈馈. 盾构滚刀破岩力及磨损速率预测模型推导[J]. 现代隧道技术，2016，53（5）：131-136+144.

[23] 杨延栋，陈馈，张兵，等. 基于宏观能量理论与微观磨损机制的滚刀磨损量预测[J]. 隧道建设，2015，35（12）：1356-1360.

[24] 李文荣. 土压平衡盾构螺旋输送机配置选型研究[J]. 机械，2012，39（10）：29-33.

[25] 胡建平. 螺旋输送机、斗式提升机和振动输送机[M]. 北京：机械工业出版社，1991.

[26] 汪洪，陈原. 转盘轴承承载能力及额定寿命的计算方法[J]. 轴承，2008（2）：7-9+17.

[27] 吴和北. 热应力耦合作用下的盾构机主轴承疲劳寿命研究[D]. 成都：西南交通大学，2015.

[28] 管会生. 盾构机设计及计算[M]. 成都：西南交通大学出版社，2018.

[29] 陈沛，管会生，赵晶石. 盾构机大轴承结构参数优化设计[J]. 建筑机械. 2010（7）：87-89.

[30] 陈沛. 盾构机刀盘驱动大轴承设计研究[D]. 成都：西南交通大学，2010.

[31] 李建征，韩红彪，刘红彬，等. 盾构主轴承额定寿命的计算方法[J]. 矿山机械. 2010(22)：49-52.

[32] 刘红彬，马伟，王秀君，等. 土压平衡盾构机主轴承力学性能分析[J]. 轴承. 2010（7）：6-10.

[33] 苗学问，王大伟，洪杰. 滚动轴承寿命理论的发展[J]. 轴承. 2008（3）：47-52.

[34] 鄢建辉，李兴林，蒋万里，等. 轴承疲劳寿命理论的新进展[J]. 轴承. 2005（11）：41-47.

[35] 陈闽杰，刘小波，贺石中. 大型盾构机主轴承润滑故障诊断与对策[J]. 润滑与密封. 2010（5）：113-117.

[36] 罗继伟，罗天宇. 滚动轴承分析计算与应用[M]. 北京：机械工业出版社，2009.

[37] 江华生. 唇形油封密封性能及其轴表面织构效应的研究[D]. 杭州：浙江工业大学，2016.

[38] 陈桥，周建军，李凤远，等. 压紧环唇形密封圈优化设计研究[J]. 液压气动与密封，2015，35（3）：56-61.

[39] 苏晓燕. 旋转唇形油封泵吸效应及影响因素研究[D]. 重庆：重庆大学，2011.

[40] 赵良举，吴庄俊，杜长春，等. 抱轴力与唇口形变耦合作用下唇形密封生热和泵吸效应[J].内燃机工程，2013，34（6）：64-69.

[41] 康帅. 旋转唇形油封泵吸机理和散热机理研究[D]. 重庆：重庆大学，2014.

[42] 徐长胜，张军，许磊. 始发井下盾构机主驱动密封系统维修[J]. 设备管理与维修，2019（22）：179-181.

[43] 赵向雷. 油封唇口温度及其对工作性能影响的研究[D]. 重庆：重庆大学，2013.

[44] 卜壮志. 盾构螺旋输送机系统的检测分析及对策研究[D]. 石家庄：石家庄铁道大学，2017.

[45] 朱伟，秦建设，魏康林. 土压平衡盾构喷涌发生机理研究[J]. 岩土工程学报，2004（5）：589-593.

[46] 张厚美，沈赟，谢海松. 盾构施工污水净化处理及再利用研究[C]. 中国土木工程学会年会，2010.

[47] 中铁六局集团有限公司，中铁六局集团有限公司盾构分公司. 盾构施工污水再利用装置：CN201420314290.2[P]. 2014-11-05.

[48] 卢森，郑强，王雄友，等. 盾构施工污水再利用装置：中国，CN 104047634 B [P]. 2017-01-11.

[49] 王国义，田春雨，叶至盛，等. 一种用于土压平衡盾构渣土和污水综合再利用系统：中国，CN 109057815 A [P]. 2018.12.21.

[50] 徐方京，侯学渊. 盾尾间隙引起地层移动的机理及注浆方法分析[J]. 地下工程与隧道，1993（3）：12-20

[51] 高晨斌. 盾构机盾体径向孔的应用初探[J]. 隧道建设，2009，29（S1）：96-97.

[52] 王鹏. 盾构隧道壁后注浆体特性及其对地层变形的影响研究[D]. 北京：北京交通大学，2016.

[53] 魏广造，王余德，李俊青，等. 合肥地铁盾构施工浆液配比优化试验研究[J]. 西安科技大学学报，2015，35（5）：611-616.

[54] 杨卓，陈洪光. 盾构隧道同步注浆浆液配比分析及优化设计[J]. 隧道建设，2009，29（S2）：29-32.

[55] 梁精华. 盾构隧道壁后注浆材料配比优化及浆体变形特性研究[D]. 南京：河海大学，2006.

[56] 徐方京，侯学渊. 盾尾间隙引起地层移动的机理及注浆方法分析[J]. 地下工程与隧道，1993（3）：12-16＋20.

[57] 管会生. 土压平衡盾构机关键参数与力学行为的计算模型研究[D]. 成都：西南交通大学，2008.

[58] 赖宇阳. Isight参数优化理论与实例详解[M]. 北京：北京航空航天大学出版社，2012.

[59] FORRESTER A I J, KEANE A J, BRESSLOFF N W. Design and analysis of "Noisy" computer experiment[J]. AIAA Journal, 2006, 44（10）: 2331-2339.

[60] 杨阳，李芾，李金城，等. 近似模型技术在高速动车组动力学分析中的应用研究[J]. 机车电传动，2016（5）：22-26.

[61] CUNDALL P A. The Measurement and Analysis of Acceleration on Rock Slopes[D]. University of London Imperial College of Science and Technology，1971.

[62] 韩勇. 盾构刀盘轻量化优化设计研究[D]. 成都：西南交通大学，2013.

[63] 崔凤治. 盾构刀盘的轻量化设计[D]. 天津：天津大学，2010.

[64] 高见. 盾构机刀盘开口率与盘体结构优化设计[D]. 大连：大连理工大学，2010.

[65] 杨泊. 盾构刀盘的结构优化分析[J]. 橡塑技术与装备，2015，41（24）：208-209＋217.

[66] 仝哲. 盾构刀盘的受力分析及结构优化[D]. 郑州：郑州大学，2012.

[67] 范宜. 复合式 EPB 盾构机刀盘结构改进设计[D]. 大连：大连理工大学，2014.

[68] 郭京波，王旭东，郑丽鳌，等. 基于多目标遗传算法的复合式盾构刀盘刀具布置优化[J]. 隧道建设，2017，37（4）：517-521.

[69] K.太沙基. 理论力学[M]. 北京：地质出版社. 1960.

[70] 陈馈，苏翠侠，王燕群. 盾构刀盘的有限元参数化建模及其分析[J]. 建筑机械化，2010（12）：57-60.

[71] 任利，邵园园，韩虎. 基于 Isight 的多学科设计优化技术研究与应用[J]. 起重运输机械，2008（5）：45-48.

[72] 郭明. 结构优化设计的响应面方法研究[D]. 淄博：山东理工大学，2014.

[73] 汪文珺. 某 MPV 白车门 NVH 多学科优化[D]. 重庆：重庆交通大学，2018.

[74] 肖泽平. 轨道板运输车轻量化研究及平顺性分析[D]. 成都：西南交通大学，2018.

[75] 张宪，何洋，钟江，等. 疲劳振动试验台的模态与谐响应分析[J]. 机械设计与制造，2008（4）：12-14.

[76] 夏毅敏，吴元，吴峰，等. 某隧道盾构刀盘仿真与力学性能研究[J]. 计算机工程与应用，2013，49（11）：248-251.

[77] 霍军周，蔡宝，王亚杰，等. 盾构机刀盘的力学分析与优化设计[J]. 机械设计与制造，2014（10）：57-60.

[78] 魏国松. 桥式起重机金属结构可靠性分析及 Isight 仿真研究[D]. 大连：大连理工大学，2016.

[79] HASOFER A M. Exact and invariant Second-Moment code format[J]. Journal of the Engineering Mechanics Division，1974，100：111-121.

[80] RACKWITZ R，FLESSLER B. Structural reliability under combined random load sequences[J]. Computer & Structures，1978，9（5）：489-494.

[81] 郑伟，万科含，崔健，等. 基于蒙特卡罗方法盾构刀盘的结构可靠性分析[J]. 科技创新导报，2013（2）：20-22.

[82] 杨骁. 高强钢盾构刀盘的优化设计及焊接分析[D]. 成都：西南交通大学，2020.

[83] 廖江. 基于离散元的刀盘掘进过程模拟及关键掘进参数研究[D]. 成都：西南交通大学，2020.

[84] 董化瑞. 漂卵石地层盾构机刀盘卡停原因分析及脱困技术[J]. 铁道建筑技术，2019(6)：113-117.

[85] 王涛，吕庆，李杨，等. 颗粒离散元方法中接触模型的开发[J]. 岩石力学与工程学报，2009，028（A02）：P.4040-4045.

[86] 苏翠侠. 基于数值仿真技术的盾构刀盘系统载荷与结构特性研究[D]. 天津：天津大学，2011.

[87] 苏翠侠. 盾构刀盘掘进过程的三维动态数值模拟[C]. 中国力学学会，2009.

[88] 胡国明. 颗粒系统的离散元素法分析仿真：离散元素法的工业应用与 EDEM 软件[M]. 武汉：武汉理工大学出版社，2010.

[89] 王国强，郝万军，王继新. 离散单元法及其在 EDEM 上的实践[M]. 西北：西北工业大学出版社，2010.

[90] 李艳洁. 堆积问题的离散元模拟—实验研究[D]. 北京：中国农业大学，2005.

[91] 李婉宜，曾攀，雷丽萍，等. 离散颗粒流动堆积行为离散元模拟及实验研究[J]. 力学与实践，2012（1）：26-32.

[92] 李勤良. 颗粒堆积性质和散状物料转载过程的 DEM 仿真研究[D]. 沈阳：东北大学，2010.

[93] 王默. 基于离散元的盾构螺旋输送机输送机理及其特性研究[D]. 成都：西南交通大学，2018.

[94] 马腾. 基于离散元的砂卵石地层土压平衡盾构施工颗粒流动和地表沉降控制研究[D]. 北京：北京交通大学，2016.

[95] 邓根，朱洪威，周杰，等. 基于广州地铁隧道施工的 Peck 公式修正[J]. 江西理工大学学报，2019，40（3）.

[96] 陈春来，赵城丽，魏纲，等. 基于 Peck 公式的双线盾构引起的土体沉降预测[J]. 岩土力学，2014（8）：2212-2218.

[97] 张瑀. 砂卵石地层下盾构关键掘进参数匹配关系研究[D]. 成都：西南交通大学，2016.

[98] 夏静. 基于广义回归神经网络的工业过程优化建模[D]. 哈尔滨：哈尔滨理工大学，2009.

[99] VIANA F A C，VENTER G，BALABANOV V．An algorithm for fast optimal Latin hypercube design of experiments[J]. International Journal for Numerical Methods in Engineering，2010，82（2）：0-0.

[100] 赵浩. BP 神经网络的研究及应用[J]. 科协论坛月刊，2010（6）：61-62.

[101] 褚东升. 长沙地铁下穿湘江土压平衡盾构隧道掘进参数研究[D]. 武汉：华中科技大学，2012.

[102] 梁尚明，殷国富. 现代机械优化设计方法[M]. 北京：化学工业出版社，2005.

[103] 吕云麟，邓祁曾. 优化设计技术[J]. 机械与电子，1985（1）：15-18+29.

[104] 蒋永春. 盾构主减速机齿轮热分析及接触疲劳寿命研究[D]. 成都：西南交通大学，2019.

[105] 饶振纲. 行星齿轮传动设计[M]. 2 版. 北京：化学工业出版社，2003.

[106] 王经. 传热学与流体力学[M]. 上海：上海交通大学出版社，2007.

[107] 于承训. 工程传热学[M]. 成都：西南交通大学出版社，1990.

[108] 黄飞. 基于热网络法的行星减速器热分析[D]. 南京：南京航空航天大学，2011.

[109] 张天孙. 传热学[M]. 3 版. 北京：中国电力出版社，2011.

[110] 李卓富. 轿车变速箱低速档齿轮动力学仿真及热分析[D]. 哈尔滨：哈尔滨工业大学，2009.

[111] 于承训. 工程传热学[M]. 成都：西南交通大学出版社，1990.

[112] LIN H T, LIN L K, LI C.Heat transfer from a rotating coneor disk to fluids of any prandtl number [J]. International communication in heat and mass transfer, 1987, 14(3): 323-332.

[113] HARTNETT J P, DELAND E C. The influence of Prenatal number on the heat transfer from rotating noise thermal disks and cones[J]. Journal of Heat Transfer, 1961, 83(1): 95-96.

[114] DOORMAN L A. Hydrodynamic resistance and the heat loss of rotating solids[M]. Oliver & Boyd, 1963.

[115] HANDSCHUH R F. Thermal Beahvior of Spiral Bevel Gear[R]. Cleveland: Lewis Research Center, 1995.

[116] HANDSCHUH R F, KICHER T P. A Method for Thermal Analysis of Spiral Bevel Gears[R]. Cleveland: Lewis Research Center, 1994.

[117] HANDSCHUH P F. Thermal behavior of spiral bevel gears[D]. Case Western University, 1993.

[118] 张天孙, 卢改林. 传热学[M]. 3版. 北京: 中国电力出版社, 2011.

[119] 李洋. 电动轮轮边减速器的优化设计研究及有限元分析[D]. 济南: 山东大学, 2012.

[120] 陆瑞成. 航空发动机齿轮修形研究与接触分析[D]. 沈阳: 东北大学, 2012.

[121] 杜金成. 渐开线直齿圆柱齿轮参数化修形研究与应用软件开发[D]. 沈阳: 东北大学, 2012.

[122] 李卫民, 杨红义, 王宏祥. ANSYS 工程结构实用案例分析[M]. 北京: 化学工业出版社, 2007.

[123] 鲁永建. 航空发动机高速齿轮接触有限元分析[D]. 沈阳: 沈阳航空工业学院, 2010.

[124] 张会杰, 祝兵, 高飞.Ansys多点约束技术的应用[J]. 甘肃科技, 2007(2): 169-170.

[125] 李瞬酩. 机械疲劳与可靠性设计[M]. 北京: 科学出版社, 2006.

[126] 刘惟信. 机械可靠性设计[M]. 北京: 清华大学出版社, 1996.

[127] 李瞬酩. 机械疲劳与可靠性设计[M]. 北京: 科学出版社, 2006.

[128] 陈传尧. 疲劳与断裂[M]. 武汉: 华中科技大学出版社, 2002.

[129] 李海鹏. 某变速器齿轮的动态特性分析及疲劳寿命研究[D]. 南京: 南京理工大学, 2017.

[130] 戴志仁, 任建, 李小强, 等. 富水砂卵石地层盾构隧道穿越铁路咽喉区道岔群技术研究[J]. 隧道建设(中英文), 2019, 39(6): 1005-1013.

[131] 孙风革, 段浩, 李博. 成都地铁文武路站盾构机转场技术[J]. 山西建筑, 2009, 35(19): 128-129.

[132] 戴亚军. 盾构隧道穿越岩溶地段孤石群处理技术与应用[J]. 公路与汽运, 2014(4): 210-212.

[133] 王汉军. 盾构掘进中富含超大粒径漂石地层土体改良技术研究[J]. 城市轨道交通研究, 2015, 18(2): 53-56+61.

[134] 陈宏. 武汉地铁盾构下穿铁路工程风险分析及对策研究[J]. 中国铁路, 2020(4): 12-17.

[135] 吕培林, 周顺华. 软土地区盾构隧道下穿铁路干线引起的线路沉降规律分析[J]. 中国铁道科学, 2007（2）：12-16.

[136] 冯义, 陈寿根, 罗石宝. 盾构下穿铁路地表沉降分析[J]. 公路隧道, 2010（3）：12-16.

[137] 程雄志. 地铁盾构下穿高速铁路情况下的路基加固与轨面控制[J]. 城市轨道交通研究, 2013, 16（2）：89-94.

[138] 齐勇. 盾构下穿既有铁路股道地基沉降控制与加固研究[J]. 地下空间与工程学报, 2018, 14（3）：819-827.

[139] 魏纲, 张世民, 齐静静, 等. 盾构隧道施工引起的地面变形计算方法研究[J]. 岩石力学与工程学报, 2006（S1）：3317-3323.

[140] 唐晓武, 朱季, 刘维, 等. 盾构施工过程中的土体变形研究[J]. 岩石力学与工程学报, 2010, 29（2）：417-422.

[141] 冯剑, 王睿, 雷波. 砂卵石地层盾构超挖的土层损失量计算方法浅析[J]. 市政技术, 2013, 31（6）：114-117+129.

[142] 朱季. 粉砂土地基盾构施工开挖面稳定性及环境影响研究[D]. 杭州：浙江大学, 2010.

[143] 韩学芳. 地铁盾构隧道下穿沪宁城际铁路无砟轨道路基的影响研究[J]. 铁道建筑技术, 2020（5）：137-142.

[144] 刘赪炜, 韩煊. 单桩数值模拟参数与方法的研究[J]. 岩土工程学报, 2010, 32（S2）：204-207.

[145] 徐慧旺. 大直径盾构机刀具配置及更换技术[D]. 石家庄：石家庄铁道大学, 2018.

[146] 李文荣. 土压平衡盾构螺旋输送机配置选型研究[J]. 机械, 2012, 39（10）：29-33.

[147] 向冬枝, 徐余伟. 螺旋输送机设计参数的选择和确定[J]. 水泥技术, 2010（1）：29-33.

后 记

中铁建昆仑地铁投资建设管理有限公司始终坚持"诚信创新永恒，精品人品同在"的企业核心价值观，在成都地铁建设中耕耘多年，在成都地铁高速发展的大背景下敢于亮剑，以敢打必胜的信念展示中国铁建轨道交通建设的一流水平。针对成都地铁建设过程中出现的众多难题，公司积极协调组织各施工单位和科研院校进行技术攻关，通过不懈努力，获得成都特殊地层条件下盾构应用的经验。

在研究的开展及图书的编撰过程中，由于涉及工程项目众多，工程建设时间和地域跨度较大及组织协调单位困难等问题，书中内容不能尽善尽美。但通过课题研究的开展与图书的撰写，公司的团队协作能力和创新能力得到了提高，工程技术及管理经验得到了总结与提炼，有助于集团的发展。

最后，希望该书的出版能提升成都特殊地层条件下盾构机选型与运用的专业化和规范化水平，并且丰富和完善盾构法综合施工技术体系，同时为后续及类似工程提供参考和借鉴。